“十三五”国家重点出版物出版规划项目
岩石力学与工程研究著作丛书

高等岩土塑性力学

刘元雪　郑颖人　著

科学出版社
北京

内 容 简 介

本书是作者关于岩土塑性力学长期教学与科研工作成果的系统总结。力求深入浅出地阐述岩土塑性力学基本概念，岩土静动力基本力学特性，非线性与经典塑性理论，岩土屈服面理论、硬化模型、流动法则与加卸载准则，主应力轴旋转计算理论，以及岩土极限分析原理及其最新进展——有限元极限分析；较为详细地介绍了代表性的岩土静动力本构模型。期冀读者能对岩土基本力学特性与本构模型有深入系统的认识，可以针对具体工程问题与岩土特性，选用或建立合理的本构模型，开展相关工程与问题的科学分析。

本书可供土木工程、交通工程、水利工程、矿山以及国防工程相关领域的科研与设计人员参考，也可用作高等院校相关专业的教学参考书。

图书在版编目(CIP)数据

高等岩土塑性力学/刘元雪，郑颖人著. —北京：科学出版社，2019.9
(岩石力学与工程研究著作丛书)
"十三五"国家重点出版物出版规划项目
ISBN 978-7-03-059880-6

Ⅰ.①高… Ⅱ.①刘…②郑… Ⅲ.①岩土力学-塑性力学-研究
Ⅳ.①TU4

中国版本图书馆 CIP 数据核字(2018)第 267781 号

责任编辑：刘宝莉 / 责任校对：郭瑞芝
责任印制：吴兆东 / 封面设计：陈 敬

科学出版社 出版
北京东黄城根北街 16 号
邮政编码：100717
http://www.sciencep.com
北京虎彩文化传播有限公司 印刷
科学出版社发行 各地新华书店经销
*
2019 年 9 月第 一 版 开本：720×1000 1/16
2023 年 4 月第三次印刷 印张：15 1/4
字数：305 000

定价：120.00 元

(如有印装质量问题，我社负责调换)

《岩石力学与工程研究著作丛书》编委会

《岩石力学与工程研究著作丛书》序

随着西部大开发等相关战略的实施，国家重大基础设施建设正以前所未有的速度在全国展开：在建、拟建水电工程达30多项，大多以地下硐室（群）为其主要水工建筑物，如龙滩、小湾、三板溪、水布垭、虎跳峡、向家坝等水电站，其中白鹤滩水电站的地下厂房高达90m、宽达35m、长400多米；锦屏二级水电站4条引水隧道，单洞长16.67km，最大埋深2525m，是世界上埋深与规模均为最大的水工引水隧洞；规划中的南水北调西线工程的隧洞埋深大多在400～900m，最大埋深1150m。矿产资源与石油开采向深部延伸，许多矿山采深已达1200m以上。高应力的作用使得地下工程冲击地压显现剧烈，岩爆危险性增加，巷（隧）道变形速度加快、持续时间长。城镇建设与地下空间开发、高速公路与高速铁路建设日新月异。海洋工程（如深海石油与矿产资源的开发等）也出现方兴未艾的发展势头。能源地下储存、高放核废物的深地质处置、天然气水合物的勘探与安全开采、CO_2地下隔离等已引起高度重视，有的已列入国家发展规划。这些工程建设提出了许多前所未有的岩石力学前沿课题和亟待解决的工程技术难题。例如，深部高应力下地下工程安全性评价与设计优化问题，高山峡谷地区高陡边坡的稳定性问题，地下油气储库、高放核废物深地质处置库以及地下CO_2隔离层的安全性问题，深部岩体的分区碎裂化的演化机制与规律，等等。这些难题的解决迫切需要岩石力学理论的发展与相关技术的突破。

近几年来，863计划、973计划、"十一五"国家科技支撑计划、国家自然科学基金重大研究计划以及人才和面上项目、中国科学院知识创新工程项目、教育部重点（重大）与人才项目等，对攻克上述科学与工程技术难题陆续给予了有力资助，并针对重大工程在设计和施工过程中遇到的技术难题组织了一些专项科研，吸收国内外的优势力量进行攻关。在各方面的支持下，这些课题已经取得了很多很好的研究成果，并在国家重点工程建设中发挥了重要的作用。目前组织国内同行将上述领域所研究的成果进行了系统的总结，并出版《岩石力学与工程研究著作丛书》，值得钦佩、支持与鼓励。

该丛书涉及近几年来我国围绕岩石力学学科的国际前沿、国家重大工程建设中所遇到的工程技术难题的攻克等方面所取得的主要创新性研究成果，包括深部及其复杂条件下的岩体力学的室内、原位实验方法和技术，考虑复杂条件与过程（如高应力、高渗透压、高应变速率、温度-水流-应力-化学耦合）的岩体力学特性、变形破裂过程规律及其数学模型、分析方法与理论，地质超前预报方法与技术，工程地质灾害预测预报与防治措施，断续节理岩体的加固止裂机理与设计方法，灾害环境下重大工程的安全性，岩石工程实时监测技术与应用，岩石工程施工过程仿真、动态反馈分析与设计优化，典型与特殊岩石工程（海底隧道、深埋长隧洞、高陡边坡、膨胀岩工程等）超规范的设计与实践实例，等等。

岩石力学是一门应用性很强的学科。岩石力学课题来自于工程建设，岩石力学理论以解决复杂的岩石工程技术难题为生命力，在工程实践中检验、完善和发展。该丛书较好地体现了这一岩石力学学科的属性与特色。

我深信《岩石力学与工程研究著作丛书》的出版，必将推动我国岩石力学与工程研究工作的深入开展，在人才培养、岩石工程建设难题的攻克以及推动技术进步方面将会发挥显著的作用。

钱七虎

2007 年 12 月 8 日

《岩石力学与工程研究著作丛书》编者的话

近 20 年来，随着我国许多举世瞩目的岩石工程不断兴建，岩石力学与工程学科各领域的理论研究和工程实践得到较广泛的发展，科研水平与工程技术能力得到大幅度提高。在岩石力学与工程基本特性、理论与建模、智能分析与计算、设计与虚拟仿真、施工控制与信息化、测试与监测、灾害性防治、工程建设与环境协调等诸多学科方向与领域都取得了辉煌成绩。特别是解决岩石工程建设中的关键性复杂技术疑难问题的方法，973 计划、863 计划、国家自然科学基金等重大、重点课题研究成果，为我国岩石力学与工程学科的发展发挥了重大的推动作用。

应科学出版社诚邀，由国际岩石力学学会副主席、岩土力学与工程国家重点实验室主任冯夏庭教授和黄理兴研究员策划，先后在武汉市与葫芦岛市召开《岩石力学与工程研究著作丛书》编写研讨会，组织我国岩石力学工程界的精英们参与本丛书的撰写，以反映我国近期在岩石力学与工程领域研究取得的最新成果。本丛书内容涵盖岩石力学与工程的理论研究、试验方法、试验技术、计算仿真、工程实践等各个方面。

本丛书编委会编委由 75 位来自全国水利水电、煤炭石油、能源矿山、铁道交通、资源环境、市镇建设、国防科研领域的科研院所、大专院校、工矿企业等单位与部门的岩石力学与工程界精英组成。编委会负责选题的审查，科学出版社负责稿件的审定与出版。

在本套丛书的策划、组织与出版过程中，得到了各专著作者与编委的积极响应；得到了各界领导的关怀与支持，中国岩石力学与工程学会理事长钱七虎院士特为丛书作序；中国科学院武汉岩土力学研究所冯夏庭教授、黄理兴研究员与科学出版社刘宝莉编辑做了许多烦琐而有成效的工作，在此一并表示感谢。

“21 世纪岩土力学与工程研究中心在中国”，这一理念已得到世人的共识。我们生长在这个年代里，感到无限的幸福与骄傲，同时我们也感觉到肩上的责任重大。我们组织编写这套丛书，希望能真实反映我国岩石力学与工程的现状与成果，希望对读者有所帮助，希望能为我国岩石力学学科发展与工程建设贡献一份力量。

《岩石力学与工程研究著作丛书》
编辑委员会
2007年11月28日

前　　言

岩土塑性力学是研究岩土材料塑性变形阶段变形和稳定性的学科。它是解释岩土变形、破坏与重大灾变机制的依据，是开展土木工程数值分析的基础。岩土塑性力学的发展历程与岩土工程的测试手段、重大工程实践的发展密切相关，可以分成以下几个阶段：

(1)古典阶段(1963 年前)。这个时候的岩土塑性力学并没有给出明确的本构关系，理想假设只是隐含在岩土工程的两大主要分析中：地基等变形计算采用线弹性模型；边坡等稳定性分析采用刚塑性模型。

(2)近代阶段(1963～1990 年)。Roscoe 在 1963 年建立了著名的剑桥模型，第一次揭示了土球应力与剪应力的交叉影响，揭开了近代岩土塑性力学的序幕。随着高层建筑等重大土木工程建设的需要、测试手段的提高和计算机技术发展，人们不断追求能够合理反映岩土的基本力学特性的本构模型，不断突破经典塑性理论的框架，如部分屈服、非关联流动法则。

(3)现代阶段(1990 年至今)。进入 20 世纪 90 年代，岩土塑性力学的研究逐步稳定而深入，尤其是结合中国土木工程大建设浪潮的国内学者的贡献，主要有以下特点：①通过不断的改进，建立能够反映尽可能多的土类(砂土、黏土)与力学特性(结构性、超固结……)的系列模型，如姚仰平的统一硬化系列模型；②通过不断的修正，试图建立能更科学地适应岩土特性的简单实用模型，如殷宗泽对 Duncan-Zhang 非线性模型的不断改进；③通过不断的探索，试图揭示岩土本构理论的根本问题与改革途径。本书作者从岩土基本力学特性出发，提出岩土本构理论存在的根本问题，发现岩土材料的耗散势与流动势都是不存在的。

国内外已经出版了一些岩土塑性力学的著作，在国内影响较大的是郑颖人先生的岩土塑性力学系列专著。本书是在郑颖人先生系列专著基础上的升华。本书第 1 章主要阐述岩土塑性理论的基本概念、基本假设与发展过程；第 2 章介绍连续介质力学基础：应力分析、应变分析，应力、应变不变量以及基本方程；第 3 章是岩土的基本力学特性及其数学描述；第 4 章介绍岩土非线性、各向异性弹性理论，以及代表性的非线性岩土模型；第 5 章从不可逆热力学角度探讨塑性位势理论的理论缺陷，从 Drucker 公设出发给出经典塑性力学体系，介绍代表性模型；第 6 章基于岩土基本力学特性探讨岩土本构理论的基本问题，阐明岩土塑性理论在屈服面理论、硬化理论、流动法则与加卸载准则等方面的发展；第 7 章重点介绍三个代表性岩土静力力学模型及其原理；第 8 章通过应力增量分解与岩土本构关系的完全应力增量表述，提出可以合理考虑主应力轴旋转影响的计算理论；第 9 章描述岩土动力基本力学特性与代表性动力本构模型；第 10 章简述岩土极限分析原理及其最新进展——有限元极限分析。每一章后面都附有思考题与参考文献，可以帮助读者进一步理解和延伸阅读。

本书在撰写过程中，得到了胡明、李忠友、周家伍、王培勇、邱陈瑜、赵尚毅、单长兵、谭仪忠、陈小良的帮助。书中插图的绘制得益于胡明、楚鹏辉、李洪伟、秦超广、李灿、申美臣的辛勤劳动，在此一并致谢。

希望本书的出版能对建筑、交通、水利、矿山以及国防工程相关领域的教学、科研与设计工作有所裨益。本书涉及的部分内容还处于发展之中，难免存在不足之处，恳请专家与读者批评指正。

目　录

第1章 概 论

目前复杂岩土工程问题(稳定性、变形)的解决是离不开计算机模拟的，数值分析的核心是岩土本构模型。模型不对，计算结果就没有用。岩土本构模型的基础就是岩土塑性力学。

1.1 基本概念

1.1.1 塑性变形

材料受力后的力学响应可以分为三个阶段：弹性变形阶段，应力卸除后变形可以恢复；塑性变形阶段，应力卸除后，变形部分或者全部不能恢复；破坏阶段，应力达到材料强度极限，材料结构破坏，出现宏观失效。

弹性变形一般看成线性的，塑性变形一般看成非线性的。通过材料的加卸载特性(见图1.1.1)来揭示弹性、塑性与非线性的区别。

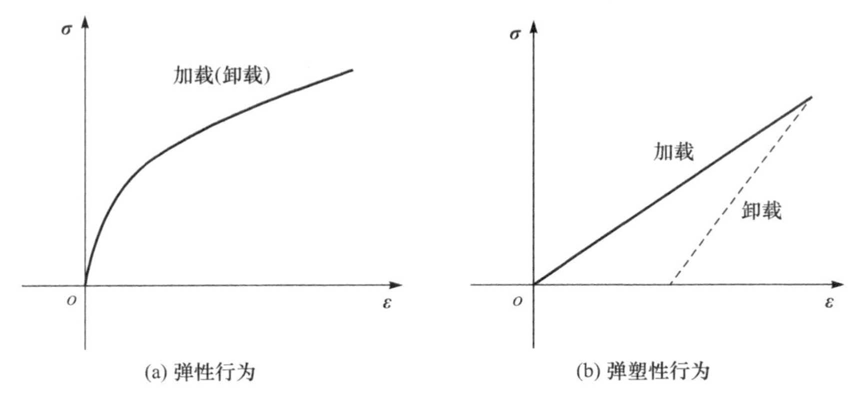

图1.1.1 材料加卸载示意图

图1.1.1(a)的加卸载曲线重合，不存在残余变形；图1.1.1(b)的加卸载路径不一样，材料卸载后存在残余变形。

一般而言，材料的弹性变形被描述成线性的，而塑性变形的非线性特征很明显，然而非线性不是弹性和塑性的本质区别，有些弹性材料也具有非线性特征：应力-应变关系为非线性，但一旦卸载，变形可全部恢复，如橡皮。图 1.1.1(b)中材料力学行为是线性的，但卸载后有残余变形(塑性变形)，当然这种材料是假想的。

因此，弹塑性的本质区别在于材料的加卸载路径是否存在差异，卸载后是否存在残余变形——塑性变形。图 1.1.1(a)称为弹性行为，图 1.1.1(b)称为弹塑性行为。

塑性变形就是不可恢复的变形，也就是说，在应力卸除后，变形不会完全恢复。

弹性变形中应力-应变是一一对应的，称为全量关系。而塑性变形阶段加卸载规律不同，如图 1.1.2 所示，除了一些简单加载情况下可以建立全量关系，一般只能采用增量关系。

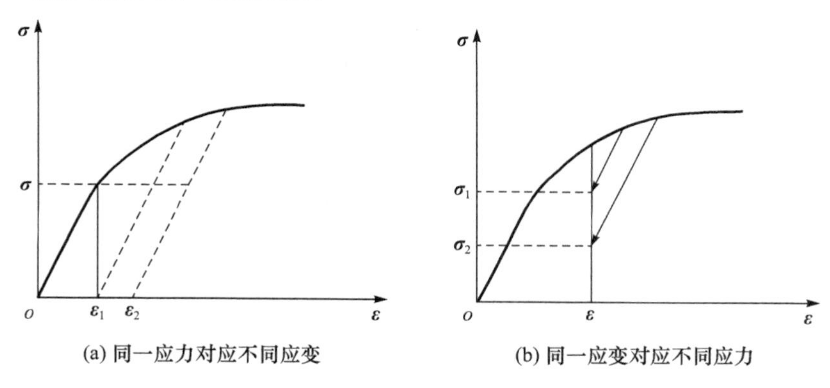

图 1.1.2 塑性状态下应力-应变的不对应关系

1.1.2 塑性力学

塑性力学属于力学学科范畴。力学是研究物质机械运动规律的科学。机械运动是自然界中最简单、最基本的运动形态。在物理学里，一个物体相对于另一个物体的位置，或者一个物体的某些部分相对于其他部分的位置，随着时间而变化的过程称为机械运动。

塑性力学是研究物体在塑性变形阶段的变形和稳定性的学科，它是连续介质力学的一个分支。连续介质力学研究质量连续分布的可变形物体普遍遵从的力学规律，如质量守恒、能量守恒、动量和角动量定理等。

连续介质力学的基本方程可分成三类：

(1) 描述物体变形和运动的几何关系(位移-应变关系)——几何方程。

(2) 质量、动量、动量矩和能量守恒——守恒方程。

(3) 刻画材料物理状态和力学性质的方程——物理方程(本构方程)。

连续介质力学各个分支(如弹性力学、流体力学及塑性力学)的区别就在于第三类方程的不同。塑性力学的任务就是要建立这类方程,并求解有关塑性力学工程问题。

1.1.3 岩土塑性力学

岩土塑性力学是研究岩土材料塑性变形阶段变形和稳定性的学科。传统塑性力学的一个经典内容是求解一些弹塑性边值、初值问题的解析解,而岩土塑性力学的主要任务是确立岩土材料的本构方程,确定问题的初边值条件,一般通过计算机求解有关工程问题。

1.2 岩土塑性力学的基本假设

岩土塑性力学的研究对象是岩体与土。岩体在其形成和存在的整个地质历史过程中,经受了各种复杂的地质作用,因而有着复杂的结构和地应力场环境。而不同地区不同类型的岩体,由于经历的地质作用过程不同,其工程性质往往具有很大的差别。岩石出露地表后,经过风化作用而形成土,它们或留存在原地,或经过风、水及冰川的剥蚀和搬运作用在异地沉积形成土层。在各地质时期各地区的风化环境、搬运和沉积的动力学条件均存在差异性,因此土体不仅工程性质复杂,而且其性质的区域性很强。实际工程岩土的应力-应变关系是很复杂的,具有非线性、弹性、塑性、黏性、剪胀性、各向异性,同时,应力路径、强度发挥度以及岩土的状态、组成、结构、温度等均对其有影响。由于岩土本身太复杂,影响因素多,为了抓住主要矛盾,岩土塑性力学引入了以下五点基本假设:

(1) 忽略温度的影响。

(2) 忽略时间的影响。

(3) 连续性假设。

(4) 小变形假设。

(5) 有效应力原理。

1.3 本构模型

1.3.1 概化模型

科学分析是通过逐步建立与分析研究对象的各部分模型来实现的。建立这些模型的目的不是建立对象的镜像,不是保留所有的元素,也不是保留它们的确切大小和比例,而是挑出其中的决定性元素,用于深入分析。剔除一些非关键性因素,排除一些次要因素,从而获得包含重要因素的清晰模型,提高观察的范围和精度。

工程领域的主要研究工作是了解、分析与预测设备、结构的工作方式。一般不可能在完全了解研究对象的基础上开展分析,也就是说,不可能对对象有一个完整而准确的了解,对于岩土工程尤其如此。大坝或基础的地基情况只能通过有限的几个点取样试验或开展原位测试来了解。这些取样点之间的岩土性质只能采用插值的方法来推断。这是岩土工程的研究对象与机械工程、结构工程之间的主要差别。后两者研究对象的材料性质是可以控制的,如结构构件的混凝土与机械部件的钢材。

将岩土工程的所有地质、力学性质完全弄明白后,再进行科学分析,不仅是不可能的,也是不必要的。可以通过研究对象的物理模型的智能简化来改善对研究对象行为的理解,即针对概化模型开展分析。

概化模型的目标是抓住研究对象的主要特征,而甩掉一些次要特征。概化模型的确定取决于应用背景。

1.3.2 经典土力学中的本构模型

经典土力学中采用了理想化的土本构关系,如图 1.3.1 所示。岩土工程中经常开展沉降计算与稳定性分析两类计算。

(1) 沉降计算主要涉及作用荷载下土的刚度。土的应力-应变关系的一个直观简化是将工作荷载作用下土的行为看成线弹性的,用虚线 A 表示在图 1.3.1 中。

(2) 稳定性分析研究的是土体的完全破坏,导致极大的变形与岩土支挡结构的倒塌。一旦土体失稳,变形很大,土应力-应变曲线初始的精确形状就不重要了。土的应力-应变行为可以看成刚塑性的,用实线 B 表示在图 1.3.1 中。

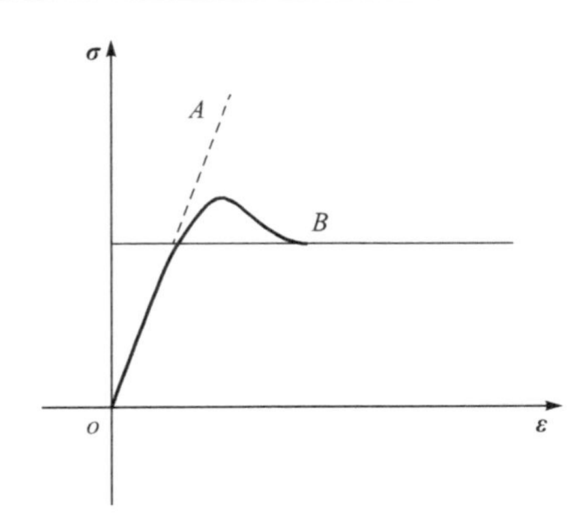

图 1.3.1　经典土力学中土的实际与理想化行为

经典土力学的土本构模型是土力学行为的两个极端情况。建立模型就是突出对象重要因素的简化。重要因素的选择取决于模型的应用背景。本构模型的构建原理也是一样的。

1.4　岩土塑性力学发展史

材料从变形到破坏一般要经历三个阶段:弹性、塑性与破坏。弹性理论用于计算材料弹性阶段的应力与变形。弹性变形阶段应力与变形一一对应,而且应力卸除后,变形会完全恢复。岩土塑性力学用于计算材料塑性变形阶段的应力与变形。这一阶段应力-应变关系受加载条件、应力水平、应力历史与应力路径影响,不再具有唯一性关系。

岩土塑性力学起源于库仑(Coulomb)破坏准则,现在发展为莫尔-库仑(Mohr-Coulomb)准则。1857 年,Rankine[1] 在分析半无限体的极限平衡后提出了滑移面的概念。1943 年,Terzaghi[2] 发展了 Fellenius 理论,将它应用于不同的土力学极限问题分析。Drucker 和 Prager 在 1952～1954 年发展了极限平衡法[3~7],后来 Chen[8] 也取得了许多进展。但是这些方法只能求得岩土工程的极限承载力,分析过程中并不涉及岩土的应力-应变关系。

20 世纪 50 年代末期,在经典塑性力学、现代土力学、岩石力学与数值分析基础上,发展出了独立的岩土塑性力学。1957 年,Drucker 等[9] 指出平均应力与应变可能导致岩土材料的体积屈服,因此需要在(Mohr-Coulomb)锥形屈服面外面再加上一个帽子形屈服面。1958 年,Roscoe 等[10] 提出了黏土的临界状态概念。1963 年,Roscoe 等[11] 针对剑桥黏土提出了弹塑性本构模型，该模型较好地描述了岩土材料的弹塑性变形特性。这就是岩土实用计算本构模型的先河。20 世纪七八十年代，国际上岩土材料本构模型研究一直都很活跃[12～16]。

岩土塑性力学专著不断涌现。1968 年，Schofield 和 Wroth[17] 出版了 *Critical State Soil Mechanics*。1982 年，Zienkiewicz[18] 提出了广义塑性力学的概念，指出岩土塑性力学是经典塑性力学的发展。2002 年，Davis 与 Selvadurai[19] 出版了 *Plasticity and Geomechanics*。

国内，20 世纪 80 年代发展了清华模型[20]、沈珠江模型[21]、双屈服面模型[22]及多重屈服面模型[23]。1980 年，钱家欢[24]出版了《土工原理与计算》。1989 年，郑颖人等[25]出版了《岩土塑性力学基础》。1996 年，钱家欢等[26]出版了《土工原理与计算（第二版）》。2000 年，沈珠江[27]出版了《理论土力学》。2002 年，郑颖人等[28]出版了《岩土塑性力学原理——广义塑性力学》。2004 年，张学言等[29]出版了《岩土塑性力学基础》。2007 年，杨光华等[30]出版了《土的本构模型的广义位势理论及其应用》。2008 年，姚仰平等[31]提出土的统一硬化理论。2010 年，郑颖人等[32]出版了《岩土塑性力学》。然而目前岩土塑性理论还远未完善，一些基本概念不够严谨，部分理论与模型还缺乏科学的实验基础。现在岩土塑性理论仍处于发展阶段，岩土塑性力学的发展方向主要包括以下五个方面：

（1）目前的岩土本构模型还不能很好地反映岩土的变形机制，一些模型还缺乏严密的理论基础。因此，需要阐明岩土塑性力学的基本概念，建立能够适应岩土变形机制的广义塑性力学理论体系。

（2）数值计算的精度不仅取决于严格的科学理论，还取决于应用对象的对应力学参数。因此，在岩土力学的发展阶段，要坚持理论、试验与工程实践相结合，改善测试仪器与测量方法。

（3）岩土塑性理论的高级阶段应该进一步发展复杂加载条件、各向异性与非饱和土的本构模型。

（4）需要发掘新理论与新模型。引入损伤力学、连续介质力学和智能算法，探索宏微观结合的新模型。

（5）需要进一步研究岩土结构性、稳定性、应变软化、损伤与应变局部化，岩土的实际破坏过程就可以描述得更准确。这些研究对判断岩土工程的稳定与破坏很重要，也将成为岩土塑性力学的重要组成部分。

思 考 题

(1) 塑性变形的本质特征是什么?

(2) 建立本构模型的基本原则是什么?

参考文献

[1] Rankine W J M. On the stability of loose earth. Philosophical Transactions of the Royal Society of London, 1857, 147: 9-27.

[2] Terzaghi K. Theoretical Soil Mechanics. New York: John Wiley & Sons, 1943.

[3] Drucker D C, Prager W, Greenberg H J. Extended limit design theorems for continuous media. Quarterly of Applied Mathematics, 1952, 9(4): 381-389.

[4] Drucker D C, Prager W. Soil mechanics and plastic analysis or limit design. Quarterly of Applied Mathematics, 1952, 10(2): 157-165.

[5] Drucker D C. Coulomb friction, plasticity, and limit loads. Journal of Applied Mathematics, 1953, 21(1): 71-74.

[6] Prager W. Limit analysis and design. Applied Mechanics Reviews, 1954, 7: 421-423.

[7] Brady W G, Drucker D C. An experimental investigation and limit analysis of net area in tension. Transactions ASCE, 1953, 120: 1133-1154.

[8] Chen W F. Limit Analysis and Soil Plasticity. Amsterdam: Elsevier Scientific Publish Company, 1975.

[9] Drucker D C, Gibson R E, Henkel D D. Soil mechanics and work-hardening theories of plasticity. Transactions ASCE, 1957, 122: 338-346.

[10] Roscoe K H, Schofield A N, Wroth C P. On the yielding of soils. Geotechnique, 1958, 8(1): 22-53.

[11] Roscoe K H, Schofield A N, Thurairajah A. Yielding of clays in states wetter than critical. Geotechnique, 1963, 13(3): 211-240.

[12] Duncan J M. Nonlinear analysis of stress and strain in soils. Journal of the Soil Mechanics & Foundations Div. (ASCE), 1970, 96(5): 1629-1653.

[13] Lade P V. Elasto-plastic stress-strain theory for cohesionless soil with curved yield surfaces. International Journal of Solids & Structures, 1977, 13(11): 1019-1035.

[14] Kim M K, Lade P V. Single hardening constitutive model for frictional materials Ⅰ. Plastic potential function. Computers and Geotechnics, 1988, 5(4): 307-324.

[15] Lade P V, Kim M K. Single hardening constitutive model for frictional materials Ⅱ. Yield critirion and plastic work contours. Computers and Geotechnics, 1988, 6(1): 13-29.

[16] Lade P V, Kim M K. Single hardening constitutive model for frictional materials Ⅲ. Comparisons with experimental data. Computers and Geotechnics, 1988, 6(1): 31-47.

[17] Schofield A, Wroth P. Critical State Soil Mechanics. London: McGraw-Hill, 1968.

[18] Zienkiewicz O C. Soils and other saturated media under transient, dynamic conditions: General formulation and the validity of various simplifying assumptions. Soil Mechanics-Transient and Cyclic Loads, 1982: 1-16.

[19] Davis R O, Selvadurai A P S. Plasticity and Geomechanics. Cambridge: Cambridge University Press, 2002.

[20] 李广信. 土的三维本构关系的探讨与模型验证[博士学位论文]. 北京:清华大学, 1985.

[21] 沈珠江. 土的弹塑性应力应变关系的合理形式. 岩土工程学报, 1980, 2(2): 11-19.

[22] 殷宗泽. 一个土体的双屈服面应力-应变模型. 岩土工程学报, 1988, 8(4): 64-71.

[23] 沈珠江. 土的三重屈服面应力应变模式. 固体力学学报, 1984, (2): 163-174.

[24] 钱家欢. 土工原理与计算. 北京:水利出版社, 1980.

[25] 郑颖人. 岩土塑性力学基础. 北京:中国建筑工业出版社, 1989.

[26] 钱家欢, 殷宗泽. 土工原理与计算. 2 版. 北京:中国水利水电出版社, 1996.

[27] 沈珠江. 理论土力学. 北京:中国水利水电出版社, 2000.

[28] 郑颖人, 沈珠江, 龚晓南. 岩土塑性力学原理——广义塑性力学. 北京:中国建筑工业出版社, 2002.

[29] 张学言, 闫澍旺. 岩土塑性力学基础. 天津:天津大学出版社, 2004.

[30] 杨光华, 李广信, 介玉新. 土的本构模型的广义位势理论及其应用. 北京:中国水利水电出版社, 2007.

[31] 姚仰平, 侯伟. 超固结土的统一硬化模型. 岩土工程学报, 2008, 30(3): 316-322.

[32] 郑颖人, 孔亮. 岩土塑性力学. 北京:中国建筑工业出版社, 2010.

第 2 章　应力-应变及其基本方程

本章是岩土材料力学分析与本构模型描述的基础，主要介绍材料应力状态、应变状态的描述方法，以及用于本构描述的基本概念与连续介质力学基本方程。

2.1　连续介质模型

即使是最粗略的观察，也能发现自然岩土中随机、杂乱的颗粒特征，这就是岩土材料的自然特性。岩土是一种三相混合物，由包括不同矿物(甚至有机物)的固体颗粒、充满水或气的孔隙组成。虽然承认它的颗粒堆积体特性，但是理论上还是将它理想化为一种连续介质，即无论怎么细分，也不会改变它的性质。

依据连续介质概念，将材料的基本特性定义到各个点上。例如，点 x 的密度 ρ 定义为微小体积 ΔV 上的岩土质量 Δm 的极限，即

$$\rho = \lim_{\Delta V \to 0} \frac{\Delta m}{\Delta V} \tag{2.1.1}$$

一旦将体积缩小到无穷小，岩土密度将是一个急剧变化的数字，取决于这个小空间是包含了固体、水还是气体。因此，这里需要采用一种特殊的微元。这种微元宏观足够小，微观足够大，它能包含足够的信息来反映材料的平均物理力学特性。密度就是其中的一种物理特性平均特征值。

同样的处理方法可以应用于其他工程物理量的定义。比如，岩土内部的应力定义。实际上，岩土内部的应力是颗粒之间的接触应力与孔隙水压力的综合表现。采用平均应力概念，定义岩土内部的应力为单元受力与其面积之比。

虽然连续介质只是一个基本概念，但是它是一个很有力的假设。借助它可以采用数学方法来处理像岩土这种具有复杂内部结构材料的物理与力学现象，能用复杂的数学工具来建立实际工程应用需要的材料特性描述理论。

2.2 应力分析

应力分析时，首先应确定需要研究的面的方向，可以通过该面的法向单位向量 $\boldsymbol{n}$ 来表示。任何物体一点 p 某一方向的应力是该方向面积微元上所受的力(力与力矩)与面积之比：

$$\boldsymbol{\sigma}=\frac{\mathrm{d}\boldsymbol{F}}{\mathrm{d}s} \tag{2.2.1}$$

式中，$\boldsymbol{\sigma}$、$\mathrm{d}\boldsymbol{F}$、$\mathrm{d}s$ 分别为应力、外作用力与面积。

应力是与特定方向的面积相关的。一点所有独立方向矢量与其对应应力的总和称为一点的应力状态，如图 2.2.1 和图 2.2.2 所示。

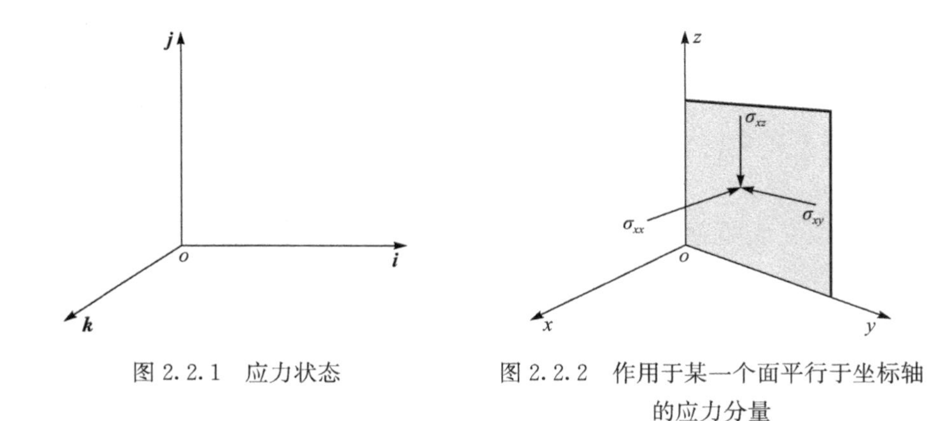

图 2.2.1 应力状态

图 2.2.2 作用于某一个面平行于坐标轴的应力分量

应力状态是很复杂的，它的数量是无限的，但在三维空间只存在 9 个独立应力分量。

$$\begin{cases}\boldsymbol{F}_x=\sigma_{11}\boldsymbol{i}+\sigma_{12}\boldsymbol{j}+\sigma_{13}\boldsymbol{k}\\ \boldsymbol{F}_y=\sigma_{21}\boldsymbol{i}+\sigma_{22}\boldsymbol{j}+\sigma_{23}\boldsymbol{k}\\ \boldsymbol{F}_z=\sigma_{31}\boldsymbol{i}+\sigma_{32}\boldsymbol{j}+\sigma_{33}\boldsymbol{k}\end{cases} \tag{2.2.2}$$

式中，$\boldsymbol{F}_x$、$\boldsymbol{F}_y$、$\boldsymbol{F}_z$ 为法向为坐标轴方向的面上的应力矢量；$\boldsymbol{i}$、$\boldsymbol{j}$、$\boldsymbol{k}$ 为坐标轴的单位方向矢量；σ_{ij} 为应力分量。

法线方向为 $\boldsymbol{N}=n_1\boldsymbol{i}+n_2\boldsymbol{j}+n_3\boldsymbol{k}$ 的面积微元上的应力矢量记为 $\boldsymbol{F}_{\mathrm{n}}$，即

$$\boldsymbol{F}_{\mathrm{n}}=f_x\boldsymbol{i}+f_y\boldsymbol{j}+f_z\boldsymbol{k} \tag{2.2.3}$$

式中，

$$\begin{cases} f_x = n_1\sigma_{11} + n_2\sigma_{21} + n_3\sigma_{31} \\ f_y = n_1\sigma_{12} + n_2\sigma_{22} + n_3\sigma_{32} \\ f_z = n_1\sigma_{13} + n_2\sigma_{23} + n_3\sigma_{33} \end{cases}$$

可用矩阵表示为

$$\boldsymbol{F}_{\mathrm{n}} = \begin{bmatrix} \sigma_{11} & \sigma_{12} & \sigma_{13} \\ \sigma_{21} & \sigma_{22} & \sigma_{23} \\ \sigma_{31} & \sigma_{32} & \sigma_{33} \end{bmatrix} \begin{bmatrix} n_1 \\ n_2 \\ n_3 \end{bmatrix} = \boldsymbol{\sigma N} \tag{2.2.4}$$

也就是说，一点的应力状态可以用二阶张量表示为

$$\boldsymbol{\sigma} = \begin{bmatrix} \sigma_{11} & \sigma_{12} & \sigma_{13} \\ \sigma_{21} & \sigma_{22} & \sigma_{23} \\ \sigma_{31} & \sigma_{32} & \sigma_{33} \end{bmatrix} \tag{2.2.5}$$

一般情况下，应力张量是对称的，即 $\sigma_{12}=\sigma_{21}$，$\sigma_{13}=\sigma_{31}$，$\sigma_{23}=\sigma_{32}$，只有 6 个独立的应力分量 σ_{11}、σ_{22}、σ_{33}、σ_{12}、σ_{13}、σ_{21}。

存在一个特殊的应力状态，即具有特定法线方向的面上只有正应力，没有剪应力，令该法线方向为 $\boldsymbol{N}$，则该面上的应力矢量为

$$\boldsymbol{F}_{\mathrm{n}} = \boldsymbol{\sigma N} = \begin{bmatrix} \sigma_{11} & \sigma_{12} & \sigma_{13} \\ \sigma_{21} & \sigma_{22} & \sigma_{23} \\ \sigma_{31} & \sigma_{32} & \sigma_{33} \end{bmatrix} \begin{bmatrix} n_1 \\ n_2 \\ n_3 \end{bmatrix} = \lambda \boldsymbol{N} \tag{2.2.6}$$

即

$$(\boldsymbol{\sigma} - \lambda \boldsymbol{I})\boldsymbol{N} = 0$$

令 $|\boldsymbol{\sigma} - \lambda \boldsymbol{I}| = 0$，即

$$\begin{bmatrix} \sigma_{11}-\lambda & \sigma_{12} & \sigma_{13} \\ \sigma_{21} & \sigma_{22}-\lambda & \sigma_{23} \\ \sigma_{31} & \sigma_{32} & \sigma_{33}-\lambda \end{bmatrix} = 0 \tag{2.2.7}$$

求解式(2.2.7)可以得到三个解：σ_1、σ_2、σ_3，称为应力主值。将三个应力主值分别代入式(2.2.7)，可求得三个方向 $\boldsymbol{N}_1$、$\boldsymbol{N}_2$、$\boldsymbol{N}_3$，称为应力主向。

在大多数情况下，可以不考虑应力主向变化的影响，这样应力的独立分量就减少为三个，如自重应力场。

三个应力主值(σ_1、σ_2、σ_3)的大小与直角坐标系取向无关，又被称为应力

的不变量,应力不变量的其他形式为

(1) 应力第一不变量:

$$I_1=\sigma_1+\sigma_2+\sigma_3 \tag{2.2.8a}$$

(2) 应力第二不变量:

$$I_2=-(\sigma_1\sigma_2+\sigma_2\sigma_3+\sigma_3\sigma_1) \tag{2.2.8b}$$

(3) 应力第三不变量:

$$I_3=\sigma_1\sigma_2\sigma_3 \tag{2.2.8c}$$

2.3　应力张量分解及其不变量

2.3.1　应力张量分解

为了研究方便,将应力张量分解为应力球张量与应力偏张量,即

$$\begin{bmatrix}\sigma_{11} & \sigma_{12} & \sigma_{13}\\ \sigma_{21} & \sigma_{22} & \sigma_{23}\\ \sigma_{31} & \sigma_{32} & \sigma_{33}\end{bmatrix}=\begin{bmatrix}p & 0 & 0\\ 0 & p & 0\\ 0 & 0 & p\end{bmatrix}+\begin{bmatrix}\sigma_{11}-p & \sigma_{12} & \sigma_{13}\\ \sigma_{21} & \sigma_{22}-p & \sigma_{23}\\ \sigma_{31} & \sigma_{32} & \sigma_{33}-p\end{bmatrix} \tag{2.3.1}$$

式中,p 为平均应力,$p=\dfrac{\sigma_{11}+\sigma_{22}+\sigma_{33}}{3}$。

式(2.3.1)中等号右边第一项称为应力球张量(静水压力、各向等压),第二项称为应力偏张量,主要反映剪应力的影响。

应力偏张量的三个主向与应力一致,三个主值为

$$\begin{cases}S_1=\sigma_1-p\\ S_2=\sigma_2-p\\ S_3=\sigma_3-p\end{cases} \tag{2.3.2}$$

应力偏张量的第一、第二、第三不变量分别为

$$\begin{cases}J_1=S_1+S_2+S_3=0\\ J_2=-(S_1S_2+S_2S_3+S_1S_3)=\dfrac{(\sigma_1-\sigma_2)^2+(\sigma_3-\sigma_2)^2+(\sigma_1-\sigma_3)^2}{6}\\ J_3=S_1S_2S_3=(\sigma_1-p)(\sigma_2-p)(\sigma_3-p)\end{cases} \tag{2.3.3}$$

2.3.2　应力不变量的其他表示方法

为了使用方便，应力不变量出现了不同的表示方法，重点是应力球张量与广义剪分量的表述，主要表述方法有八面体应力与 π 平面表述。

1. 八面体应力

八面体应力是主应力空间中法线方向为等倾线的面上的应力，这个面称为等倾面。

(1) 等倾面的单位法向矢量(见图 2.3.1)为

$$\boldsymbol{n}^{\mathrm{T}}=\begin{bmatrix}\frac{1}{\sqrt{3}} & \frac{1}{\sqrt{3}} & \frac{1}{\sqrt{3}}\end{bmatrix} \tag{2.3.4}$$

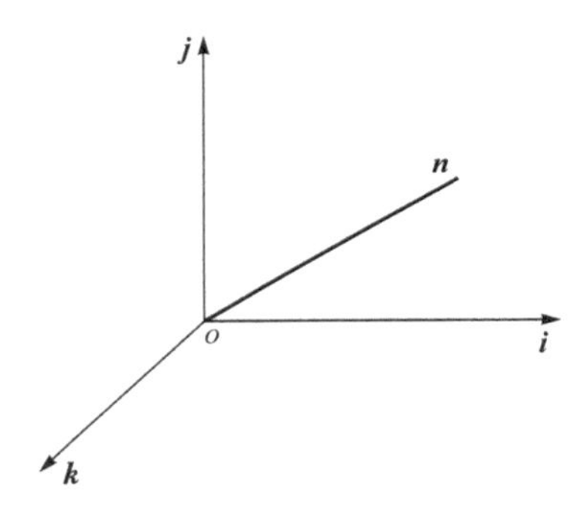

图 2.3.1　主应力空间的等倾线

(2) 等倾面上的应力为

$$\boldsymbol{p}=\boldsymbol{\sigma n}=\begin{bmatrix}\sigma_1 & 0 & 0\\ 0 & \sigma_2 & 0\\ 0 & 0 & \sigma_3\end{bmatrix}\begin{bmatrix}\frac{1}{\sqrt{3}}\\ \frac{1}{\sqrt{3}}\\ \frac{1}{\sqrt{3}}\end{bmatrix}=\begin{bmatrix}\frac{\sigma_1}{\sqrt{3}}\\ \frac{\sigma_2}{\sqrt{3}}\\ \frac{\sigma_3}{\sqrt{3}}\end{bmatrix} \tag{2.3.5}$$

等倾面上的正应力为应力在法线方向上的投影，即

$$\sigma_8=\boldsymbol{p}^{\mathrm{T}}\boldsymbol{n}=\begin{bmatrix}\frac{\sigma_1}{\sqrt{3}} & \frac{\sigma_2}{\sqrt{3}} & \frac{\sigma_3}{\sqrt{3}}\end{bmatrix}\begin{bmatrix}\frac{1}{\sqrt{3}}\\ \frac{1}{\sqrt{3}}\\ \frac{1}{\sqrt{3}}\end{bmatrix}$$

$$=\frac{\sigma_1+\sigma_2+\sigma_3}{3}=p \tag{2.3.6a}$$

等倾面上的正应力就等于平均应力的大小。

作用在该面上的剪应力与正应力正交，并合成应力，可利用勾股定理计算：

$$\begin{aligned}\tau_8&=\sqrt{|\boldsymbol{p}|^2-\sigma_8^2}\\&=\sqrt{\frac{\sigma_1^2+\sigma_2^2+\sigma_3^2}{3}-p^2}\\&=\frac{1}{3}\sqrt{(\sigma_1-\sigma_2)^2+(\sigma_2-\sigma_3)^2+(\sigma_1-\sigma_3)^2}\\&=\sqrt{\frac{2}{3}J_2}\end{aligned} \tag{2.3.6b}$$

八面体的正应力反映球应力的大小，剪应力表征偏应力的大小。

2. 广义剪应力

广义剪应力是偏应力张量的整体反映，定义为

$$\begin{aligned}q&=\frac{1}{\sqrt{2}}\sqrt{(\sigma_1-\sigma_2)^2+(\sigma_2-\sigma_3)^2+(\sigma_1-\sigma_3)^2}\\&=\sqrt{3J_2}\end{aligned} \tag{2.3.7}$$

常规三轴应力状态下（$\sigma_1\neq\sigma_2=\sigma_3$），有

$$\begin{aligned}q&=\frac{1}{\sqrt{2}}\sqrt{(\sigma_1-\sigma_2)^2+(\sigma_2-\sigma_3)^2+(\sigma_1-\sigma_3)^2}\\&=\sigma_1-\sigma_3\end{aligned} \tag{2.3.8}$$

3. π 平面上的应力分量

π 平面是主应力空间上法线为等倾线的平面。主应力矢量在 π 平面上

的投影为平面上的剪应力，主应力矢量在等倾线上的投影为 π 平面上的正应力，如图 2.3.2 所示[1]。

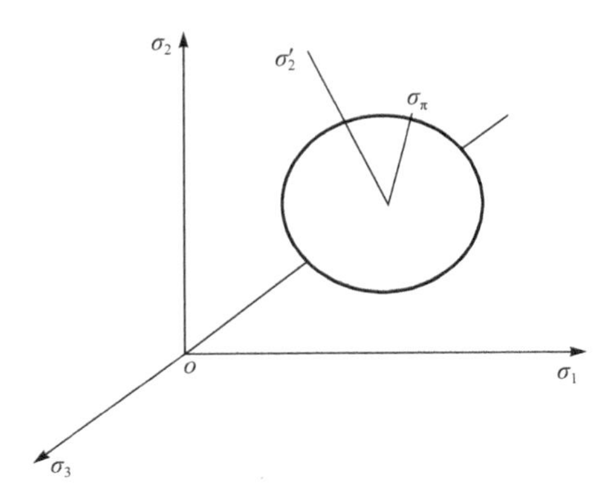

图 2.3.2　π 平面应力

主应力空间的主应力矢量为

$$\boldsymbol{s}^{\mathrm{T}}=[\sigma_1 \quad \sigma_2 \quad \sigma_3]$$

π 平面上的正应力为

$$\begin{aligned}\sigma_\pi&=\boldsymbol{s}^{\mathrm{T}}\boldsymbol{n}=[\sigma_1 \quad \sigma_2 \quad \sigma_3]\begin{bmatrix}\frac{1}{\sqrt{3}}\\\frac{1}{\sqrt{3}}\\\frac{1}{\sqrt{3}}\end{bmatrix}\\&=\frac{\sigma_1+\sigma_2+\sigma_3}{\sqrt{3}}\\&=\sqrt{3}\,p\end{aligned}\tag{2.3.9}$$

π 平面上的剪应力为

$$\begin{aligned}\tau_\pi&=\sqrt{|\boldsymbol{s}|^2-\sigma_\pi^2}\\&=\sqrt{\sigma_1^2+\sigma_2^2+\sigma_3^2-3p^2}\\&=\frac{1}{\sqrt{3}}\sqrt{(\sigma_1-\sigma_2)^2+(\sigma_2-\sigma_3)^2+(\sigma_1-\sigma_3)^2}\\&=\sqrt{2J_2}=\sqrt{\frac{2}{3}}\,q\end{aligned}\tag{2.3.10}$$

π 平面上主应力矢量投影 τ_π 与 σ_2 在 π 平面上的投影 σ_2' 之间的夹角称为应力洛德角 θ_σ：

$$\tan\theta_\sigma = \frac{2\sigma_2 - \sigma_1 - \sigma_3}{\sqrt{3}(\sigma_1 - \sigma_3)} \tag{2.3.11a}$$

$$\theta_\sigma = \frac{1}{3}\arcsin\left(\frac{-3\sqrt{3}}{2}\frac{J_3}{J_2^{3/2}}\right) \tag{2.3.11b}$$

π 平面上的正应力表征应力球张量的大小，剪应力表征应力偏张量的大小，应力洛德角表征中间主应力的相对大小。

4. 两类应力不变量之间的转换

三个应力主值（σ_1、σ_2、σ_3）与 p、q、θ_σ 都是常用的应力不变量，它们之间具有如下关系：

（1）用 p、q、θ_σ 表述 σ_1、σ_2、σ_3。

$$\begin{bmatrix}\sigma_1\\ \sigma_2\\ \sigma_3\end{bmatrix} = \begin{bmatrix}p\\ p\\ p\end{bmatrix} + \frac{2}{3}q\begin{bmatrix}\sin\left(\theta_\sigma + \frac{2}{3}\pi\right)\\ \sin\theta_\sigma\\ \sin\left(\theta_\sigma - \frac{2}{3}\pi\right)\end{bmatrix} \tag{2.3.12}$$

（2）用 σ_1、σ_2、σ_3 表述 p、q、θ_σ。

$$\begin{cases} p = \dfrac{\sigma_1 + \sigma_2 + \sigma_3}{3} \\ q = \dfrac{1}{\sqrt{2}}\sqrt{(\sigma_1 - \sigma_2)^2 + (\sigma_2 - \sigma_3)^2 + (\sigma_1 - \sigma_3)^2} \\ \tan\theta_\sigma = \dfrac{2\sigma_2 - \sigma_1 - \sigma_3}{\sqrt{3}(\sigma_1 - \sigma_3)} \end{cases} \tag{2.3.13}$$

2.4　变形与应变

选择一个具有某一形状的连续体，如图 2.4.1 所示。将这个物体放在一个简单直角坐标系中，物体的变形导致其从初始参考态运动到一个新的变形态。

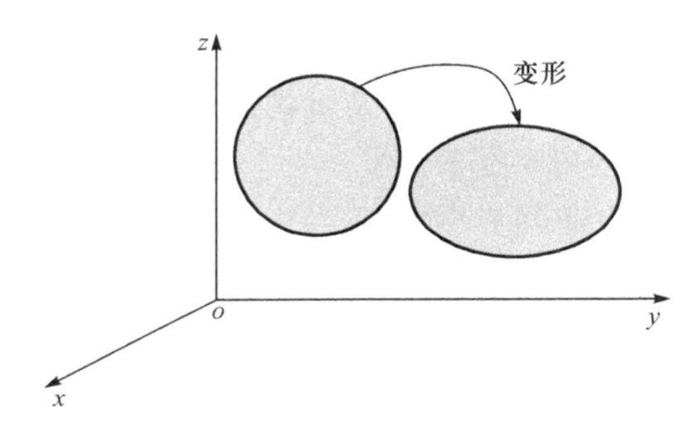

图 2.4.1　物体变形前后的形态

所有连续体的变形都由两部分组成：

(1) 变形的第一部分是刚体运动，这类变形没有出现对象形状的任何变化。存在刚体平移与刚体旋转两类刚体运动。刚体平移只是物体从空间的一个位置移到另一个位置，物体中心产生了变化。刚体旋转是物体中心没有变化，只是物体姿态的变化。

(2) 变形的第二部分包含物体形状的所有改变，包括伸展、扭曲、膨胀与压缩。这些变形导致物体内部产生应变，应变也是变形最有趣的方面。

标记物体变形的一种方法是给出物体每一点的位移矢量。位移矢量将物体该点变形前的位置与变形后的位置联系起来。一点的位移矢量标记为

$$\boldsymbol{u}=\boldsymbol{u}(x,t)$$

式中，x 为物体内的任意一点的坐标；t 为时间。

一个典型位移矢量如图 2.4.2 所示。因为物体中的每一点都对应一个位移矢量，可以说有一个矢量场覆盖这个物体。在直角坐标系中，位移 $\boldsymbol{u}$ 的三个分量标记为 u_x、u_y、u_z，每一个分量都是位置与时间的函数。位移分量指向负的坐标方向时记为正[2]。

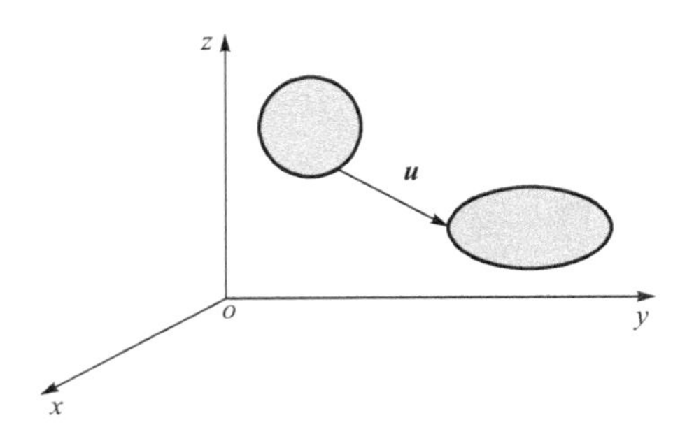

图 2.4.2　位移矢量

如果获得了位移矢量场，就完全掌握了物体变形。当然，位移矢量场包含了不导致应变的刚体运动，而位移矢量场的非刚体运动部分才会导致应变。因此，首要任务就是要将二者分开。

先取得位移矢量的空间导数。将这些空间导数整理成二阶矩阵，称为位移梯度矩阵$\nabla \boldsymbol{u}$。在一个三维直角坐标系下，$\nabla \boldsymbol{u}$可以表述为

$$\nabla \boldsymbol{u}=\begin{bmatrix}\dfrac{\partial u_x}{\partial x} & \dfrac{\partial u_x}{\partial y} & \dfrac{\partial u_x}{\partial z}\\ \dfrac{\partial u_y}{\partial x} & \dfrac{\partial u_y}{\partial y} & \dfrac{\partial u_y}{\partial z}\\ \dfrac{\partial u_z}{\partial x} & \dfrac{\partial u_z}{\partial y} & \dfrac{\partial u_z}{\partial z}\end{bmatrix} \tag{2.4.1}$$

式中，梯度算子$\nabla=\dfrac{\partial}{\partial x}\boldsymbol{i}+\dfrac{\partial}{\partial y}\boldsymbol{j}+\dfrac{\partial}{\partial z}\boldsymbol{k}$，$\boldsymbol{i}$、$\boldsymbol{j}$、$\boldsymbol{k}$为三个坐标轴的基矢量。

式(2.4.1)采用的是偏微分，位移的偏微分不受刚体运动的影响，因此可以用式(2.4.1)来计算应变。利用位移梯度$\nabla \boldsymbol{u}$定义应变为

$$\boldsymbol{\varepsilon}=\frac{1}{2}[\nabla \boldsymbol{u}+(\nabla \boldsymbol{u})^{\mathrm{T}}] \tag{2.4.2}$$

式中，$\boldsymbol{\varepsilon}$为应变张量。$\boldsymbol{\varepsilon}$是一个对称矩阵，表示变形导致的应变。与位移矢量$\boldsymbol{u}$一样，$\boldsymbol{\varepsilon}$也是位置x与时间t的函数。

将应变分量写成矩阵形式为

$$\boldsymbol{\varepsilon}=\begin{bmatrix}\varepsilon_{xx} & \varepsilon_{xy} & \varepsilon_{xz}\\ \varepsilon_{yx} & \varepsilon_{yy} & \varepsilon_{yz}\\ \varepsilon_{zx} & \varepsilon_{zy} & \varepsilon_{zz}\end{bmatrix} \tag{2.4.3}$$

应变张量$\boldsymbol{\varepsilon}$的正对角元素称为正应变，表达式为

$$\begin{cases}\varepsilon_{xx}=\dfrac{\partial u_x}{\partial x}\\ \varepsilon_{yy}=\dfrac{\partial u_y}{\partial y}\\ \varepsilon_{zz}=\dfrac{\partial u_z}{\partial z}\end{cases} \tag{2.4.4}$$

每一个正应变分量表示材料沿该坐标轴方向的单位长度变化率。

式(2.4.3)中的正对角线之外的元素称为剪应变，表达式为

$$\begin{cases} \varepsilon_{xy}=\varepsilon_{yx}=\dfrac{1}{2}\left(\dfrac{\partial u_x}{\partial y}+\dfrac{\partial u_y}{\partial x}\right) \\ \varepsilon_{yz}=\varepsilon_{zy}=\dfrac{1}{2}\left(\dfrac{\partial u_y}{\partial z}+\dfrac{\partial u_z}{\partial y}\right) \\ \varepsilon_{zx}=\varepsilon_{xz}=\dfrac{1}{2}\left(\dfrac{\partial u_z}{\partial x}+\dfrac{\partial u_x}{\partial z}\right) \end{cases} \tag{2.4.5}$$

这些剪应变表示分别沿对应坐标轴方向的直角在变形后角度增加量的一半(固体力学称为直角的减小量的一半)。这里采用增加量,是因为岩土力学中一般取压缩为正。例如,采用图 2.4.3 所示的分别沿 x 轴与 y 轴方向的直角三角形,变形后直角变为 θ,则相应剪应变为 $2\varepsilon_{xy}=2\varepsilon_{yx}=\theta-\frac{\pi}{2}$。剪应变采用系数$\frac{1}{2}$是为了确保在不同坐标系下剪应变的合理计算。通常这个直角的变化(而不是它的一半)称为工程剪应变,并用符号 γ 标记。已知式(2.4.5)定义的剪应变后,就可以确定相应的工程剪应变。

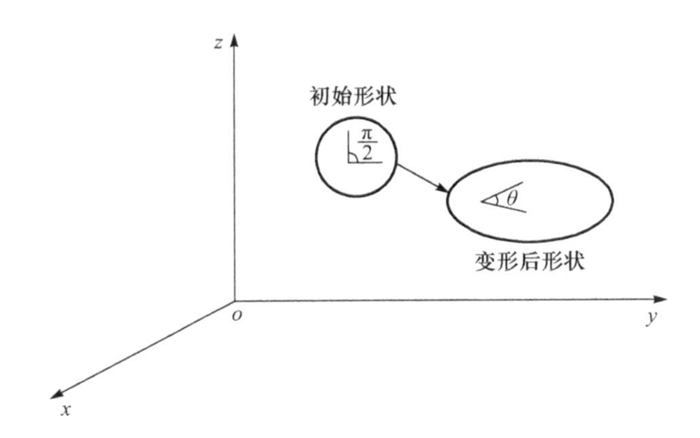

图 2.4.3　剪应变的物理意义

2.5　应变张量的不变量

与应力一样,应变张量的三个主值(ε_1、ε_2、ε_3)的大小与坐标系无关,又称为应变的不变量。三个应变主值对应平面的法线方向称为应变的主向。

在主应变空间,应变张量表示为

$$\boldsymbol{\varepsilon}=\begin{bmatrix}\varepsilon_1 & 0 & 0\\ 0 & \varepsilon_2 & 0\\ 0 & 0 & \varepsilon_3\end{bmatrix} \tag{2.5.1}$$

应变张量的第一、第二与第三不变量分别为

$$\begin{cases}I_1'=\varepsilon_1+\varepsilon_2+\varepsilon_3\\ I_2'=-(\varepsilon_1\varepsilon_3+\varepsilon_2\varepsilon_3+\varepsilon_1\varepsilon_2)\\ I_3'=\varepsilon_1\varepsilon_2\varepsilon_3\end{cases} \tag{2.5.2}$$

应变张量的其他不变量有体应变、广义剪应变与应变洛德角 ε_v、ε_s、θ_ε：

$$\begin{cases}\varepsilon_v=\varepsilon_1+\varepsilon_2+\varepsilon_3=\varepsilon_{xx}+\varepsilon_{yy}+\varepsilon_{zz}\\ \varepsilon_s=\dfrac{\sqrt{2[(\varepsilon_1-\varepsilon_2)^2+(\varepsilon_1-\varepsilon_3)^2+(\varepsilon_3-\varepsilon_2)^2]}}{3}\\ \quad=\dfrac{\sqrt{2[(\varepsilon_x-\varepsilon_y)^2+(\varepsilon_y-\varepsilon_z)^2+(\varepsilon_z-\varepsilon_x)^2+6(\varepsilon_{xy}^2+\varepsilon_{xz}^2+\varepsilon_{yz}^2)]}}{3}\\ \tan\theta_\varepsilon=\dfrac{2\varepsilon_2-\varepsilon_1-\varepsilon_3}{\sqrt{3}(\varepsilon_1-\varepsilon_3)}\end{cases} \tag{2.5.3}$$

2.6 应变张量分解及其不变量

2.6.1 应变张量分解

应变张量可分解为应变球张量与应变偏张量，即

$$\begin{bmatrix}\varepsilon_{11} & \varepsilon_{12} & \varepsilon_{13}\\ \varepsilon_{21} & \varepsilon_{22} & \varepsilon_{23}\\ \varepsilon_{31} & \varepsilon_{32} & \varepsilon_{33}\end{bmatrix}=\begin{bmatrix}\varepsilon_m & 0 & 0\\ 0 & \varepsilon_m & 0\\ 0 & 0 & \varepsilon_m\end{bmatrix}+\begin{bmatrix}\varepsilon_{11}-\varepsilon_m & \varepsilon_{12} & \varepsilon_{13}\\ \varepsilon_{21} & \varepsilon_{22}-\varepsilon_m & \varepsilon_{23}\\ \varepsilon_{31} & \varepsilon_{32} & \varepsilon_{33}-\varepsilon_m\end{bmatrix} \tag{2.6.1}$$

式中，ε_m 为平均应变，$\varepsilon_m=\dfrac{\varepsilon_{11}+\varepsilon_{22}+\varepsilon_{33}}{3}$。

式(2.6.1)等号右边第一项称为应变球张量，第二项称为应变偏张量，主要反映剪应变的影响。

应变偏张量的三个主向与应变一致，三个主值为

$$\begin{cases}S_1'=\varepsilon_1-\varepsilon_m\\ S_2'=\varepsilon_2-\varepsilon_m\\ S_3'=\varepsilon_3-\varepsilon_m\end{cases} \tag{2.6.2}$$

应变偏张量的第一、第二、第三不变量为

$$\begin{cases} J'_1 = S'_1 + S'_2 + S'_3 = 0 \\ J'_2 = -(S'_1S'_3 + S'_2S'_3 + S'_1S'_2) = \dfrac{(\varepsilon_1-\varepsilon_2)^2+(\varepsilon_3-\varepsilon_2)^2+(\varepsilon_1-\varepsilon_3)^2}{6} \\ J'_3 = S'_1S'_2S'_3 = (\varepsilon_1-\varepsilon_m)(\varepsilon_2-\varepsilon_m)(\varepsilon_3-\varepsilon_m) \end{cases} \tag{2.6.3}$$

2.6.2　应变不变量的其他表示方法

为了便于使用,应变不变量有不同的表示方法。这些表示方法的重点是应变球张量与广义剪分量的表述。下面介绍八面体应变与 π 平面应变。

1. 八面体应变

八面体应变是主应变空间中法线方向为等倾线的面上的应变,这个面称为等倾面。

(1) 等倾面的单位法向矢量同式(2.3.4)。

(2) 等倾面上的应变为

$$\boldsymbol{\varepsilon}_8 = \boldsymbol{\varepsilon n} = \begin{bmatrix} \varepsilon_1 & 0 & 0 \\ 0 & \varepsilon_2 & 0 \\ 0 & 0 & \varepsilon_3 \end{bmatrix} \begin{bmatrix} \dfrac{1}{\sqrt{3}} \\ \dfrac{1}{\sqrt{3}} \\ \dfrac{1}{\sqrt{3}} \end{bmatrix} = \begin{bmatrix} \dfrac{\varepsilon_1}{\sqrt{3}} \\ \dfrac{\varepsilon_2}{\sqrt{3}} \\ \dfrac{\varepsilon_3}{\sqrt{3}} \end{bmatrix} \tag{2.6.4}$$

等倾面上的正应变为八面体应变在等倾线方向上的投影,即

$$\varepsilon_n = \boldsymbol{\varepsilon}_8^{\mathrm{T}} \boldsymbol{n} = \begin{bmatrix} \dfrac{\varepsilon_1}{\sqrt{3}} & \dfrac{\varepsilon_2}{\sqrt{3}} & \dfrac{\varepsilon_3}{\sqrt{3}} \end{bmatrix} \begin{bmatrix} \dfrac{1}{\sqrt{3}} \\ \dfrac{1}{\sqrt{3}} \\ \dfrac{1}{\sqrt{3}} \end{bmatrix}$$

$$= \frac{\varepsilon_1+\varepsilon_2+\varepsilon_3}{3} = \varepsilon_m \tag{2.6.5}$$

等倾面上的正应变就等于应变球张量的大小。作用在该面上的剪应变与正应变正交,并合成八面体应变,可利用勾股定理进行计算:

$$
\begin{aligned}
\gamma_8 &= \sqrt{|\boldsymbol{\varepsilon}_8|^2 - \varepsilon_{\mathrm{n}}^2} \\
&= \frac{2}{3}\sqrt{(\varepsilon_1-\varepsilon_2)^2+(\varepsilon_2-\varepsilon_3)^2+(\varepsilon_1-\varepsilon_3)^2} \\
&= \frac{2\sqrt{2}}{\sqrt{3}}\sqrt{J_2'}
\end{aligned}
\tag{2.6.6}
$$

八面体应变的正应变反映球应变的大小，剪应变反映偏应变的大小。

2. 广义剪应变

广义剪应变是偏应变张量的整体反映，定义为

$$
\begin{aligned}
\varepsilon_{\mathrm{s}} &= \frac{\sqrt{2}}{3}\sqrt{(\varepsilon_1-\varepsilon_2)^2+(\varepsilon_2-\varepsilon_3)^2+(\varepsilon_1-\varepsilon_3)^2} \\
&= \frac{2}{\sqrt{3}}\sqrt{J_2'}
\end{aligned}
\tag{2.6.7}
$$

常规三轴应变状态下($\varepsilon_1 \neq \varepsilon_2 = \varepsilon_3$)，有

$$
\begin{aligned}
\varepsilon_{\mathrm{s}} &= \frac{\sqrt{2}}{3}\sqrt{(\varepsilon_1-\varepsilon_2)^2+(\varepsilon_2-\varepsilon_3)^2+(\varepsilon_1-\varepsilon_3)^2} \\
&= \frac{2}{3}(\varepsilon_1-\varepsilon_2)
\end{aligned}
\tag{2.6.8}
$$

3. π 平面上的应变分量

π 平面是主应变空间上法线为等倾线的平面，也就是等倾面。主应变矢量在 π 平面上的投影为平面上的剪应变，主应变矢量在等倾线上的投影为 π 平面上的正应变，如图 2.6.1 所示。

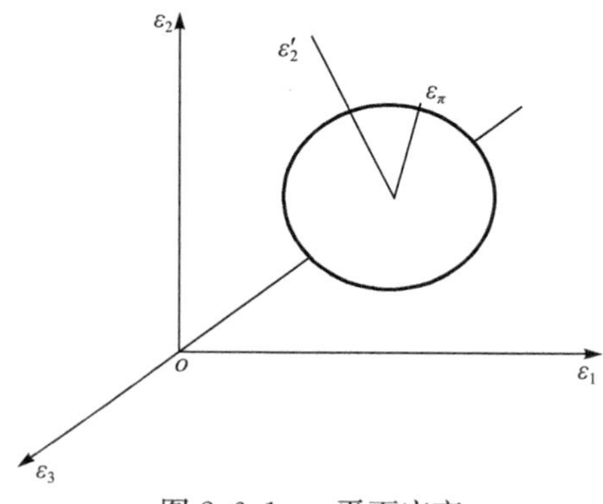

图 2.6.1　π 平面应变

主应变空间的主应变矢量为

$$\boldsymbol{\varepsilon}^{\mathrm{T}}=[\varepsilon_1 \quad \varepsilon_2 \quad \varepsilon_3]$$

π 平面上的正应变为主应变矢量在等倾线方向的投影，即

$$\begin{aligned}\varepsilon_\pi=\boldsymbol{\varepsilon}^{\mathrm{T}}\boldsymbol{n}&=[\varepsilon_1 \quad \varepsilon_2 \quad \varepsilon_3]\begin{bmatrix}\dfrac{1}{\sqrt{3}}\\ \dfrac{1}{\sqrt{3}}\\ \dfrac{1}{\sqrt{3}}\end{bmatrix}\\ &=\frac{\varepsilon_1+\varepsilon_2+\varepsilon_3}{\sqrt{3}}\\ &=\sqrt{3}\varepsilon_{\mathrm{m}}\end{aligned}\tag{2.6.9}$$

π 平面上的剪应变，可以根据勾股定理求得

$$\begin{aligned}\gamma_\pi&=\sqrt{|\boldsymbol{\varepsilon}|^2-\varepsilon_\pi^2}\\ &=\frac{2}{\sqrt{3}}\sqrt{(\varepsilon_1-\varepsilon_2)^2+(\varepsilon_2-\varepsilon_3)^2+(\varepsilon_1-\varepsilon_3)^2}\\ &=\sqrt{6}\varepsilon_{\mathrm{s}}\end{aligned}\tag{2.6.10}$$

π 平面上主应变矢量投影 ε_π 与 ε_2 在 π 平面上的投影 ε_2' 之间的夹角称为应变洛德角 θ_ε：

$$\tan\theta_\varepsilon=\frac{2\varepsilon_2-\varepsilon_1-\varepsilon_3}{\sqrt{3}(\varepsilon_1-\varepsilon_3)}\tag{2.6.11}$$

π 平面上的正应变反映应变球张量的大小，剪应变反映应变偏张量的大小，应变洛德角反映中间主应变的相对大小。

4. 两类应变不变量之间的转换

三个应变主值（ε_1、ε_2、ε_3）与 ε_{m}、ε_{s}、θ_ε 都是常用的应变不变量，它们之间具有如下关系：

（1）用 ε_{m}、ε_{s}、θ_ε 表述 ε_1、ε_2、ε_3。

$$\begin{bmatrix}\varepsilon_1\\ \varepsilon_2\\ \varepsilon_3\end{bmatrix}=\begin{bmatrix}\varepsilon_{\mathrm{m}}\\ \varepsilon_{\mathrm{m}}\\ \varepsilon_{\mathrm{m}}\end{bmatrix}+\varepsilon_{\mathrm{s}}\begin{bmatrix}\sin\left(\theta_\varepsilon+\dfrac{2}{3}\pi\right)\\ \sin\theta_\varepsilon\\ \sin\left(\theta_\varepsilon-\dfrac{2}{3}\pi\right)\end{bmatrix}\tag{2.6.12}$$

(2) 用 ε_1、ε_2、ε_3 表述 ε_m、ε_s、θ_ε。

$$\begin{cases} \varepsilon_m = \dfrac{\varepsilon_1 + \varepsilon_2 + \varepsilon_3}{3} \\ \varepsilon_s = \dfrac{\sqrt{2}}{3}\sqrt{(\varepsilon_1 - \varepsilon_2)^2 + (\varepsilon_2 - \varepsilon_3)^2 + (\varepsilon_1 - \varepsilon_3)^2} \\ \tan\theta_\varepsilon = \dfrac{2\varepsilon_2 - \varepsilon_1 - \varepsilon_3}{\sqrt{3}(\varepsilon_1 - \varepsilon_3)} \end{cases} \tag{2.6.13}$$

2.7 应力路径与应变路径

岩土的力学性质及本构关系与其应力-应变的变化过程有关，因此需要描述一点在其加载过程中的应力或应变的演化过程。通常描述一点应力状态变化的路线称为应力路径，而描述应变状态变化的路线称为应变路径。目前工程上应用较多的是应力路径。

2.7.1 应力路径的表述

最一般情况下应力独立分量有 6 个，即 3 个应力主值与绕 3 个应力主轴旋转的旋转分量。在一般应力空间中表述复杂应力路径变化比较困难，常常采用简化表述。常用的表述方法有以下两种。

1. p-q 平面表述

通常在 p(球应力)-q(广义剪应力)平面上描述常用的应力路径。图 2.7.1 所示为两种代表性的应力路径。

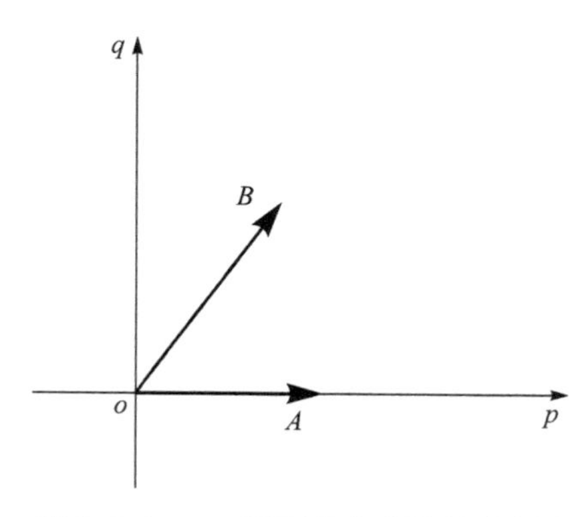

图 2.7.1 p-q 平面的应力路径示意图

1）静水压力试验（应力路径 A）

静水压力试验条件下，$\sigma_1=\sigma_2=\sigma_3\uparrow$，$p=\sigma_1=\sigma_2=\sigma_3\uparrow$，$q=0$，即应力状态沿 p 轴变化。

2）普通三轴试验（应力路径 B）

普通三轴试验条件下，$c=\sigma_2=\sigma_3<\sigma_1\uparrow$，$\mathrm{d}q/\mathrm{d}p=\mathrm{d}\sigma_1/(\mathrm{d}\sigma_1/3)=3$，即应力路径是斜率为 3 的直线。

2. 主应力平面表述

很多工程问题可以简化为轴对称，一般可简化为 $c=\sigma_2=\sigma_3<\sigma_1$ 的应力状态，就可以在 σ_1-σ_3 主应力平面中描述。主动、静止、被动（k_a、k_0、k_p）三种工况下的砂土土压力变化的应力路径如图 2.7.2 所示。

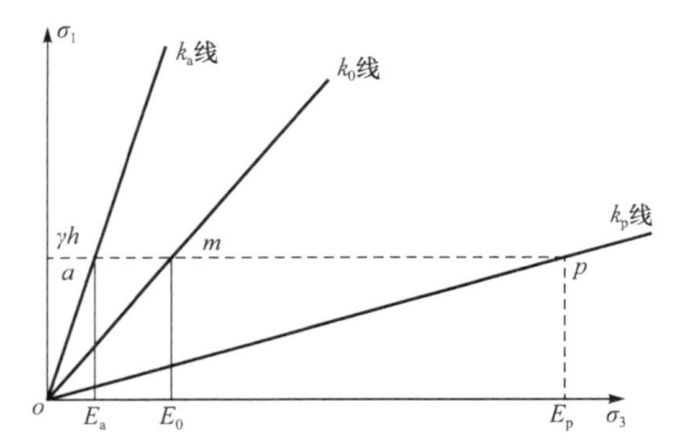

图 2.7.2　主应力平面的砂土土压力应力路径示意图

2.7.2　应力路径的实现

应力路径的影响一直是岩土力学的一个难题。开展应力路径对土的应力-应变关系影响的试验研究是揭示应力路径效应的基础。一般情况下，应力独立分量有 6 个，试验中能实现这 6 个分量的独立变化是最理想的，而实际上目前可以实现的只有以下 4 个试验。

1. 单轴压缩试验

单轴压缩试验，也就是侧限压缩试验。试样轴向加压，只能产生轴向变形。一般将它看成单个方向的应力变化，实际上它是轴向应力与水平向应力的同时变化；或者看成应变控制更合适，它只有轴向应变的变化。

单轴压缩情况下，水平应力 $\sigma_2=\sigma_3\uparrow<\sigma_1\uparrow$（轴向应力），水平应变 $\varepsilon_2=$

$\varepsilon_3=0<\varepsilon_1\uparrow$（轴向应变）。

2. 普通三轴试验

普通三轴试验通过独立控制轴压与围压，可以实现两个主应力分量的变化。

在不同围压作用下，$c=\sigma_2=\sigma_3<\sigma_1\uparrow$（轴向应力）。

3. 真三轴试验

真三轴试验通过三个正交方向独立控制荷载，从而实现三个主应力分量的变化。

三个主应力值可以不等，$\sigma_1\neq\sigma_2\neq\sigma_3$。

4. 空心扭剪试验

空心扭剪仪通过独立施加空心圆柱试样的内外水压、轴压与环向扭力，可实现三个主应力值的变化与一个方向的主应力轴旋转。

三个主应力 $\sigma_1\neq\sigma_2\neq\sigma_3$，一个方向的旋转角 $\theta_1\neq0$。

2.7.3 总应力路径与有效应力路径

根据太沙基有效应力原理有

$$\boldsymbol{\sigma}'=\boldsymbol{\sigma}-\boldsymbol{u} \tag{2.7.1}$$

式中，$\boldsymbol{\sigma}'$、$\boldsymbol{\sigma}$、$\boldsymbol{u}$ 分别为有效应力、总应力与孔隙水压力。

在排水情况下，总应力路径与有效应力路径是一致的，而不排水情况下则不同。

图 2.7.3 为正常固结土的不排水三轴剪切应力路径（图中实线为总应力路径，虚线为有效应力路径，CSL 为临界状态线）。

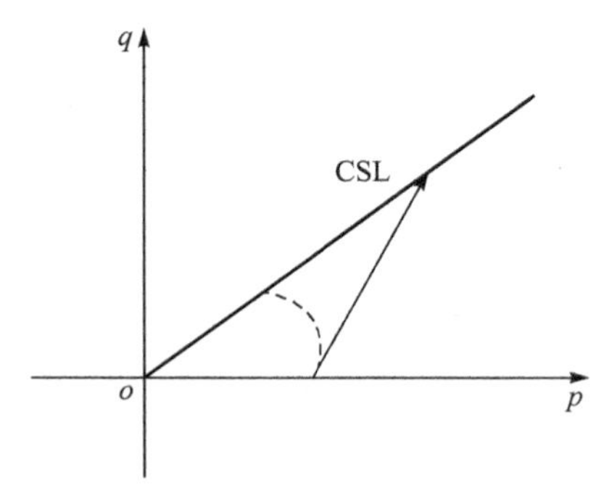

图 2.7.3 普通三轴剪切不排水试验的有效应力路径与总应力路径

2.7.4　应变路径

应变路径是一个点应变状态随时间的变化过程，在主应变空间、ε_v-ε_s 平面或应变 π 平面上描述。

用应变路径表述的优点是该路径与排水状况无关，具有唯一性。主应变平面的砂土土压力应变路径如图 2.7.4 所示。

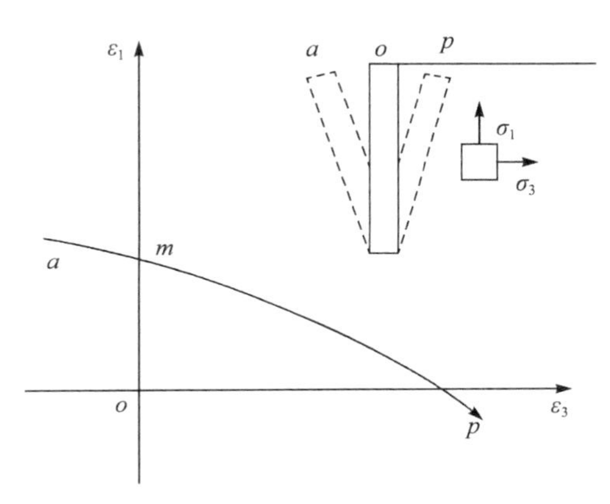

图 2.7.4　主应变平面的砂土土压力应变路径

岩土工程中一般是先知道荷载，求变形；先获得应力变化，来计算应变的变化过程，因此人们更习惯于用应力路径进行描述。

2.8　岩土塑性力学基本方程

岩土塑性力学是连续介质力学的一个分支，其问题的求解框架是与连续介质力学一致的。在建立三大类基本方程(守恒方程、几何方程与本构方程)的基础上，结合边界条件(边值与初值)进行求解。下面分别描述这些基本方程。

2.8.1　基本方程

连续介质力学的三类基本方程是守恒方程、几何方程与本构方程。

1. 守恒方程

岩土材料的一切行为必须满足所有的物理守恒方程，如能量守恒、动量守恒、动量矩守恒等。工程常用的有动量守恒，又表述为平衡方程(静力问题)或运动方程(动力问题)。

运动方程为

$$\begin{cases}\dfrac{\partial\sigma_{xx}}{\partial x}+\dfrac{\partial\sigma_{xy}}{\partial y}+\dfrac{\partial\sigma_{xz}}{\partial z}+F_x=\rho\dfrac{\partial^2 u}{\partial t^2}\\[2mm]\dfrac{\partial\sigma_{yx}}{\partial x}+\dfrac{\partial\sigma_{yy}}{\partial y}+\dfrac{\partial\sigma_{yz}}{\partial z}+F_y=\rho\dfrac{\partial^2 v}{\partial t^2}\\[2mm]\dfrac{\partial\sigma_{zx}}{\partial x}+\dfrac{\partial\sigma_{zy}}{\partial y}+\dfrac{\partial\sigma_{zz}}{\partial z}+F_z=\rho\dfrac{\partial^2 w}{\partial t^2}\end{cases}\tag{2.8.1}$$

式中，F_x、F_y、F_z 和 u、v、w 分别为 x、y、z 方向的体积力和位移；ρ 为密度。

对于静力问题，运动方程退化为平衡方程：

$$\begin{cases}\dfrac{\partial\sigma_{xx}}{\partial x}+\dfrac{\partial\sigma_{xy}}{\partial y}+\dfrac{\partial\sigma_{xz}}{\partial z}+F_x=0\\[2mm]\dfrac{\partial\sigma_{yx}}{\partial x}+\dfrac{\partial\sigma_{yy}}{\partial y}+\dfrac{\partial\sigma_{yz}}{\partial z}+F_y=0\\[2mm]\dfrac{\partial\sigma_{zx}}{\partial x}+\dfrac{\partial\sigma_{zy}}{\partial y}+\dfrac{\partial\sigma_{zz}}{\partial z}+F_z=0\end{cases}\tag{2.8.2}$$

2. 几何方程

几何方程表述应变与位移之间的关系，在小应变条件下，可表述为

$$\begin{cases}\varepsilon_x=\dfrac{\partial u}{\partial x}\\[2mm]\varepsilon_y=\dfrac{\partial v}{\partial y}\\[2mm]\varepsilon_z=\dfrac{\partial w}{\partial z}\\[2mm]\varepsilon_{xy}=\dfrac{\dfrac{\partial u}{\partial y}+\dfrac{\partial v}{\partial x}}{2}\\[2mm]\varepsilon_{xz}=\dfrac{\dfrac{\partial u}{\partial z}+\dfrac{\partial w}{\partial x}}{2}\\[2mm]\varepsilon_{yz}=\dfrac{\dfrac{\partial v}{\partial z}+\dfrac{\partial w}{\partial y}}{2}\end{cases}\tag{2.8.3}$$

对于位移与变形，还有一个重要概念就是应变的协调。简单来说，就是为了保证物体的完整性，变形中不能出现裂缝与折叠。应变协调性要求应

变分量必须满足式(2.8.4)中的6个方程：

$$
\begin{cases}
\dfrac{\partial^2 \varepsilon_{xx}}{\partial y^2}+\dfrac{\partial^2 \varepsilon_{yy}}{\partial x^2}=2\dfrac{\partial^2 \varepsilon_{xy}}{\partial x\partial y} \\
\dfrac{\partial^2 \varepsilon_{yy}}{\partial z^2}+\dfrac{\partial^2 \varepsilon_{zz}}{\partial y^2}=2\dfrac{\partial^2 \varepsilon_{yz}}{\partial y\partial z} \\
\dfrac{\partial^2 \varepsilon_{zz}}{\partial x^2}+\dfrac{\partial^2 \varepsilon_{xx}}{\partial z^2}=2\dfrac{\partial^2 \varepsilon_{xz}}{\partial x\partial z} \\
\dfrac{\partial^2 \varepsilon_{xx}}{\partial y\partial z}=-\dfrac{\partial^2 \varepsilon_{yz}}{\partial x^2}+\dfrac{\partial^2 \varepsilon_{zx}}{\partial x\partial y}+\dfrac{\partial^2 \varepsilon_{xy}}{\partial x\partial z} \\
\dfrac{\partial^2 \varepsilon_{yy}}{\partial z\partial x}=-\dfrac{\partial^2 \varepsilon_{zx}}{\partial y^2}+\dfrac{\partial^2 \varepsilon_{xy}}{\partial y\partial z}+\dfrac{\partial^2 \varepsilon_{yz}}{\partial y\partial x} \\
\dfrac{\partial^2 \varepsilon_{zz}}{\partial x\partial y}=-\dfrac{\partial^2 \varepsilon_{xy}}{\partial z^2}+\dfrac{\partial^2 \varepsilon_{yz}}{\partial z\partial x}+\dfrac{\partial^2 \varepsilon_{zx}}{\partial z\partial y}
\end{cases}
\tag{2.8.4}
$$

方程组(2.8.4)确保式(2.8.3)的积分可以得到单值且连续的位移。需要说明的是，式(2.8.4)给出了物体的运动限制，以确保材料的连续性。

3. 本构方程

本构方程是反映物质宏观性质的数学模型，又称本构关系。归纳宏观试验结果，建立有关物质的本构关系是物理学的重要研究课题。最熟知的本构关系有胡克定律、牛顿黏性定律、理想气体状态方程、热传导方程、渗流方程等。建立塑性变形阶段的岩土本构模型是岩土塑性力学的核心任务。

2.8.2 定解条件

塑性力学问题的求解，不仅需要知道问题的基本方程，还需要定解条件，即边界条件和初值条件。

1. 应力边界条件

如图2.8.1所示，在静力边界上内应力与外力荷载(X_n、Y_n)之间的边界条件为

$$
\begin{cases}
X_n=\sigma_x\cos\alpha+\tau_{yx}\sin\alpha \\
Y_n=\tau_{xy}\cos\alpha+\sigma_y\sin\alpha
\end{cases}
\tag{2.8.5}
$$

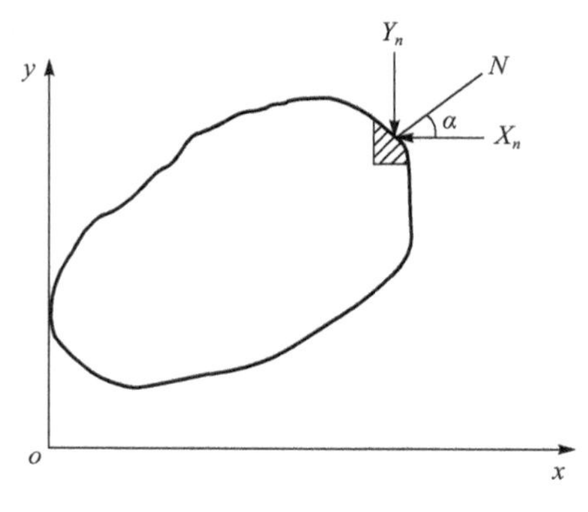

图 2.8.1　应力边界条件

2. 位移边界条件

已知 i 点的位移 $\boldsymbol{u}_0$，则位移边界条件为

$$\boldsymbol{u}_i = \boldsymbol{u}_0 \tag{2.8.6}$$

3. 初值条件

已知初始时刻 i 点的位移 $\boldsymbol{u}_1$，则位移初始条件为

$$\boldsymbol{u}_i \big|_{t=0} = \boldsymbol{u}_1 \tag{2.8.7}$$

建立了岩土塑性力学的基本理论框架后，依据实际问题的边界条件，就可以应用岩土塑性力学来解决工程问题，确定材料或结构内部的应力、应变与位移，并进行稳定性评价。但是现在一般很少进行理论解析，主要通过数值计算来求解。

思　考　题

(1) 一点应力状态的个数有多少，怎样理解？

(2) 通过求特征值，应力也可以表示为三个应力主值 σ_1、σ_2、σ_3，应力状态数量是否减少了？

(3) 计算一点任意方向的应力，需要知道哪些量？如何计算？

(4) 简述八面体应力与 π 平面应力的区别与联系。

(5) 两类应力与应变不变量如何转换？

(6) 八面体应变如何计算？

(7) π 平面应变如何计算?

(8) 简述应力路径的概念及其实现方法。

(9) 图示纯应力洛德角变化的应力路径。

参考文献

[1] 郑颖人,孔亮. 岩土塑性力学. 北京:中国建筑工业出版社,2010.

[2] Davis R O, Selvadurai A P S. Plasticity and Geomechanics. Cambridge: Cambridge University Press, 2002.

第 3 章　岩土材料的基本力学特性

岩土塑性力学和经典塑性力学的区别取决于塑性变形阶段岩土材料和金属材料力学特性的差异。金属是一种晶体材料，岩土材料是一种颗粒堆积的非均质体。因此，岩土材料具有显著不同于金属材料的力学特性。

岩土基本力学性质是指所有岩土介质和重要受力阶段都有重要影响的力学性质，是岩土区别于其他材料的标志。岩土力学性质是建立本构模型的基础，也是评价本构模型合理性的基本依据。

3.1　压　硬　性

在一定范围内，岩土材料的抗剪强度和刚度随着围压的增加而增加，这种特性称为压硬性。岩土材料由颗粒堆积而成，属于摩擦材料。岩土材料的抗剪强度不仅取决于颗粒之间的黏聚力，还涉及这些颗粒之间的摩擦，因此其抗剪强度与内摩擦角和侧限应力有关。而金属材料没有这个特点，所以它的抗剪强度、刚度与围压无关。

图 3.1.1 所示的岩土抗剪强度随围压增大而增大的现象可以用库仑公式描述，即

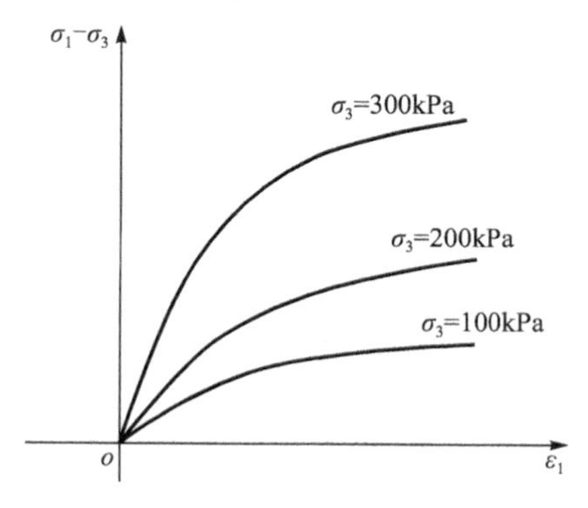

图 3.1.1　岩土材料压硬性示意图

$$\tau_f = c + \sigma \tan\varphi \tag{3.1.1}$$

式中，τ_f、c、σ、φ 分别为抗剪强度、黏聚力、正应力和内摩擦角。

库仑公式又可表述为

$$\begin{cases} \sigma_1 = \sigma_3 \tan^2\left(45° + \dfrac{\varphi}{2}\right) + 2c\tan\left(45° + \dfrac{\varphi}{2}\right) \\ \sigma_3 = \sigma_1 \tan^2\left(45° - \dfrac{\varphi}{2}\right) - 2c\tan\left(45° - \dfrac{\varphi}{2}\right) \end{cases} \tag{3.1.2}$$

式中，σ_1、σ_3 分别为最大主应力和最小主应力。

从图 3.1.1 中可以看出，岩土材料刚度随围压的增大而增大，其中初始弹性模量可表述为

$$E_i = K\sigma_3^n \tag{3.1.3}$$

式中，E_i、σ_3 分别为初始弹性模量和围压；K 和 n 为常数。

3.2　等 压 屈 服

岩土材料是多孔介质。在静水压力作用下，岩土材料的孔隙坍塌，导致其中的水或气体会排出，出现体积塑性变形。这就是静水压力产生的体积塑性变形，即等压屈服，这明显不同于金属的力学特性。在静水压力作用下，金属只是产生弹性变形，不会出现体积塑性变形(铸铁等多孔金属除外)。

图 3.2.1 所示的岩土材料等压加载曲线可表述为半对数曲线，即

$$\varepsilon_v = \lambda \ln \frac{p}{p_0} \tag{3.2.1}$$

式中，ε_v、λ、p、p_0 分别为体应变、压缩系数、等向压力(球应力)与初始压力。

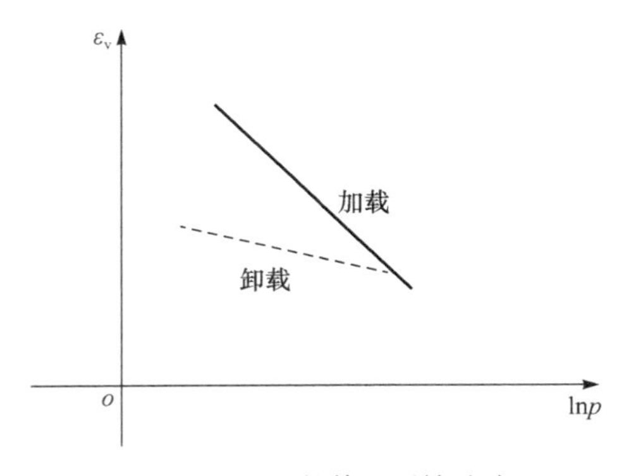

图 3.2.1　土的等压固结试验

岩土材料等压卸载曲线也可表述为半对数曲线，即

$$\varepsilon_{\mathrm{v}}^{\mathrm{e}}=k\ln\frac{p}{p_0} \tag{3.2.2}$$

式中，$\varepsilon_{\mathrm{v}}^{\mathrm{e}}$、$k$ 分别为弹性体应变和回弹系数。

加卸载曲线之差即为等向压缩导致的塑性体应变，即等压屈服：

$$\varepsilon_{\mathrm{v}}^{\mathrm{p}}=\varepsilon_{\mathrm{v}}-\varepsilon_{\mathrm{v}}^{\mathrm{e}}=(\lambda-k)\ln\frac{p}{p_0} \tag{3.2.3}$$

式中，$\varepsilon_{\mathrm{v}}^{\mathrm{p}}$ 为塑性体应变。

3.3 剪 胀 性

岩土材料是一种非均质材料，颗粒间存在间隙。因此，在剪应力作用下孔隙将会坍塌或扩大，孔隙中水或气体会排出或增加，此时就会产生体应变。剪应力导致的体积变化称为剪胀性，而金属材料的体应变是独立于剪应力的。当然，岩土剪应变和平均应力也是相关的。这些现象并不存在于弹性理论或经典塑性力学中。严格来说，这种现象违反了经典连续介质力学。

下面考察两个微单元，微单元分别由颗粒摩擦材料（岩土）和一般连续介质材料（金属）组成。图 3.3.1(a)是一般连续介质材料，静水压力导致体应变，偏应力导致剪应变。但图 3.3.1(b)所示的颗粒摩擦材料存在静水压力和偏应力的交叉影响。显然，这是不符合传统连续介质力学的。因此，传统连续材料微元不适合描述颗粒摩擦材料。

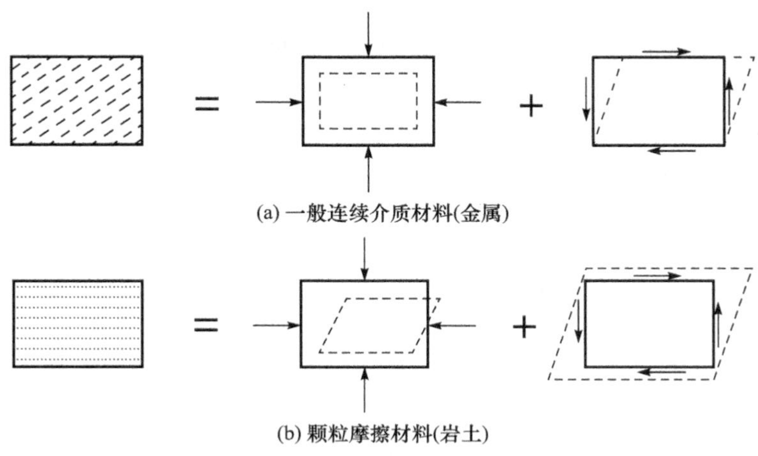

图 3.3.1 金属与岩土的力学模型

图 3.3.2 为岩土剪胀性示意图(虚线代表超固结土,实线代表正常固结土)。该试验应力路径为球应力不变,只有剪应力增加,即等 p 应力路径。从图 3.3.2 可以看出,随剪应力的增大,超固结土开始时体积压缩(剪缩),然后膨胀(剪胀);而正常固结土只有剪缩,没有剪胀。

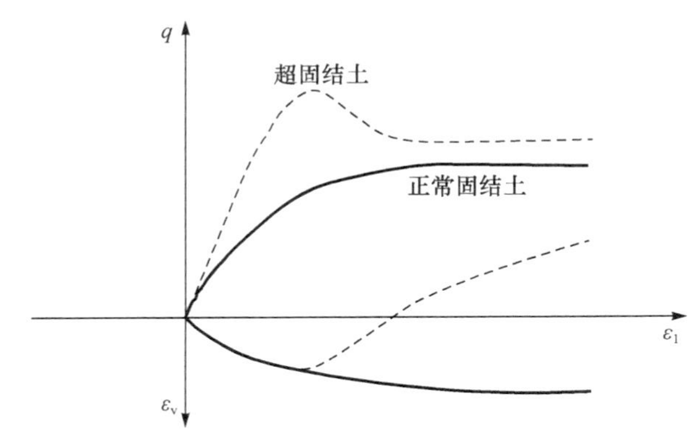

图 3.3.2　岩土剪胀性示意图

一般连续介质力学模型可简述为

$$\begin{cases}\varepsilon_v = \dfrac{p}{K} \\ \varepsilon_s = \dfrac{q}{G}\end{cases} \tag{3.3.1}$$

式中,ε_v、ε_s、p、q、K、G 分别为体应变、广义剪应变、等向压应力、广义剪应力、体积模量和剪切模量。

一般岩土力学模型可简记为

$$\begin{cases}\varepsilon_v = \dfrac{p}{K_1} + \dfrac{q}{K_2} \\ \varepsilon_s = \dfrac{p}{G_1} + \dfrac{q}{G_2}\end{cases} \tag{3.3.2}$$

式中,K_1、G_2 分别为体积模量和剪切模量;K_2、G_1 分别为表征交叉影响的体积模量和剪切模量。

3.4　应力路径相关性

岩土材料的塑性变形依赖于应力路径。换句话说,岩土材料的计算参数与应力路径有关。例如,应力路径的突然转折会导致塑性应变增量方向的变化。也就是说,塑性应变增量方向与应力增量方向相关。经典塑性理论中,塑性应变增量的方向只与应力状态有关,而与应力增量无关。基于经典塑性理论的本构模型无法计算出主应力轴旋转导致的塑性变形,因为主应力轴旋转时主应力值是不变的。目前对于塑性变形的应力路径的依赖性,还没有获得令人满意的解决方案,还有待于塑性力学的进一步发展。

岩土的变形特性不仅取决于当前的应力状态和以后施加的应力增量,还与到达该应力状态之前的应力历史有关。例如,建筑地基的应力历史,在同样土质的地基上修建同样的大厦,应力历史不同,地基的变形是完全不同的:超固结土的变形明显要小,正常固结土的变形较大,欠固结土的变形很大,而且可能大大超过规范容许值。

Anandarajah 等[1]进行的应力路径影响试验结果如图 3.4.1 所示,图 3.4.1(a)为在同一应力状态下施加大小相等、方向不同的应力增量,相应的塑性应变增量如图 3.4.1(b)所示。可以看出,塑性应变增量的大小与方向和应力增量的方向密切相关。

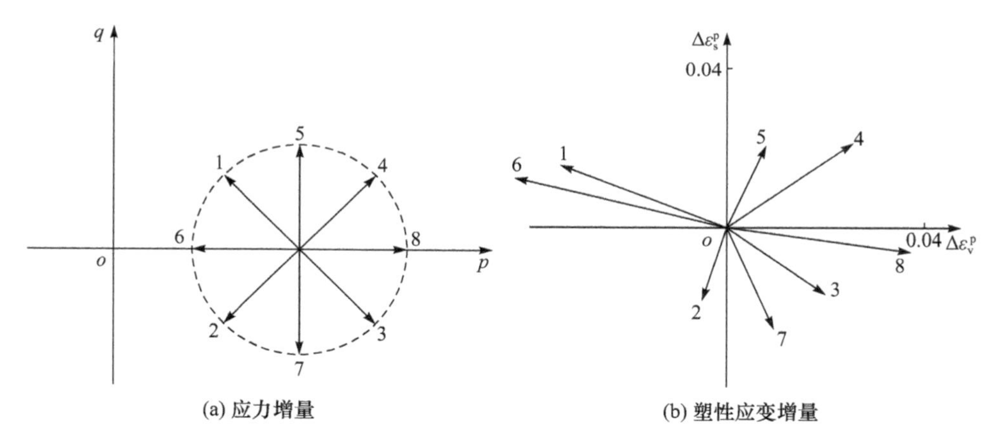

图 3.4.1 塑性应变增量与应力增量的相关性[1]

Nakai[2]关于土的应力路径影响试验如图 3.4.2 所示,这四种应力路径的起点和终点相同,如图 3.4.2(a)所示。虽然四种路径的应力状态起点和终点一致,但最终产生的塑性应变总量是不同的,甚至相差很大(塑性体应变如图 3.4.2(b)所示,塑性剪应变如图 3.4.2(c)所示),这表明了塑性应变总量与应力路径的相关性。

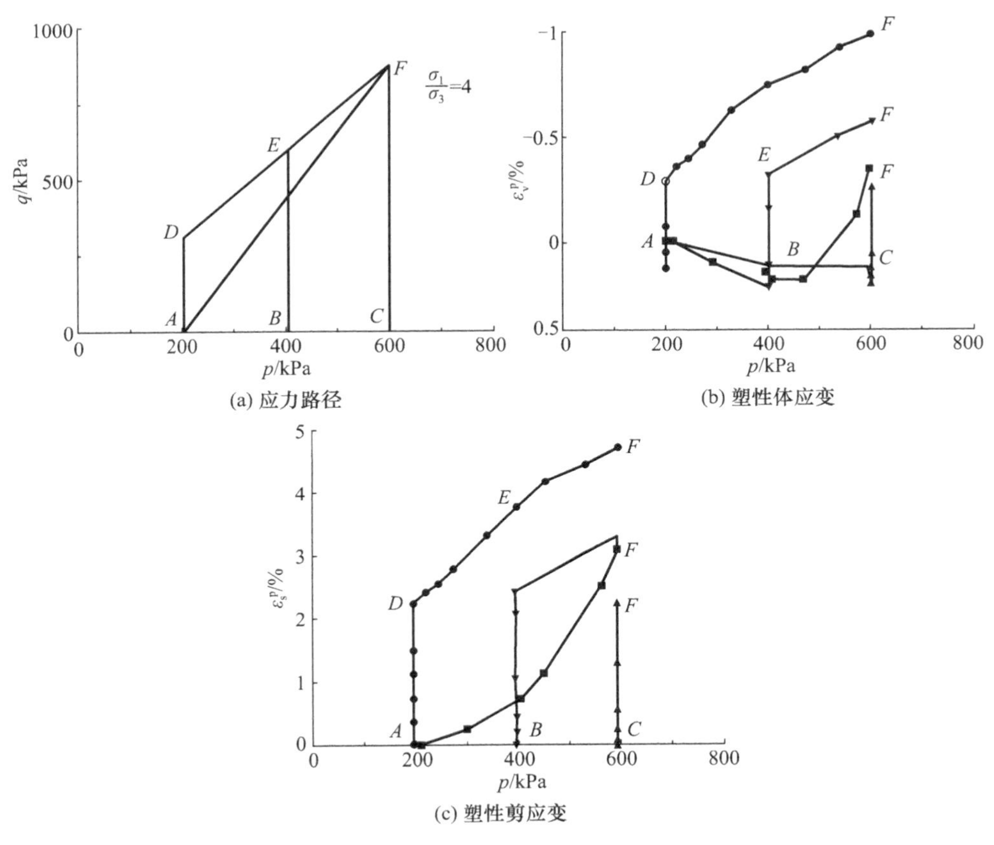

图 3.4.2　塑性应变总量与应力路径[2]

3.5　其他重要性质

压硬性、剪胀性、等压屈服与应力路径相关性这四个力学特性可以视为岩土材料的基本力学特性。一个合理的岩土本构模型必须反映这些基本特征。此外,岩土材料还有一些不同于金属的力学特点,如应变软化、各向异性(原生各向异性或次生各向异性)、弹塑性耦合等。这些力学特性不一定在岩土受力全过程中表现出来,但在某些阶段会表现出来,在某些特殊环境下甚至起到决定性作用。

一般来说,岩土材料在变形的初始阶段会表现出应变硬化,在峰后表现出应变软化,如图 3.5.1 所示。而金属材料属于稳定材料,不会表现出应变软化。

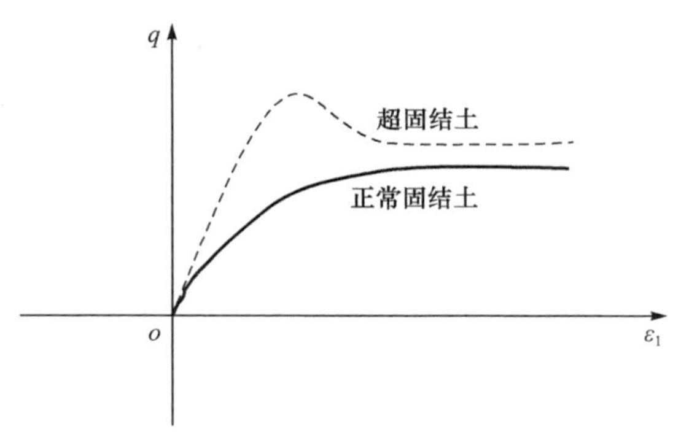

图 3.5.1 应变软化

由于沉积条件的影响,自然状态的岩土具有明显的原生各向异性。原状土样取自南京地铁 1 号线工地,是软黏土,简称南京黏土。南京黏土的各向异性结果如图 3.5.2 所示[3]。在现场取得原状土样,标注原样方向,分别沿现场的竖向与水平向切样,进行常规三轴试验。从图中可以看出,竖向试样(轴向与重力方向一致)的强度与刚度要大。

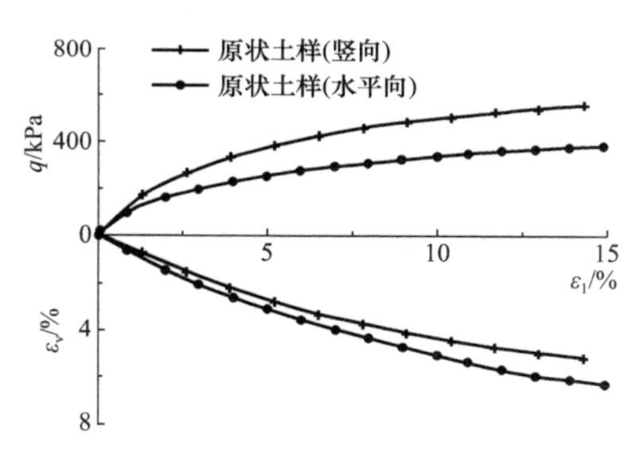

图 3.5.2 南京黏土的各向异性[3]

3.6 岩土材料的小应变力学特性

岩土体小应变问题引起了许多研究机构的重视。大量的岩土工程现场测试揭示了研究小应变问题的重要性。大量的工程实践表明,一般的岩土工程(如隧道、基坑开挖等)中岩土体变形都很小,发现岩土体小应变情况下的力学特性很难用传统的本构模型来描述。Burland[4]在伦敦高层建筑的深基坑开挖所致的软土侧向移动，以及大型水塔导致的软石灰岩基础沉降测试中发现，工程岩土体的应变都非常小，一般都小于0.03%。某高层旅馆地基（中密度砂土）的沉降测试表明，地基绝大部分的应变都小于0.1%，最大值也只有0.3%。随着施工技术的发展，各类规范的要求也越来越严格，地下工程施工所致的岩土体的应变也会越来越小。北京地铁天安门西站工程采用“暗挖逆筑法”施工技术，并对隧道施工过程中的地表沉降进行了测试，发现地表的最终沉降量很小，地面只有6mm，沉降所致土体应变最大值在地面下9m处，最大应变值也只有约0.45%[5]。

岩土工程的应力与变形分析一般采用数值计算，其中描述岩土体应力-应变行为的本构模型就是核心。采用常规三轴试验，依据岩土体加载直至破坏时的试验结果来确定模型参数。这样分析方式造成的结果是[6]：

(1) 土体小应变情况下的力学参数被严重低估，常规三轴应变测量较准确的范围为1%～15%，而土的割线模量在轴向应变为0.003%时是轴向应变为1%时的11倍多；当采用切线模量时，差别更大。

(2) 土体的弹性范围被人为扩大，土体应变在0.01%量级时就表现出明显的非线性。随着试验手段的发展，人们对小应变情况下土体力学行为的认识也越来越深入，发现土体小应变情况下的力学特性很难用传统的本构模型来描述。

原状土样与重塑土样的土样小应变力学行为有显著差异，如高刚度、明显的非线性与各向异性。试验表明，原状土样显示比重塑土样刚度大，应变小时，刚度差异更大。随着应变的减小，它们的刚度增加，原状土样随应变的变化增加更明显。即使应变非常小（小于0.01%），刚度也不会是一个常数。因此，原状土样显示出明显的非线性。原状土样的各向异性在小应变时也很明显。

为了揭示原状土样的小应变特性，沿着竖向方向（重力方向）和水平方向切取土样的普通三轴小应变试验结果如图3.6.1所示。从图中可以看出原状土样小应变时的各种特性：

(1) 各向异性。可以看出，竖向方向切取的土样强度和刚度明显高于水平方向切样。这表明，原状岩土体的各向异性不能忽略，应变越小，各向异性越明显。

(2) 非线性。图3.6.1中没有一个刚度与强度线性变化的区域，它的

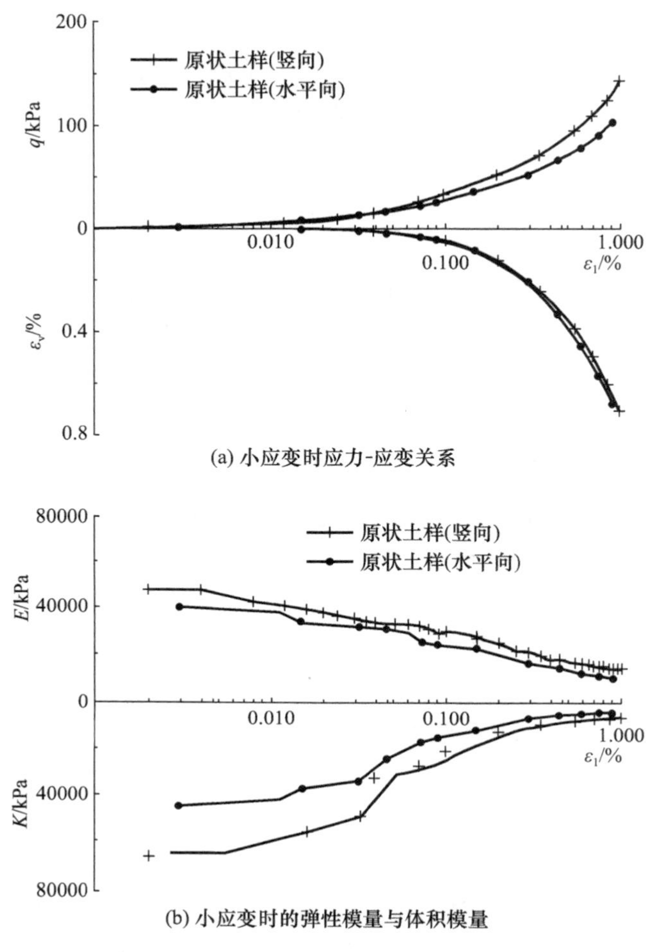

图 3.6.1 南京黏土的小应变常规三轴试验

刚度与强度都是非线性变化的。因此,可以推测应变更小的区域也是非线性的。

(3) 高刚度。图 3.6.1(b)中土样的刚度一直在显著下降,也就是说,土样小应变时的刚度比大应变时要高得多。

3.7 原状土样与重塑土样的力学性质差异

为了确定岩土材料计算的模型力学参数,都需要现场取样进行试验,部分案例只是进行了重塑土样试验。

常规三轴情况下南京黏土的原状土样与重塑土样的试验结果对比如图 3.7.1 所示，可以看出原状土样的强度与刚度都比重塑土样大。

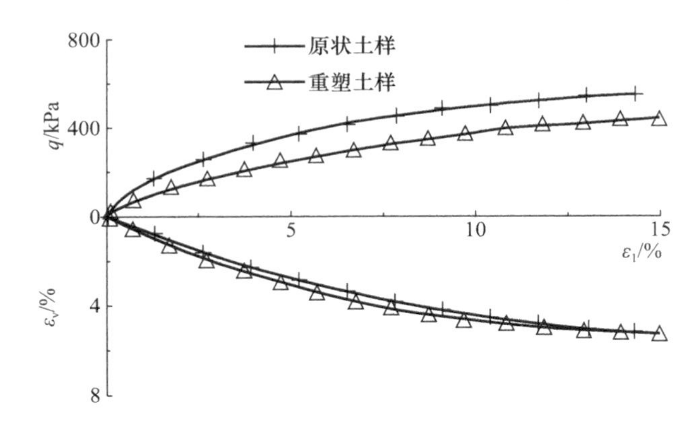

图 3.7.1　常规三轴情况下原状土样与重塑土样的试验结果对比

南京黏土的原状土样与重塑土样的强度特性对比如图 3.7.2 所示，从拟合结果同样可以看出，原状土样的强度大于重塑土样。

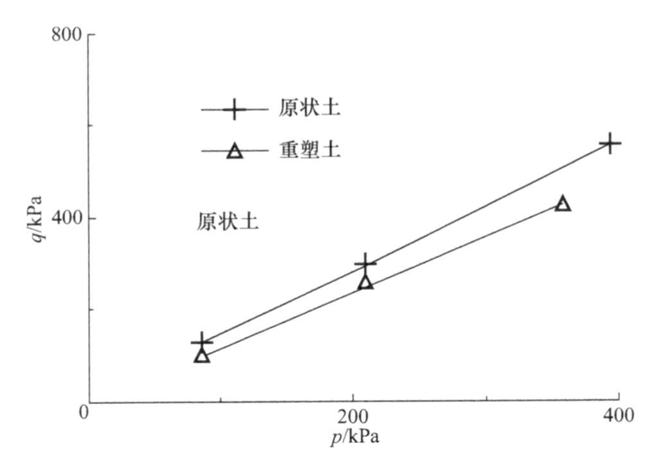

图 3.7.2　原状土样与重塑土样的强度特性对比

南京黏土的原状土样与重塑土样的小应变特性对比如图 3.7.3 所示。可以看出，原状土样小应变情况下的刚度比重塑土样明显要高，应变越小，二者刚度相差越大；二者的刚度都随应变增大而减小，原状土样随应变的变化更剧烈。

从上述内容可以看出，原状土样的刚度与强度都明显比重塑土样要大，因此在确定本构模型参数时，一定要取得高质量的原状土样，最好能进行非扰动的原位试验。

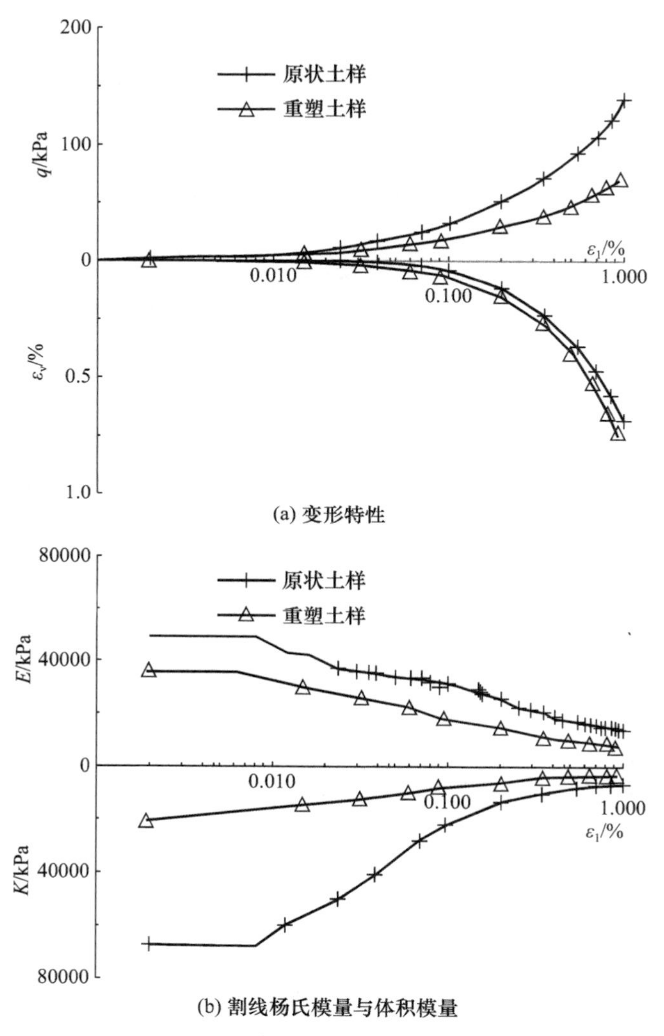

图 3.7.3　南京黏土的原状土样与重塑土样的小应变特性对比

思　考　题

(1) 岩土基本力学特性有哪些？

(2) 设计性试验：用常规三轴仪器，设计试验方案，验证土的基本力学特性。

(3) 岩土的小应变力学特性有哪些?

参考文献

[1] Anandarajah A, Sobhan K, Kuganenthira N. Incremental stress-strain behavior of granular soil. Journal of Geotechnical Engineering, 1995, 121(1): 57-68.

[2] Nakai T. An isotropic hardening elastoplastic model considering the stress path dependency in three-dimensional stresses. Soils and Foundations, 1989, 29(1): 119-137.

[3] 刘元雪,施建勇,伊颖锋,等. 一种原状欠压密土的力学特性实验研究. 岩土力学,2004,25(1):5-9.

[4] Burland J B. Ninth Laurits Bjerrum memorial lecture: "small is beautiful"—The stiffness of soils at small strains. Canadian Geotechnical Journal, 1989, 26(4): 499-516.

[5] 罗富荣,国斌. 北京地铁天安门西站"暗挖逆筑法"施工技术. 岩土工程学报,2001,23(1):75-78.

[6] 刘元雪,施建勇,尹光志,等. 基于应力空间变换的原状软土本构模型. 水利学报,2004,(6):14-20.

第 4 章　岩土弹性本构模型

岩土弹性模型是基于弹性理论的力学模型。研究岩土弹性模型有两个目的:一是只是用于描述弹塑性变形的弹性变形部分,二是用于岩土变形的整体计算。

岩土是一种具有非线性力学特性的材料,岩土材料本构模型的建立深受这一点的影响。

在一定环境下,岩土材料会表现出线性响应。例如,大尺度的轻度超固结黏土现场试验[1,2]表明,土比一般模型计算结果更具有刚性与线性。原状土样试验已经证实了这一点。大量的原状土样试验表明,只要应力不超过屈服应力,土体的应力-应变关系就表现出明显的线性特征。当应力一旦超出屈服点时,土体就会产生很大的应变,不排水情况下会产生很高的孔隙水压力、较慢的超静孔隙水压力消散速度与较高的蠕变速率。

岩土屈服前强烈的线性特征被很多试验所证实。图 4.0.1 给出了三种不同黏土试样的试验结果[3~5]。图中应力-应变曲线的初始直线段被看成是

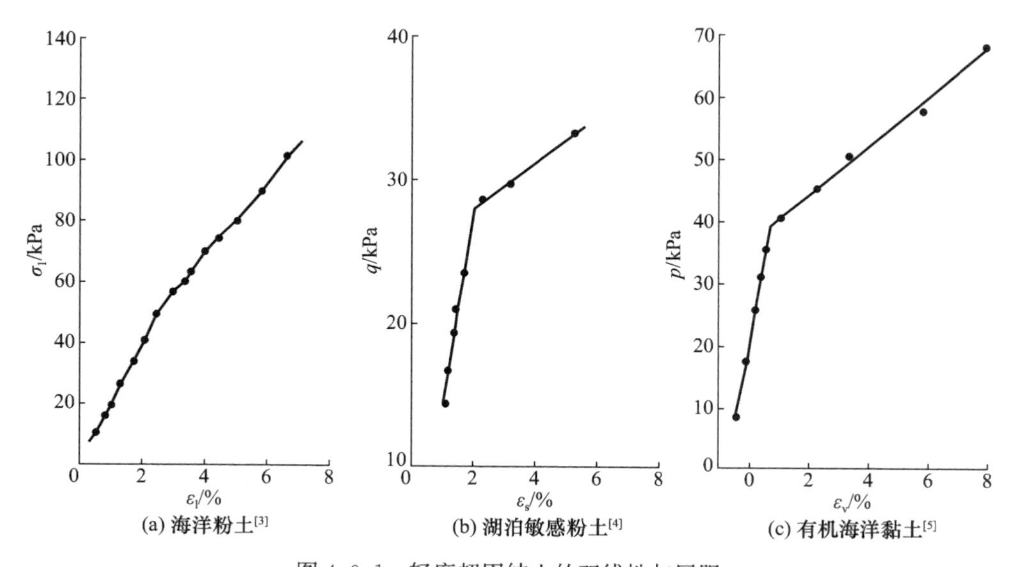

图 4.0.1　轻度超固结土的双线性与屈服

弹性的，转折点被看成屈服点。

本章的目的是提供描述岩土材料屈服前或弹性部分力学行为的数学工具，以及采用三轴试验等来确定材料力学参数的方法。

4.1　非线性弹性理论

非线性弹性理论是由胡克定律推广而来的。根据不同的假设，分成三种理论。

4.1.1　变弹性理论

变弹性理论假设应力与应变之间存在一一对应关系，但不一定是线性的。应力-应变关系独立于应力路径，可称为全量弹性理论，又称为 Cauchy 模型，可表述为

$$\boldsymbol{\sigma}=F(\boldsymbol{\varepsilon}) \tag{4.1.1}$$

或

$$\boldsymbol{\varepsilon}=f(\boldsymbol{\sigma}) \tag{4.1.2}$$

也就是说，应力与应变之间存在一一对应关系，不一定是线性的。

式(4.1.1)的增量形式为

$$\mathrm{d}\boldsymbol{\sigma}=\mathrm{d}F(\boldsymbol{\varepsilon})=\frac{\partial F(\boldsymbol{\varepsilon})}{\partial \boldsymbol{\varepsilon}}\mathrm{d}\boldsymbol{\varepsilon}=F_1(\boldsymbol{\varepsilon})\mathrm{d}\boldsymbol{\varepsilon}=F_1[F^{-1}(\boldsymbol{\sigma})]\mathrm{d}\boldsymbol{\varepsilon}=\boldsymbol{D}(\boldsymbol{\sigma})\mathrm{d}\boldsymbol{\varepsilon} \tag{4.1.3}$$

式中，$\boldsymbol{D}(\boldsymbol{\sigma})$为刚度矩阵，是应力的函数。

式(4.1.2)的增量形式可以表达为

$$\mathrm{d}\boldsymbol{\varepsilon}=\mathrm{d}f(\boldsymbol{\sigma})=\frac{\partial f(\boldsymbol{\sigma})}{\partial \boldsymbol{\sigma}}\mathrm{d}\boldsymbol{\sigma}=f_2(\boldsymbol{\sigma})\mathrm{d}\boldsymbol{\sigma}=f_2[f^{-1}(\boldsymbol{\varepsilon})]\mathrm{d}\boldsymbol{\varepsilon}=\boldsymbol{C}(\boldsymbol{\varepsilon})\mathrm{d}\boldsymbol{\sigma} \tag{4.1.4}$$

式中，$\boldsymbol{C}(\boldsymbol{\varepsilon})$为柔度矩阵，是应变的函数。

变弹性模型参数是应力状态或应变状态的函数，与应力路径无关。

4.1.2　超弹性理论

超弹性理论在变弹性理论基础上提出了更严格的要求，认为弹性应变能与应力或应变之间具有唯一性关系，又称为 Green 模型。弹性能可表

述为

$$W=\int\boldsymbol{\sigma}\mathrm{d}\boldsymbol{\varepsilon}=f(\boldsymbol{\varepsilon}) \tag{4.1.5}$$

应力-应变关系为

$$\boldsymbol{\sigma}=\frac{\partial W}{\partial\boldsymbol{\varepsilon}}=f'(\boldsymbol{\varepsilon}) \tag{4.1.6}$$

增量应力-应变关系为

$$\mathrm{d}\boldsymbol{\sigma}=\mathrm{d}\left(\frac{\partial W}{\partial\boldsymbol{\varepsilon}}\right)=\frac{\partial^2 W}{\partial\boldsymbol{\varepsilon}\partial\boldsymbol{\varepsilon}}\mathrm{d}\boldsymbol{\varepsilon}=\boldsymbol{D}(\boldsymbol{\varepsilon})\mathrm{d}\boldsymbol{\varepsilon} \tag{4.1.7}$$

同样,应力与应变具有一一对应关系,不一定是线性的,且与应力路径无关。弹性常数也只是应力状态或应变状态的函数,与应力增量或应变增量无关。

超弹性理论看起来与变弹性理论类似,但是超弹性理论更严格,即要求存在弹性势 W。也就是说,超弹性理论具有势的概念,满足拉普拉斯方程

$$\Delta W=\frac{\partial^2 W}{\partial x^2}+\frac{\partial^2 W}{\partial y^2}+\frac{\partial^2 W}{\partial z^2}=0 \tag{4.1.8}$$

4.1.3 次弹性理论

次弹性理论在变弹性理论基础上进一步放松了要求,认为应力与应变之间不存在全量的唯一性关系,相应只在增量意义上存在弹性关系。次弹性的描述不仅与应力状态有关,还可能与应变状态、应力路径相关。可表述为

$$\mathrm{d}\boldsymbol{\sigma}=f(\boldsymbol{\sigma},\boldsymbol{\varepsilon},\mathrm{d}\boldsymbol{\varepsilon}) \tag{4.1.9}$$

次弹性理论简化模型可表述为

$$\mathrm{d}\boldsymbol{\sigma}=\boldsymbol{D}(\boldsymbol{\sigma},\boldsymbol{\varepsilon})\mathrm{d}\boldsymbol{\varepsilon} \tag{4.1.10}$$

式(4.1.10)中,刚度矩阵 $\boldsymbol{D}(\boldsymbol{\sigma},\boldsymbol{\varepsilon})$ 与应力状态、应变状态有关,也就是说,与应力路径相关,这就是次弹性理论与变弹性理论的不同之处。

4.2 各向异性弹性理论

如果材料的弹性参数取决于取样的方向,则称为各向异性。这种情况下线性关系必须建立在 6 个独立应力分量与 6 个独立应变分量的基础上。这种关系可以用一个 6×6 矩阵模量来表示。

$$\boldsymbol{\sigma} = \boldsymbol{D}_{\mathrm{e}} \boldsymbol{\varepsilon} \tag{4.2.1}$$

式中，$\boldsymbol{\sigma}$、$\boldsymbol{\varepsilon}$、$\boldsymbol{D}_{\mathrm{e}}$ 为应力矩阵、应变矩阵与弹性刚度矩阵。

$$\boldsymbol{\sigma} = [\sigma_{11} \quad \sigma_{22} \quad \sigma_{33} \quad \sigma_{12} \quad \sigma_{13} \quad \sigma_{23}]^{\mathrm{T}} \tag{4.2.2}$$

$$\boldsymbol{\varepsilon} = [\varepsilon_{11} \quad \varepsilon_{22} \quad \varepsilon_{33} \quad \varepsilon_{12} \quad \varepsilon_{13} \quad \varepsilon_{23}]^{\mathrm{T}} \tag{4.2.3}$$

$$\boldsymbol{D}_{\mathrm{e}} = \begin{bmatrix} d_{11} & d_{12} & d_{13} & d_{14} & d_{15} & d_{16} \\ d_{21} & d_{22} & d_{23} & d_{24} & d_{25} & d_{26} \\ d_{31} & d_{32} & d_{33} & d_{34} & d_{35} & d_{36} \\ d_{41} & d_{42} & d_{43} & d_{44} & d_{45} & d_{46} \\ d_{51} & d_{52} & d_{53} & d_{54} & d_{55} & d_{56} \\ d_{61} & d_{62} & d_{63} & d_{64} & d_{65} & d_{66} \end{bmatrix} \tag{4.2.4}$$

这个弹性刚度矩阵一般是对称的，因为可恢复弹性行为的热力学要求可通过弹性应变能函数的微分来求取应力。因此，上述 6×6 矩阵的 36 个分量在对称各向异性情况下应该有 21 个独立分量。弹性刚度矩阵 $\boldsymbol{D}_{\mathrm{e}}$ 的分量必须遵循如下方程：

$$d_{ij} = d_{ji}$$

许多岩土材料表现出有限的各向异性。如横观各向同性，这种材料存在一个对称轴，绕这个轴旋转，材料力学性质不变。横观各向同性又称为交叉各向异性。

岩土材料的弹性性质取决于它的赋存方式与应力历史。岩土材料如果竖向沉积，并受到水平等压作用，那么它一般存在一个竖向的力学对称轴，表现出横观各向同性。这个假设常常应用于岩土材料，特别是沉积层。但是在一些情况下，特定的地质构造、地质运动(如地壳运动、倾斜、冰川作用、侵蚀作用等)会导致岩土材料不同水平方向上的作用力不同，也就是说，不再存在横观各向同性。最简单的各向异性就是各向同性。

4.2.1　各向同性弹性本构模型

广义胡克定律可以描述各向同性本构关系，它是岩土材料最常用的弹性本构模型，广泛应用于岩土工程的变形计算。这种情况下，只需要两个弹性计算参数。

在主应力空间，取弹性参数为弹性模量 E 和泊松比 ν，各向同性弹性本构关系可以表述为

$$\boldsymbol{\sigma}=[\sigma_1 \quad \sigma_2 \quad \sigma_3]^{\mathrm{T}} \tag{4.2.5}$$

$$\boldsymbol{\varepsilon}=[\varepsilon_1 \quad \varepsilon_2 \quad \varepsilon_3]^{\mathrm{T}} \tag{4.2.6}$$

$$\boldsymbol{D}_{\mathrm{e}}=\frac{E\nu}{(1+\nu)(1-2\nu)}\begin{bmatrix} \frac{1-\nu}{\nu} & 1 & 1 \\ 1 & \frac{1-\nu}{\nu} & 1 \\ 1 & 1 & \frac{1-\nu}{\nu} \end{bmatrix} \tag{4.2.7}$$

在一般应力空间，各向同性弹性本构关系为

$$\boldsymbol{\sigma}=[\sigma_{11} \quad \sigma_{22} \quad \sigma_{33} \quad \sigma_{12} \quad \sigma_{13} \quad \sigma_{23}]^{\mathrm{T}} \tag{4.2.8}$$

$$\boldsymbol{\varepsilon}=[\varepsilon_{11} \quad \varepsilon_{22} \quad \varepsilon_{33} \quad \varepsilon_{12} \quad \varepsilon_{13} \quad \varepsilon_{23}]^{\mathrm{T}} \tag{4.2.9}$$

$$\boldsymbol{D}_{\mathrm{e}}=\frac{E}{(1+\nu)(1-2\nu)}\begin{bmatrix} 1-\nu & \nu & \nu & 0 & 0 & 0 \\ \nu & 1-\nu & \nu & 0 & 0 & 0 \\ \nu & \nu & 1-\nu & 0 & 0 & 0 \\ 0 & 0 & 0 & \frac{1-2\nu}{2} & 0 & 0 \\ 0 & 0 & 0 & 0 & \frac{1-2\nu}{2} & 0 \\ 0 & 0 & 0 & 0 & 0 & \frac{1-2\nu}{2} \end{bmatrix} \tag{4.2.10}$$

在一般应力空间，各向同性本构关系也可以表述为

$$\begin{cases} \varepsilon_x=\frac{1}{E}[\sigma_x-\nu(\sigma_y+\sigma_z)], & \gamma_{yz}=\frac{\tau_{yz}}{G} \\ \varepsilon_y=\frac{1}{E}[\sigma_y-\nu(\sigma_z+\sigma_x)], & \gamma_{zx}=\frac{\tau_{zx}}{G} \\ \varepsilon_z=\frac{1}{E}[\sigma_z-\nu(\sigma_x+\sigma_y)], & \gamma_{xy}=\frac{\tau_{xy}}{G} \end{cases} \tag{4.2.11}$$

式中，G 为剪切模量，$G=\frac{E}{2(1+\nu)}$。

上述方程也可以采用张量的分量形式表述为

$$\varepsilon_{ij}=\frac{\sigma_{ij}}{2G}-\frac{3\nu}{E}\sigma_{\mathrm{m}}\delta_{ij} \tag{4.2.12}$$

式中，σ_{m} 为平均应力，$\sigma_{\mathrm{m}}=\frac{\sigma_{ii}}{3}$。

通过三个正应变相加，可得体应变为

$$\varepsilon_{\mathrm{v}}=\varepsilon_x+\varepsilon_y+\varepsilon_z=\frac{1-2\nu}{E}(\sigma_x+\sigma_y+\sigma_z)=\frac{3(1-2\nu)}{E}\sigma_{\mathrm{m}}=\frac{1}{K}\sigma_{\mathrm{m}} \tag{4.2.13}$$

式中，K 为体积模量，$K=\dfrac{E}{3(1-2\nu)}$。

采用拉梅常数，广义胡克定律可以表述为

$$\begin{cases}\sigma_x=3\lambda\varepsilon_{\mathrm{m}}+2\mu\varepsilon_x\\ \sigma_y=3\lambda\varepsilon_{\mathrm{m}}+2\mu\varepsilon_y\\ \sigma_z=3\lambda\varepsilon_{\mathrm{m}}+2\mu\varepsilon_z\\ \tau_{zx}=\mu\gamma_{zx}\\ \tau_{xy}=\mu\gamma_{xy}\\ \tau_{yz}=\mu\gamma_{yz}\end{cases} \tag{4.2.14}$$

式中，λ、μ 为拉梅常数，$\lambda=\dfrac{E\nu}{(1+\nu)(1-2\nu)}$，$\mu=G$。

采用张量的分量形式表述，式(4.2.14)可写成

$$\sigma_{ij}=2G\varepsilon_{ij}+3\lambda\varepsilon_{\mathrm{m}}\delta_{ij} \tag{4.2.15}$$

广义胡克定律的五个常用弹性常数对的关系如表 4.2.1 所示。

表 4.2.1　常用弹性常数对的关系

参数	E,ν	K,G	λ,μ	K,ν	K,λ
弹性模量 E	E	$\frac{9KG}{3K+G}$	$\frac{3\lambda+2\mu}{\lambda+\mu}\mu$	$3K(1-2\nu)$	$\frac{9K(K-\lambda)}{3K-\lambda}$
泊松比 ν	ν	$\frac{3K-2G}{2(3K+G)}$	$\frac{\lambda}{2(\lambda+\mu)}$	ν	$\frac{\lambda}{3K-\lambda}$
体积模量 K	$\frac{E}{3(1-2\nu)}$	K	$\lambda+\frac{2}{3}\mu$	K	K
剪切模量 G	$\frac{E}{2(1+\nu)}$	G	μ	$\frac{3K(1-2\nu)}{2(1+\nu)}$	$\frac{3}{2}(K-\lambda)$
拉梅常数 λ	$\frac{E\nu}{(1+\nu)(1-2\nu)}$	$K-\frac{2}{3}G$	λ	$\frac{3K\nu}{1+\nu}$	λ
拉梅常数 μ	$\frac{E}{2(1+\nu)}$	G	μ	$\frac{3K(1-2\nu)}{2(1+\nu)}$	$\frac{3}{2}(K-\lambda)$

弹性刚度矩阵的其他表示方式为

$$\boldsymbol{D}_{\mathrm{e}}=\begin{bmatrix} K+\frac{4}{3}G & K-\frac{2}{3}G & K-\frac{2}{3}G & 0 & 0 & 0 \\ K-\frac{2}{3}G & K+\frac{4}{3}G & K-\frac{2}{3}G & 0 & 0 & 0 \\ K-\frac{2}{3}G & K-\frac{2}{3}G & K+\frac{4}{3}G & 0 & 0 & 0 \\ 0 & 0 & 0 & 2G & 0 & 0 \\ 0 & 0 & 0 & 0 & 2G & 0 \\ 0 & 0 & 0 & 0 & 0 & 2G \end{bmatrix} \tag{4.2.16}$$

$$\boldsymbol{D}_{\mathrm{e}}=\begin{bmatrix} M & M-2G & M-2G & 0 & 0 & 0 \\ M-2G & M & M-2G & 0 & 0 & 0 \\ M-2G & M-2G & M & 0 & 0 & 0 \\ 0 & 0 & 0 & 2G & 0 & 0 \\ 0 & 0 & 0 & 0 & 2G & 0 \\ 0 & 0 & 0 & 0 & 0 & 2G \end{bmatrix} \tag{4.2.17}$$

式中，M 为压缩常数。

$$M=\frac{E(1-\nu)}{(1+\nu)(1-2\nu)}$$

胡克定律也可以逆表示为

$$\varepsilon=\boldsymbol{C}_{\mathrm{e}}\boldsymbol{\sigma} \tag{4.2.18}$$

式中，$\boldsymbol{C}_{\mathrm{e}}$ 为弹性柔度矩阵。

$$\boldsymbol{C}_{\mathrm{e}}=\frac{1}{E}\begin{bmatrix} 1 & -\nu & -\nu & 0 & 0 & 0 \\ -\nu & 1 & -\nu & 0 & 0 & 0 \\ -\nu & -\nu & 1 & 0 & 0 & 0 \\ 0 & 0 & 0 & 1+\nu & 0 & 0 \\ 0 & 0 & 0 & 0 & 1+\nu & 0 \\ 0 & 0 & 0 & 0 & 0 & 1+\nu \end{bmatrix} \tag{4.2.19}$$

平面应变条件下，有

$$\varepsilon_{yz}=0,\quad \varepsilon_{zx}=0,\quad \varepsilon_{z}=0$$

此时，弹性应力-应变关系可表述为

$$\boldsymbol{\sigma}^{\mathrm{T}}=[\sigma_x \quad \sigma_y \quad \sigma_{xy}] \tag{4.2.20}$$

$$\boldsymbol{\varepsilon}^{\mathrm{T}}=[\varepsilon_x \quad \varepsilon_y \quad \varepsilon_{xy}] \tag{4.2.21}$$

$$\boldsymbol{D}_{\mathrm{e}}=\frac{E}{(1+\nu)(1-2\nu)}\begin{bmatrix}1-\nu & \nu & 0\\ \nu & 1-\nu & 0\\ 0 & 0 & \dfrac{1-2\nu}{2}\end{bmatrix} \tag{4.2.22}$$

弹性柔度矩阵为

$$\boldsymbol{C}_{\mathrm{e}}=\frac{1}{E}\begin{bmatrix}1 & -\nu & 0\\ -\nu & 1 & 0\\ 0 & 0 & 1+\nu\end{bmatrix} \tag{4.2.23}$$

4.2.2 横观各向同性弹性本构模型

当材料为横观各向同性(水平向的材料性质是相同的,竖向的材料性质是不同的)时,$\boldsymbol{D}_{\mathrm{e}}$ 独立参数将变为5个,$\boldsymbol{D}_{\mathrm{e}}$ 的逆矩阵(柔度矩阵)为 $\boldsymbol{C}_{\mathrm{e}}$,即

$$\boldsymbol{C}_{\mathrm{e}}=\begin{bmatrix}\dfrac{1}{E_{\mathrm{h}}} & -\dfrac{\nu_{\mathrm{hh}}}{E_{\mathrm{h}}} & -\dfrac{\nu_{\mathrm{hv}}}{E_{\mathrm{h}}} & 0 & 0 & 0\\ -\dfrac{\nu_{\mathrm{hh}}}{E_{\mathrm{h}}} & \dfrac{1}{E_{\mathrm{h}}} & -\dfrac{\nu_{\mathrm{hv}}}{E_{\mathrm{v}}} & 0 & 0 & 0\\ -\dfrac{\nu_{\mathrm{hv}}}{E_{\mathrm{h}}} & -\dfrac{\nu_{\mathrm{hv}}}{E_{\mathrm{h}}} & \dfrac{1}{E_{\mathrm{v}}} & 0 & 0 & 0\\ 0 & 0 & 0 & \dfrac{1}{G_{\mathrm{v}}} & 0 & 0\\ 0 & 0 & 0 & 0 & \dfrac{1}{G_{\mathrm{v}}} & 0\\ 0 & 0 & 0 & 0 & 0 & \dfrac{2(1+\nu_{\mathrm{hh}})}{E_{\mathrm{h}}}\end{bmatrix} \tag{4.2.24}$$

式中,E_{h}、E_{v} 分别为水平向和竖向弹性模量;ν_{hh}、ν_{hv} 分别为水平向应力引起正交水平向应变和竖向应变的泊松比;G_{v} 为竖向剪切模量。

4.3 岩土各向同性非线性弹性模型

各向同性弹性材料指的是其弹性性质与坐标系无关。这种材料力学性质与取样方向无关,只需要采用2个弹性参数来描述即可,如弹性模量 E 与泊松比 ν,或体积模量 K 与剪切模量 G。任意两个独立的弹性参数都足以描述其弹性性质,因为它们之间存在简单的函数关系。

各向同性岩土弹性模型在工程中应用很广,最简单的就是线弹性的广

义胡克定律，只需要2个弹性常数就够了。实际工程中的岩土力学特性没有这么简单，应该采用各向同性非线性弹性理论。在国内，邓肯-张（Duncan-Chang）模型是应用最广的非线性弹性模型[6]，下面进行简单介绍。

4.3.1 邓肯-张模型基本原理

邓肯-张模型是一个很流行的岩土模型，为了模拟岩土材料的应力路径相关性，不能采用变弹性理论与超弹性理论，只能采用次弹性理论，即材料只满足增量的弹性关系。为了便于应用，采用各向同性假设。应力-应变关系满足增量广义胡克定律，其理论可表述为

$$\mathrm{d}\boldsymbol{\sigma}=\boldsymbol{D}(\boldsymbol{\sigma})\mathrm{d}\boldsymbol{\varepsilon} \tag{4.3.1}$$

式中，$\boldsymbol{D}(\boldsymbol{\sigma})$为刚度矩阵，是应力状态的函数。

刚度矩阵$\boldsymbol{D}(\boldsymbol{\sigma})$满足广义胡克定律，即

$$\boldsymbol{D}(\boldsymbol{\sigma})=\frac{E(\sigma)}{[1+\nu(\sigma)][1-2\nu(\sigma)]}\cdot\begin{bmatrix}1-\nu(\sigma) & \nu(\sigma) & \nu(\sigma) & 0 & 0 & 0\\ \nu(\sigma) & 1-\nu(\sigma) & \nu(\sigma) & 0 & 0 & 0\\ \nu(\sigma) & \nu(\sigma) & 1-\nu(\sigma) & 0 & 0 & 0\\ 0 & 0 & 0 & \frac{1-2\nu(\sigma)}{2} & 0 & 0\\ 0 & 0 & 0 & 0 & \frac{1-2\nu(\sigma)}{2} & 0\\ 0 & 0 & 0 & 0 & 0 & \frac{1-2\nu(\sigma)}{2}\end{bmatrix} \tag{4.3.2}$$

式中，$E(\sigma)$、$\nu(\sigma)$为增量弹性函数，也是应力状态的函数。

各向同性次弹性理论模型的核心就是确定两个随应力状态变化的弹性函数。

4.3.2 邓肯-张模型的两个弹性函数

1. 弹性模量函数

邓肯-张模型参数是基于土的常规三轴试验确定的，土的常规三轴试验结果如图4.3.1所示。

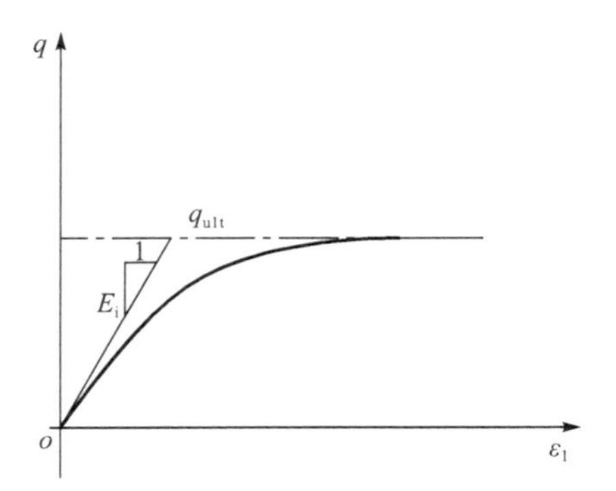

图 4.3.1　土的常规三轴试验结果

E_i. 初始弹性模量；q_{ult}. 极限抗剪强度

从图 4.3.1 中可以看出，随轴向应力的增大，应力-应变关系呈现明显的非线性，此时剪应力-轴向应变关系可用双曲线表示：

$$\sigma_d = q = \sigma_1 - \sigma_3 = \frac{\varepsilon_1}{a + b\varepsilon_1} \tag{4.3.3}$$

式中，a、b 为参数，都是围压 σ_3 的函数。

式(4.3.3)可以改写为

$$\frac{\varepsilon_1}{\sigma_d} = a + b\varepsilon_1 \tag{4.3.4}$$

式(4.3.4)表示的直线如图 4.3.2 所示，由此可以确定不同围压下的参数 a、b。

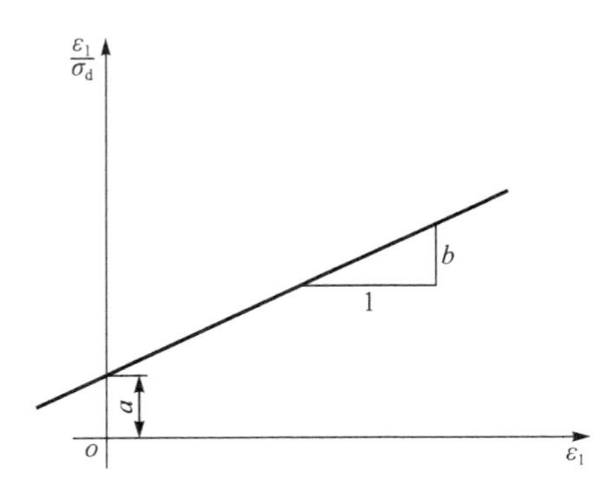

图 4.3.2　确定参数 a、b 示意图

当应变趋于零时，根据式(4.3.3)可以得到初始弹性模量 E_i 为

$$E_i = \left(\frac{\sigma_d}{\varepsilon_1}\right)_{\varepsilon_1 \to 0} = \frac{\varepsilon_1}{a + b\varepsilon_1}\bigg|_{\varepsilon_1 \to 0} = \frac{1}{a} \tag{4.3.5}$$

因此，a 是初始弹性模量的倒数。

围压不同，试验曲线也不同(这体现了岩土的压硬性)，但所有这些曲线都可以用式(4.3.3)表示。只是初始模量 E_i 随围压 σ_3 变化，可以表示为

$$E_i = K_1 P_a \left(\frac{\sigma_3}{P_a}\right)^n \tag{4.3.6}$$

式中，K_1、n 为常数，可通过 E_i、σ_3 的试验结果拟合得到，对于不同土类，K_1 可能小于 100，也可能大于 3500，n 的值介于 0.2～1.0；P_a 为大气压。

a 可以表示为

$$a = \frac{1}{E_i} = \frac{1}{K_1 \sigma_3^n} = \frac{1}{K_1} \sigma_3^{-n} \tag{4.3.7}$$

当应变趋向无穷大时，根据式(4.3.3)可以得到剪应力的极限为

$$(\sigma_d)_{ult} = (\sigma_d)_{\varepsilon_1 \to \infty} = \left.\frac{\varepsilon_1}{a + b\varepsilon_1}\right|_{\varepsilon_1 \to \infty} = \frac{1}{b} \tag{4.3.8}$$

因此，$(\sigma_d)_{ult} = \frac{1}{b}$ 是常规三轴试验应力-应变关系的渐近线。实际上，轴向应变到不了极限，岩土材料就破坏了。因此，这个极限大于岩土的抗剪强度 $(\sigma_d)_f$，但又与其相关。二者的比值定义为 R_f，即

$$R_f = \frac{(\sigma_d)_f}{(\sigma_d)_{ult}} = \frac{(\sigma_d)_f}{\frac{1}{b}} = b(\sigma_d)_f \tag{4.3.9}$$

b 可以表示为

$$b = \frac{R_f}{(\sigma_d)_f} \tag{4.3.10}$$

式中，R_f 取值为 0.75～1.0，它一般独立于围压 σ_3。但国内许多试验结果表明，R_f 不是常数，随围压 σ_3 而变化。

岩土材料的抗剪强度 $(\sigma_d)_f$ 可根据 Mohr-Coulomb 准则进行计算：

$$(\sigma_d)_f = (\sigma_1 - \sigma_3)_f = \frac{2c\cos\varphi + 2\sigma_3 \sin\varphi}{1 - \sin\varphi} \tag{4.3.11}$$

可得

$$b = \frac{R_f}{(\sigma_d)_f} = \frac{R_f}{\frac{2(c\cos\varphi + \sigma_3 \sin\varphi)}{1 - \sin\varphi}} = \frac{R_f(1 - \sin\varphi)}{2(c\cos\varphi + \sigma_3 \sin\varphi)} \tag{4.3.12}$$

确定了参数 a、b，就确定了式(4.3.3)。可以用图 4.3.1 中曲线的切线斜率来表征弹性模量，即

$$E=\frac{\mathrm{d}\sigma_1}{\mathrm{d}\varepsilon_1}=\frac{\mathrm{d}(\sigma_1-\sigma_3)\big|_{\sigma_3=C}}{\mathrm{d}\varepsilon_1}=\frac{\mathrm{d}\sigma_\mathrm{d}}{\mathrm{d}\varepsilon_1}=\frac{a}{(a+b\varepsilon_1)^2} \tag{4.3.13}$$

式(4.3.13)中的应变不利于计算，因此需转化为应力状态的函数。

由式(4.3.3)可得

$$\varepsilon_1=\frac{a}{\dfrac{1}{\sigma_\mathrm{d}}-b} \tag{4.3.14}$$

将式(4.3.14)代入式(4.3.13)，可得

$$E(\sigma)=\frac{(1-b\sigma_\mathrm{d})^2}{a} \tag{4.3.15}$$

将 a(式(4.3.7))、b(式(4.3.12))和 $\sigma_\mathrm{d}=q$ 代入式(4.3.15)，可得

$$\begin{aligned}E(\sigma)&=\left[1-\frac{R_\mathrm{f}(1-\sin\varphi)q}{2c\cos\varphi+2\sigma_3\sin\varphi}\right]^2E_\mathrm{i}\\&=\left[1-\frac{R_\mathrm{f}(1-\sin\varphi)q}{2c\cos\varphi+2\sigma_3\sin\varphi}\right]^2K_1P_\mathrm{a}\left(\frac{\sigma_3}{P_\mathrm{a}}\right)^n\end{aligned} \tag{4.3.16}$$

这样就确定了一个随应力状态变换的弹性参数，涉及 c、φ、R_f、K_1 和 n 5 个参数。

2. 泊松比函数

邓肯-张模型的泊松比函数 $\nu(\sigma)$ 的最初确定方法与弹性模量是一样的。正常固结土的常规三轴试验结果如图 4.3.3 所示。其中侧向应变 ε_3 与轴向应变 ε_1 的关系可用双曲线函数来表示：

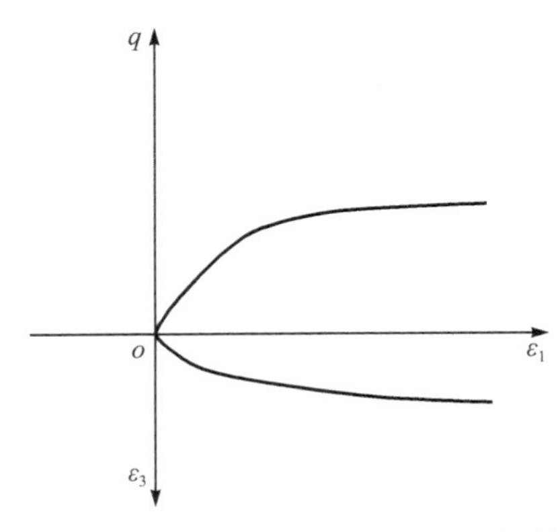

图 4.3.3　常规三轴试验中正常固结土侧向应变 ε_3 与轴向应变 ε_1 的关系

$$\varepsilon_3=\frac{h\varepsilon_1}{1-D\varepsilon_1}=f_2(\sigma_d,\varepsilon_3) \tag{4.3.17}$$

$$h=G-F\lg\frac{\sigma_3}{P_a} \tag{4.3.18}$$

式中，G、F、D 为试验参数。F 值一般为 0.1～0.2，因此 $h\approx G$。

根据式(4.3.16)可以确定另一个弹性函数 $\nu(\sigma)$：

$$\begin{aligned}\nu(\sigma)&=\frac{\mathrm{d}\varepsilon_3}{\mathrm{d}\varepsilon_1}=\frac{G-F\lg\dfrac{\sigma_3}{P_a}}{(1-D\varepsilon_1)^2}\\&=\frac{G-F\lg\dfrac{\sigma_3}{P_a}}{\left\{1-\dfrac{Dq}{K_1P_a\left(\dfrac{\sigma_3}{P_a}\right)^n\left[1-\dfrac{R_fq(1-\sin\varphi)}{2c\cos\varphi+2\sigma_3\sin\varphi}\right]}\right\}^2}\end{aligned} \tag{4.3.19}$$

如果 $\nu(\sigma)\geqslant 0.5$，则令 $\nu(\sigma)=0.5$。

式(4.3.19)就是邓肯-张模型，又称 E-ν 模型，它的缺点是泊松比计算误差大，得到的泊松比常常比实际的要大。Duncan 等[7]将弹性参数 ν 改为体积模量 K，又称 E-K 模型。

Duncan 等[7]采用体积模量 K 代替泊松比 ν，体积模量的定义为

$$K(\sigma)=\frac{\mathrm{d}p}{\mathrm{d}\varepsilon_v}=k_bP_a\left(\frac{\sigma_3}{P_a}\right)^m \tag{4.3.20}$$

式中，k_b、m 为试验参数。对于大多数土，m 可取 0～1.0。

卸载或重加载时，采用卸载体积模量 K_{ur}：

$$K_{ur}=k_{ur}P_a\left(\frac{\sigma_3}{P_a}\right)^m \tag{4.3.21}$$

式中，k_{ur} 为试验参数，一般 $k_{ur}>k_b$。

因此，

$$\nu(\sigma)=\frac{6K-E}{6K} \tag{4.3.22}$$

确定了两个弹性参数 $E(\sigma)$、$\nu(\sigma)$，就可根据式(4.3.1)和式(4.3.2)来计算任意应力状态下任意应变增量导致的应力增量。

邓肯-张模型是广泛使用的模型，常用土体的参数如表 4.3.1 所示，它可供初步计算选择参数时参考。

表 4.3.1　邓肯-张模型常用参数

参数	软土	硬黏土	砂	碎石土	岩石
c/Pa	0～0.1	0.1～0.5	0	0	0
φ/(°)	20～30	20～30	30～40	30～40	40～50
R_f	0.7～0.9	0.7～0.9	0.6～0.85	0.6～0.85	0.6～1.0
K_1	20～200	200～500	300～1000	500～2000	300～1000
k_{ur}	3.0K	1500～2000	1500～2000	1500～2000	1500～2000
n	0.5～0.8	0.3～0.6	0.3～0.6	0.4～0.7	0.1～0.5
k_b	20～100	100～500	50～1000	100～2000	50～1000
m	0.4～0.7	0.2～0.5	0～0.5	0～0.5	−0.2～0.4

4.3.3　邓肯-张模型评述

1. 邓肯-张模型优点

邓肯-张模型[6]较简单，采用常规三轴试验就可以确定试验参数。

2. 邓肯-张模型缺点

邓肯-张模型基于各向同性弹性理论不能反映土体的剪胀特性、各向异性。采用常规三轴试验结果推广到一般情况，对应力路径的影响没有考虑，较适用于土体稳定分析，且围压接近常数的工程问题。

邓肯-张模型既适用于黏土，也可应用于砂土，但不宜应用于密砂、硬土等严重超固结土。根据假设可知，当 $\sigma_3=0$ 时弹性常数等于 0，这显然是不合理的。

建议当围压小于前期固结压力时，采用前期固结压力；当围压大于前期固结压力时，采用当前围压。

4.4　横观各向同性弹性模型

横观各向同性材料的力学行为可以采用 5 参数模型来描述，见式(4.2.24)和式(4.2.25)。

下面介绍龚晓南[8]与 Graham 等[9]提出的两个模型。

4.4.1 龚晓南模型

龚晓南[8]基于横观各向同性弹性理论建立了金山黏土的横观各向同性弹性本构模型。模型框架同式(4.2.24)和式(4.2.25),其核心工作是确定模型参数。

龚晓南[8]对金山黏土进行了常规三轴试验测定其各向异性。分别在竖直、水平与45°斜向取样进行试验,测得的应力-应变关系如图4.4.1所示。

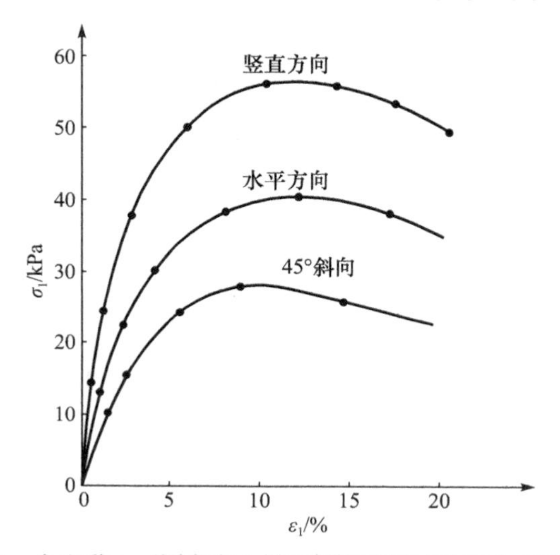

图4.4.1 金山黏土不同方向土样无侧限压缩试验应力-应变关系[8]

通过水平方向与竖直方向土样试验确定水平方向的弹性模量 E_h、泊松比 ν_{hh},以及竖直方向的弹性模量 E_v、泊松比 ν_{hv}。

根据坐标变换,横观各向同性体与水平夹角 θ 方向上的弹性模量为

$$\frac{1}{E_\theta}=\frac{\cos^4\theta}{E_h}+\frac{\sin^4\theta}{E_v}+\left(\frac{1}{G_v}-\frac{2\nu_{hv}}{E_v}\right)\cos^2\theta\sin^2\theta \tag{4.4.1}$$

可确定竖向剪切模量为

$$G_v=\frac{E_v}{A+2(1+\nu_{hv})} \tag{4.4.2}$$

式中,A 与参数 n、n_{45} 有关,它们的表达式为

$$A=\frac{4n-n_{45}-3nn_{45}}{nn_{45}}$$

$$n=\frac{E_h}{E_v},\quad n_{45}=\frac{E_{45}}{E_v} \tag{4.4.3}$$

式中，E_{45} 为 45°斜向土样的弹性模量。

这样就确定了横观各向同性的 5 个参数，可以应用于工程计算。

4.4.2 Graham 模型

Graham 等[9]针对取自加拿大 Agassiz 湖的一种具有横观各向同性的轻度超固结土提出了一个简化横观各向同性弹性本构模型。

1. 基本理论

横观各向同性材料可以采用如下 5 参数本构模型来描述：

$$\begin{bmatrix} d\sigma_{11} \\ d\sigma_{22} \\ d\sigma_{33} \\ d\sigma_{23} \\ d\sigma_{31} \\ d\sigma_{12} \end{bmatrix} = \begin{bmatrix} A & B & B & 0 & 0 & 0 \\ B & C & D & 0 & 0 & 0 \\ B & D & C & 0 & 0 & 0 \\ 0 & 0 & 0 & C-D & 0 & 0 \\ 0 & 0 & 0 & 0 & F & 0 \\ 0 & 0 & 0 & 0 & 0 & F \end{bmatrix} \begin{bmatrix} d\varepsilon_{11} \\ d\varepsilon_{22} \\ d\varepsilon_{33} \\ d\varepsilon_{23} \\ d\varepsilon_{31} \\ d\varepsilon_{12} \end{bmatrix} \tag{4.4.4}$$

在试样的力学对称轴与自然铅垂方向一致（竖向切样）的情况下，进行横观各向同性材料的三轴试验。因此，试验中只能考察到式(4.4.4)所示 6×6 矩阵左上角的 3×3 部分，即

$$\begin{bmatrix} d\sigma_{11} \\ d\sigma_{22} \\ d\sigma_{33} \end{bmatrix} = \begin{bmatrix} A & B & B \\ B & C & D \\ B & D & C \end{bmatrix} \begin{bmatrix} d\varepsilon_{11} \\ d\varepsilon_{22} \\ d\varepsilon_{33} \end{bmatrix} \tag{4.4.5}$$

进一步，在一个高质量的三轴试验中，所有水平应力与水平应变一致。这个矩阵进一步简化为

$$\begin{bmatrix} d\sigma_{11} \\ d\sigma_{22} \end{bmatrix} = \begin{bmatrix} A & 2B \\ B & C+D \end{bmatrix} \begin{bmatrix} d\varepsilon_{11} \\ d\varepsilon_{22} \end{bmatrix} \tag{4.4.6}$$

上述矩阵是非对称的，并设 $C+D=H$。对于横观各向同性试样的竖向切样，只需要 3 个弹性参数。一般应力状态计算需要借助假设来建立这 5 个弹性参数与这 3 个弹性参数的关系。首先对于各向同性材料，刚度矩阵可以表述为

$$\begin{bmatrix} d\sigma_{11} \\ d\sigma_{22} \\ d\sigma_{33} \end{bmatrix} = \begin{bmatrix} A & B & B \\ B & A & B \\ B & B & A \end{bmatrix} \begin{bmatrix} d\varepsilon_{11} \\ d\varepsilon_{22} \\ d\varepsilon_{33} \end{bmatrix} \tag{4.4.7}$$

假设各向异性表述就是将水平方向刚度乘以一个刚度修正系数 α 来增加水平方向的刚度。这种操作通过在第二、第三行中乘以 α 来实现，即

$$\begin{bmatrix} A^* & B^* & B^* \\ \alpha B^* & \alpha A^* & \alpha B^* \\ \alpha B^* & \alpha B^* & \alpha A^* \end{bmatrix}$$

式中，A、B 变为 A^*、B^* 来突出这种变化。

为了保持矩阵的对称性，需要对矩阵进一步的调整。这可通过对第二、第三列元素乘以 α 来实现，即

$$\begin{bmatrix} A^* & \alpha B^* & \alpha B^* \\ \alpha B^* & \alpha^2 A^* & \alpha^2 B^* \\ \alpha B^* & \alpha^2 B^* & \alpha^2 A^* \end{bmatrix} \tag{4.4.8}$$

式中，当 $\alpha=1$ 时材料是各向同性的；当 $\alpha<1$ 时，材料的竖向刚度比水平刚度大；当 $\alpha>1$ 时，材料的水平刚度比竖向刚度大。参数 α^2 是水平模量与竖向模量之比（刚度矩阵式(4.4.5)中正对角元素中第二项与第一项之比）。参数 α 是一个各向异性的合理度量。

从各向同性材料的刚度矩阵获得横观各向同性材料刚度矩阵元素的一个简单方法是在第二、第三、…行或列上乘以 α。这种假设下的 6×6 横观各向同性刚度矩阵如式(4.4.9)所示。该方程中各向同性参数 E、ν 被修正为各向异性参数 E^*、ν^*，即

$$\begin{bmatrix} d\sigma_{11} \\ d\sigma_{22} \\ d\sigma_{33} \\ d\sigma_{23} \\ d\sigma_{31} \\ d\sigma_{12} \end{bmatrix} = \frac{E^*}{(1+\nu^*)(1-2\nu^*)} \cdot \begin{bmatrix} 1-\nu^* & \alpha\nu^* & \alpha\nu^* & & & \\ \alpha\nu^* & \alpha^2(1-\nu^*) & \alpha^2\nu^* & & & \\ \alpha\nu^* & \alpha^2\nu^* & \alpha^2(1-\nu^*) & & & \\ & & & \alpha^2(1-2\nu^*) & & \\ & & & & \alpha(1-2\nu^*) & \\ & & & & & \alpha(1-2\nu^*) \end{bmatrix} \begin{bmatrix} d\varepsilon_{11} \\ d\varepsilon_{22} \\ d\varepsilon_{33} \\ d\varepsilon_{23} \\ d\varepsilon_{31} \\ d\varepsilon_{12} \end{bmatrix} \tag{4.4.9}$$

这个矩阵也可以转换为如下柔度矩阵：

$$\begin{bmatrix} d\varepsilon_{11} \\ d\varepsilon_{22} \\ d\varepsilon_{33} \\ d\varepsilon_{23} \\ d\varepsilon_{31} \\ d\varepsilon_{12} \end{bmatrix} = \frac{1}{E^*} \begin{bmatrix} 1 & -\frac{\nu^*}{\alpha} & -\frac{\nu^*}{\alpha} & & & \\ -\frac{\nu^*}{\alpha} & \frac{1}{\alpha^2} & -\frac{\nu^*}{\alpha^2} & & & \\ -\frac{\nu^*}{\alpha} & -\frac{\nu^*}{\alpha^2} & \frac{1}{\alpha^2} & & & \\ & & & \frac{1+\nu^*}{\alpha^2} & & \\ & & & & \frac{1+\nu^*}{\alpha} & \\ & & & & & \frac{1+\nu^*}{\alpha} \end{bmatrix} \begin{bmatrix} d\sigma_{11} \\ d\sigma_{22} \\ d\sigma_{33} \\ d\sigma_{23} \\ d\sigma_{31} \\ d\sigma_{12} \end{bmatrix} \tag{4.4.10}$$

比较式(4.4.4)与式(4.4.9)，可建立 A、B、C、D 与 F 的关系为

$$\left(\frac{D}{B}\right)^2 = \frac{C}{A} = \left(\frac{C-D}{F}\right)^2 \tag{4.4.11}$$

上述参数需要和常用的横观各向同性 5 参数进行比较。常用的 5 参数是式(4.4.12)中的 E_v、E_h、ν_{vv}、ν_{vh}、G_v：

$$\begin{bmatrix} d\varepsilon_{11} \\ d\varepsilon_{22} \\ d\varepsilon_{33} \\ d\varepsilon_{23} \\ d\varepsilon_{31} \\ d\varepsilon_{12} \end{bmatrix} = \begin{bmatrix} \frac{1}{E_v} & -\frac{\nu_{vv}}{E_v} & -\frac{\nu_{vv}}{E_v} & & & \\ -\frac{\nu_{vv}}{E_v} & \frac{1}{E_h} & -\frac{\nu_{vh}}{E_h} & & & \\ -\frac{\nu_{vv}}{E_v} & -\frac{\nu_{vh}}{E_h} & \frac{1}{E_h} & & & \\ & & & \frac{1+\nu_{vh}}{E_h} & & \\ & & & & \frac{1}{2G_v} & \\ & & & & & \frac{1}{2G_v} \end{bmatrix} \begin{bmatrix} d\sigma_{11} \\ d\sigma_{22} \\ d\sigma_{33} \\ d\sigma_{23} \\ d\sigma_{31} \\ d\sigma_{12} \end{bmatrix} \tag{4.4.12}$$

比较式(4.4.12)与式(4.4.10)，可得

$$E_v = E^*,\quad E_h = \alpha^2 E^*,\quad \nu_{vv} = \frac{\nu^*}{\alpha},\quad \nu_{vh} = \nu^*,\quad 2G_v = \frac{\alpha E^*}{1+\nu^*} \tag{4.4.13}$$

考察土的弹性变形时，直接采用参数 E、ν 比较方便，变形采用体积变形与剪切变形会更直观。三轴试验中的应力-应变行为采用参数 p、q、ε_v 和 ε_s 描述更方便。各向同性材料的弹性可表述为

$$\begin{bmatrix} dp \\ dq \end{bmatrix} = \begin{bmatrix} K & 0 \\ 0 & G \end{bmatrix} \begin{bmatrix} d\varepsilon_v \\ d\varepsilon_s \end{bmatrix} \tag{4.4.14}$$

横观各向同性情况下可修正为

$$\begin{bmatrix} dp \\ dq \end{bmatrix} = \begin{bmatrix} K^* & J \\ J & G^* \end{bmatrix} \begin{bmatrix} d\varepsilon_v \\ d\varepsilon_s \end{bmatrix} \tag{4.4.15}$$

式中，K^*、G^* 表示材料不再是各向同性的；J 是一个新参数，表示体应变与剪应变的交叉影响。K^*、G^* 与 J 提供了三轴试验横观各向同性材料行为描述的三个参数(式(4.4.4))。基于热力学的要求，式(4.4.15)中的矩阵必须是对称的。

根据 p、q、ε_v、ε_s 与应力、应变分量的关系，用 A^*、B^* 和 α 表示刚度参数，即

$$K^* = \frac{A^* + 4\alpha B^* + 2\alpha^2(A^* + B^*)}{9} \tag{4.4.16}$$

$$G^* = \frac{A^* - 2\alpha B^* + \dfrac{\alpha^2(A^* + B^*)}{2}}{3} \tag{4.4.17}$$

$$J^* = \frac{A^* + \alpha B^* - 2\alpha^2(A^* + B^*)}{3} \tag{4.4.18}$$

式(4.4.15)也可以变为柔度矩阵形式，即

$$\begin{bmatrix} d\varepsilon_v \\ d\varepsilon_s \end{bmatrix} = \begin{bmatrix} C_1 & C_2 \\ C_2 & C_3 \end{bmatrix} \begin{bmatrix} dp \\ dq \end{bmatrix} \tag{4.4.19}$$

式中，

$$C_1 = \frac{G^*}{K^* G^* - J^2}$$

$$C_2 = -\frac{J}{K^* G^* - J^2}$$

$$C_3 = \frac{K^*}{K^* G^* - J^2}$$

2. 参数确定

在任意三轴试验中，可以测得 $d\sigma_{11}$、$d\sigma_{33}$、$d\varepsilon_{11}$ 与 $d\varepsilon_{33}$，从而求得 dp、dq、

$d\varepsilon_v$ 与 $d\varepsilon_s$。将它们代入式(4.4.19)可得含有 3 个未知数的 2 个方程，不足以求解这三个变量，至少还需要 2 个不同$\frac{dq}{dp}$的试验来确定各向异性参数。如果有两个试验，将是 4 个方程 3 个参数。实际土体行为与理想化的模型(式(4.4.19))是有差异的，还有一些测量误差，因此试验结果与理论结果有不同的。采用最小二乘法来处理这组方程，确定参数 K^*、G^* 与 J，将会消除随机误差。

最小二乘法计算中，将应力、应变作为独立变量。下面的分析中将应力作为独立变量，应变看成因变量。施加一定的 dp、dq，计算的体应变增量 $d\varepsilon_v$ 为

$$d\varepsilon_v = C_1 dp + C_2 dq \tag{4.4.20}$$

然而，对应于 dp、dq 的体应变增量 $d\varepsilon_v$ 是可测的。这样就获得了计算体应变增量与测量体应变增量之间的误差 $d\varepsilon_{ve}$：

$$d\varepsilon_{ve} = d\varepsilon_v - d\varepsilon_{vc} = C_1 dp + C_2 dq - d\varepsilon_{vc} \tag{4.4.21}$$

同理，给出测量广义剪应变增量 $d\varepsilon_{sc}$与计算广义剪应变增量 $d\varepsilon_s$ 之间的误差 $d\varepsilon_{se}$：

$$d\varepsilon_{se} = d\varepsilon_s - d\varepsilon_{sc} = C_2 dp + C_3 dq - d\varepsilon_{sc} \tag{4.4.22}$$

所有应变增量误差平方和为

$$e = \sum_{\text{Tests}} (C_1 dp + C_2 dq - d\varepsilon_{vc})^2 + (C_2 dp + C_3 dq - d\varepsilon_{sc})^2 \tag{4.4.23}$$

这些冗余方程组的参数 C_1、C_2 与 C_3 的最小二乘法解，通过令 e 对各参数的导数等于零获得，即

$$\frac{\partial e}{\partial C_1} = \sum 2(C_1 dp + C_2 dq - d\varepsilon_{vc})dp = 0 \tag{4.4.24}$$

$$\frac{\partial e}{\partial C_2} = \sum 2(C_1 dp + C_2 dq - d\varepsilon_{vc})dq + 2(C_2 dp + C_3 dq - d\varepsilon_{sc})dp = 0 \tag{4.4.25}$$

$$\frac{\partial e}{\partial C_3} = 2(C_2 dp + C_3 dq - d\varepsilon_{sc})dq = 0 \tag{4.4.26}$$

因此，可以得到求解参数 C_1、C_2 与 C_3 的矩阵方程组：

$$\begin{bmatrix} \sum d\varepsilon_{vc} dp \\ \sum d\varepsilon_{vc} dq + d\varepsilon_{sc} dp \\ \sum d\varepsilon_{sc} dq \end{bmatrix} = \begin{bmatrix} \sum dp^2 & \sum dq dp & 0 \\ \sum dp dq & \sum dq^2 + dp^2 & \sum dq dp \\ 0 & \sum dp dq & \sum dq^2 \end{bmatrix} \begin{bmatrix} C_1 \\ C_2 \\ C_3 \end{bmatrix} \tag{4.4.27}$$

或者

$$\begin{bmatrix} \sum w_1 \mathrm{d}\varepsilon_{vc} \mathrm{d}p \\ \sum w_1 \mathrm{d}\varepsilon_{vc} \mathrm{d}q + w_2 \mathrm{d}\varepsilon_{sc} \mathrm{d}p \\ \sum w_2 \mathrm{d}\varepsilon_{sc} \mathrm{d}q \end{bmatrix} = \begin{bmatrix} \sum w_1 \mathrm{d}p^2 & \sum w_1 \mathrm{d}q \mathrm{d}p & 0 \\ \sum w_1 \mathrm{d}p \mathrm{d}q & \sum w_1 \mathrm{d}q^2 + w_2 \mathrm{d}p^2 & \sum w_2 \mathrm{d}q \mathrm{d}p \\ 0 & \sum w_2 \mathrm{d}p \mathrm{d}q & \sum w_2 \mathrm{d}q^2 \end{bmatrix} \begin{bmatrix} C_1 \\ C_2 \\ C_3 \end{bmatrix} \tag{4.4.28}$$

式中，w_1、w_2 为体应变与剪应变增量误差的权重。权重只是考虑不同测量类型的相对可靠性，可能包括仪器与测量程序等原因。

通过式(4.4.28)的矩阵变换可以获得三个参数 C_1、C_2 与 C_3 的解。式(4.4.15)中的 K^*、G^* 与 J 的计算式为

$$K^* = \frac{C_3}{C_1C_3 - C_2^2} \tag{4.4.29}$$

$$G^* = \frac{C_1}{C_1C_3 - C_2^2} \tag{4.4.30}$$

$$J = -\frac{C_2}{C_1C_3 - C_2^2} \tag{4.4.31}$$

为了方便与工程意义参数比较，需将 K^*、G^* 与 J 转换为式(4.4.8)中的 A^*、B^* 与 α，即

$$A^* = K^* + \frac{4}{3}G^* + \frac{4}{3}J \tag{4.4.32}$$

$$\alpha = \frac{\sqrt{9\left(K^* - \frac{2}{3}G^* + \frac{1}{3}J\right)^2 + 8(3K^*G^* - J^2)} - \left(K^* - \frac{2}{3}G^* + \frac{1}{3}J\right)}{2A^*} \tag{4.4.33}$$

$$B^* = \frac{K^* - \frac{2}{3}G^* + \frac{1}{3}J}{\alpha} \tag{4.4.34}$$

根据式(4.4.4)与式(4.4.9)，可以得到

$$\nu^* = \frac{B^*}{B^* + A^*\alpha^*} \tag{4.4.35}$$

$$E^* = \frac{A^*(1+\nu^*)(1-2\nu^*)}{1-\nu^*} \tag{4.4.36}$$

已知 E^*、ν^* 与 α，根据式(4.4.13)计算出 5 个横观各向同性参数，就可以

采用横观各向同性本构关系模型(式(4.4.9)或式(4.4.10))来进行工程计算。

思　考　题

(1) 简述对于弹性的理解并举出生活中的例子。

(2) 简述对于各向异性的理解并举出生活中的例子。

(3) 简述邓肯-张模型的理论基础、性质、优缺点与改进方法。

(4) 简述横观各向同性弹性理论。

参 考 文 献

[1] Heog K, Andersland O B, Rolfsen E N. Undrained behaviour of quick clay under load tests at Asrum. Geotechnique, 1969, 19(1): 101-115.

[2] Wood D M. Yielding in soft clay at Backebol, Sweden. Geotechnique, 1980, 30(1): 49-65.

[3] Graham J. Results of direct shear, oedometer and triaxial tests from Mastemyr. Internal report F. 372-3. Oslo: Norwegian Geotechnical Institute, 1969.

[4] Graham J. Laboratory testing of sensitive research report CE74-2. Kingston: Royal Military College of Canada, 1974.

[5] Crooks J H, Graham J. Geotechnical properties of Belfast estuarine deposits. Geotechnique, 1976, 26, (2): 293-315.

[6] Duncan J M, Chang C Y. Nonlinear analysis of stress and strains in soils. Journal of the Soil Mechanics & Foundations Division, 1970, 96(5): 1629-1653.

[7] Duncan J, Byune P, Wong K S, et al. Strength, stress-strain and bulk modulus parameters for finite element analyses of stresses and movements in soil masses. Journal of Consulting and Clinical Psychology, 1980, 49(4): 554-567.

[8] 龚晓南. 软黏土地基各向异性初步探讨. 浙江大学学报, 1986, 30(4): 103-115.

[9] Graham J, Houlsby G T. Anisotropic elasticity of a natural clay. Geotechnique, 1983, 33(2): 165-180.

第 5 章　经典塑性理论

5.1　势函数与热力学

弹性理论中应力、弹性应变及弹性势的关系定义如下：

$$\boldsymbol{\sigma}=\frac{\partial\phi}{\partial\boldsymbol{\varepsilon}^{\mathrm{e}}}$$

式中，$\boldsymbol{\sigma}$、$\boldsymbol{\varepsilon}^{\mathrm{e}}$、$\phi$ 分别为应力、弹性应变与弹性势函数。

弹性势即弹性势能、应变能，其对应变的偏导数即为弹性力，其对位移的变分也为弹性力。这个概念应用广泛，例如，流固耦合中原始的界面处理方法就巧妙地从这一概念发展而来，固体力学中的有限元也得益于这一想法。此外，力学中这方面的发展还包括损伤势、耗散势、流动势等。

基于弹性力学的弹性势概念，提出了塑性势概念与流动法则。经典弹塑性理论和以热力学为基础的弹塑性理论中，都需要通过使用势函数来建立材料本构关系。下面将从热力学角度探讨各种势函数与热力学的关系。

5.1.1　热力学第一定律

自然界中一切物质都具有能量。能量虽然有各种不同的形式，并且可以从一种形式转化为另一种形式，从一个物体传递给另一个物体，但在转化和传递过程中，能量是守恒的。这一定律的重要意义在于：当热力学体系处于平衡态时，有一个称为内能的状态函数；在绝热过程中，体系内能的增加等于外界对该体系所做的功。具体地，设物体的内能(U)和动能(K)为

$$\begin{cases}U=\int_V\rho u\,\mathrm{d}V\\K=\frac{1}{2}\int_V\rho\boldsymbol{V}\cdot\boldsymbol{v}\,\mathrm{d}V\end{cases}\tag{5.1.1}$$

式中，ρ 为物质密度；u 为内能密度；$\boldsymbol{v}$ 为速度向量；V 为物体的空间域。

类似地，外力对物体做的增量功 $\mathrm{d}W$、环境传给物体的热量增量 $\mathrm{d}Q$ 为

$$\mathrm{d}W=\int_V f\boldsymbol{v}\,\mathrm{d}v+\oint_{\partial V}\boldsymbol{p}\boldsymbol{v}\,\mathrm{d}A\tag{5.1.2}$$

$$\mathrm{d}Q = \int_V \rho \boldsymbol{r}\,\mathrm{d}v - \oint_{\partial V} \boldsymbol{qn}\,\mathrm{d}A \tag{5.1.3}$$

式中，$\boldsymbol{f}$ 为体积力向量；$\boldsymbol{p}$ 为面力向量；$\boldsymbol{v}$ 为速度向量；$\boldsymbol{r}$ 为热源强度向量；$\boldsymbol{q}$ 为热通量向量；∂V 为物体表面；$\mathrm{d}A$ 为面元；$\boldsymbol{n}$ 为 ∂V 的外法向单位向量。

由热力学第一定律，有

$$\mathrm{d}K + \mathrm{d}U = \mathrm{d}W + \mathrm{d}Q \tag{5.1.4}$$

根据能量守恒定律的局部形式，由 V 的任意性，有

$$\rho \mathrm{d}u - \rho \boldsymbol{r} + \mathrm{div}\boldsymbol{q} - \boldsymbol{\sigma} : \mathrm{d}\boldsymbol{\varepsilon} = 0 \tag{5.1.5}$$

5.1.2　热力学第二定律

热力学第二定律主要对过程自发进行的方向给予说明，能量转换和传递的热力学过程可分为“正过程”和“逆过程”两类，前者可以“自发”进行，而后者必须伴随“正过程”才能实现。以上关于热力学过程进行方向的定律有许多相互等价的表述，其中 Clausius 说法为不可能把热量从低温物体传给高温物体而不产生其他影响。

热力学第二定律的 Clausius-Duhem 不等式形式为

$$\begin{gathered} \mathrm{d}S - Q_{\mathrm{T}} \geqslant 0 \\ Q_{\mathrm{T}} = \int_V \frac{\rho \boldsymbol{r}}{T}\mathrm{d}V - \oint_{\partial V} \frac{\boldsymbol{q}}{T} \cdot \boldsymbol{n}\mathrm{d}A \end{gathered} \tag{5.1.6}$$

式中，$S = \int_V \rho s \mathrm{d}V$ 为熵；T 为热力学温度，K。

又根据散度定理，有

$$\oint_{\partial V} \frac{\boldsymbol{q}}{T} \cdot \boldsymbol{n}\mathrm{d}A = \int_V \mathrm{div}\left(\frac{\boldsymbol{q}}{T}\right)\mathrm{d}V = \int_V \left(\frac{1}{T}\mathrm{div}\boldsymbol{q} - \frac{\boldsymbol{q}}{T^2}\mathrm{grad}T\right)\mathrm{d}V \geqslant 0 \tag{5.1.7}$$

式中，grad 为梯度算子。

$$\mathrm{d}S - \frac{\rho \boldsymbol{r} - \mathrm{div}\boldsymbol{q} + \dfrac{\boldsymbol{q}}{T}\mathrm{grad}T}{T} \geqslant 0 \tag{5.1.8}$$

将式(5.1.6)代入式(5.1.8)，得到局部形式为

$$\boldsymbol{\sigma}\mathrm{d}\boldsymbol{\varepsilon} - \rho(\mathrm{d}u - T\mathrm{d}S) - \frac{\boldsymbol{q}}{T}\mathrm{grad}T \geqslant 0 \tag{5.1.9}$$

在整个分析过程中，ρ 作为乘子出现，如果所有的广延量从每单位质量转化为每单位体积，则 ρ 在公式中消失[1]，从而简化了符号标注。式(5.1.9)简

化为

$$\boldsymbol{\sigma}\mathrm{d}\boldsymbol{\varepsilon}-\mathrm{d}u+T\mathrm{d}S-\frac{\boldsymbol{q}}{T}\mathrm{grad}T\geqslant 0 \tag{5.1.10}$$

5.1.3 热力学势及耗散不等式

热力学势是一组独立的状态变量的函数。此类函数只与独立状态变量的值有关，而与变化的过程(历史)无关。独立状态变量包括塑性应变 $\boldsymbol{\varepsilon}^{\mathrm{p}}$ 和损伤 D，与独立状态相关联的是相应的热力学力。热力学势可表示为

$$\Pi=\Pi(\chi_0,\chi_1,\cdots)$$

它的微分是

$$\mathrm{d}\Pi=\frac{\partial\Pi}{\partial\chi_0}\mathrm{d}\chi_0+\frac{\partial\Pi}{\partial\chi_1}\mathrm{d}\chi_1+\cdots \tag{5.1.11}$$

式(5.1.11)是热力学势的一个普遍表达式，其中 $\frac{\partial\Pi}{\partial\chi_i}$ 是 χ_i 对应的热力学力。

用 ψ 表示自由能，有

$$\psi=u-TS \tag{5.1.12}$$

则 ψ 的增量形式为

$$\mathrm{d}\psi=\mathrm{d}u-T\mathrm{d}S-\mathrm{d}TS \tag{5.1.13}$$

将式(5.1.13)代入式(5.1.10)，可得

$$\boldsymbol{\sigma}\mathrm{d}\boldsymbol{\varepsilon}-(\mathrm{d}\psi+S\mathrm{d}T)-\frac{1}{T}\boldsymbol{q}\mathrm{grad}T=0 \tag{5.1.14}$$

由上面的热力学势的讨论可知，热力学系统 ψ 应是外变量(应变 $\boldsymbol{\varepsilon}^{\mathrm{e}}$ 和热力学温度 T)和内变量(塑性内变量 k 和损伤变量 D)的函数。因此，ψ 可写为

$$\psi=\psi(\boldsymbol{\varepsilon}^{\mathrm{e}},k,D,T) \tag{5.1.15}$$

式中，$\boldsymbol{\varepsilon}^{\mathrm{e}}$、$k$、$D$ 为弹性应变、塑性内变量和损伤变量。

应用链式法则，可得

$$\mathrm{d}\psi=\frac{\partial\psi}{\partial\boldsymbol{\varepsilon}^{\mathrm{e}}}\mathrm{d}\boldsymbol{\varepsilon}^{\mathrm{e}}+\frac{\partial\psi}{\partial k}\mathrm{d}k+\frac{\partial\psi}{\partial D}\mathrm{d}D+\frac{\partial\psi}{\partial T}\mathrm{d}T \tag{5.1.16}$$

式(5.1.14)可变为如下形式：

$$\left(\boldsymbol{\sigma}-\frac{\partial\psi}{\partial\boldsymbol{\varepsilon}^{\mathrm{e}}}\right)\mathrm{d}\boldsymbol{\varepsilon}^{\mathrm{e}}+\boldsymbol{\sigma}\mathrm{d}\boldsymbol{\varepsilon}^{\mathrm{p}}-\frac{\partial\psi}{\partial k}\mathrm{d}k-\frac{\partial\psi}{\partial D}\mathrm{d}D-\left(S+\frac{\partial\psi}{\partial T}\right)\mathrm{d}T+\boldsymbol{qg}\geqslant 0 \tag{5.1.17}$$

式中，$\mathrm{d}\boldsymbol{\varepsilon}^{\mathrm{p}}=\mathrm{d}\boldsymbol{\varepsilon}-\mathrm{d}\boldsymbol{\varepsilon}^{\mathrm{e}}$ 为塑性应变；$\boldsymbol{g}=\frac{1}{T}\mathrm{grad}T$。

由 $\mathrm{d}\boldsymbol{\varepsilon}^{\mathrm{e}}$ 和 $\mathrm{d}T$ 的任意性，根据式(5.1.17)，可得

$$\boldsymbol{\sigma}=\frac{\partial\psi}{\partial\boldsymbol{\varepsilon}^{\mathrm{e}}},\quad S=-\frac{\partial\psi}{\partial T} \tag{5.1.18}$$

定义热力学广义力 K_{h}、Y 为

$$K_{\mathrm{h}}=-\frac{\partial\psi}{\partial k},\quad Y=-\frac{\partial\psi}{\partial D} \tag{5.1.19}$$

则式(5.1.17)可表示为

$$\boldsymbol{\sigma}\mathrm{d}\boldsymbol{\varepsilon}^{\mathrm{p}}+K_{\mathrm{h}}\mathrm{d}k+Y\mathrm{d}D+\boldsymbol{qg}\geqslant 0 \tag{5.1.20}$$

岩土材料一般忽略热耗散，由式(5.1.20)得耗散不等式为

$$\boldsymbol{\sigma}\mathrm{d}\boldsymbol{\varepsilon}^{\mathrm{p}}+K_{\mathrm{h}}\mathrm{d}k+Y\mathrm{d}D\geqslant 0 \tag{5.1.21}$$

假设存在一个耗散势

$$\Omega=\Omega(\varepsilon_{\mathrm{v}}^{\mathrm{p}},\varepsilon_{\mathrm{s}}^{\mathrm{p}},\theta_{\varepsilon}^{\mathrm{p}},k,D) \tag{5.1.22}$$

式中，$\varepsilon_{\mathrm{v}}^{\mathrm{p}}$、$\varepsilon_{\mathrm{s}}^{\mathrm{p}}$、$\theta_{\varepsilon}^{\mathrm{p}}$ 分别为塑性体应变、塑性剪应变与塑性应变洛德角。

利用 Legendre 变换，存在 Ω 的对偶函数 Ω^*：

$$\Omega^*=\Omega^*(\boldsymbol{\sigma},K_{\mathrm{h}},Y,\boldsymbol{\varepsilon}^{\mathrm{e}},\boldsymbol{\varepsilon}^{\mathrm{p}},k,D) \tag{5.1.23}$$

因此，可得全量关系

$$\mathrm{d}\boldsymbol{\varepsilon}^{\mathrm{p}}=\mathrm{d}\lambda\frac{\partial\Omega^*}{\partial\boldsymbol{\sigma}},\quad \mathrm{d}k=\mathrm{d}\lambda\frac{\partial\Omega^*}{\partial K_{\mathrm{h}}},\quad \mathrm{d}D=\mathrm{d}\lambda\frac{\partial\Omega^*}{\partial Y} \tag{5.1.24}$$

假设塑性耗散与损伤耗散互不相关，即可解耦，然后可得

$$\Omega(\varepsilon_{\mathrm{v}}^{\mathrm{p}},\varepsilon_{\mathrm{s}}^{\mathrm{p}},\theta_{\varepsilon}^{\mathrm{p}},k,D)=\Omega_{\mathrm{p}}(\varepsilon_{\mathrm{v}}^{\mathrm{p}},\varepsilon_{\mathrm{s}}^{\mathrm{p}},\theta_{\varepsilon}^{\mathrm{p}},k)+\Omega_{\mathrm{d}}(D) \tag{5.1.25}$$

式中，$\Omega=\Omega(\varepsilon_{\mathrm{v}}^{\mathrm{p}},\varepsilon_{\mathrm{s}}^{\mathrm{p}},\theta_{\varepsilon}^{\mathrm{p}},k,D)$ 为总的耗散势；$\Omega_{\mathrm{p}}=\Omega_{\mathrm{p}}(\varepsilon_{\mathrm{v}}^{\mathrm{p}},\varepsilon_{\mathrm{s}}^{\mathrm{p}},\theta_{\varepsilon}^{\mathrm{p}},k)$、$\Omega_{\mathrm{d}}=\Omega_{\mathrm{d}}(D)$ 分别为塑性耗散势与损伤耗散势。

然后，可得

$$\mathrm{d}\boldsymbol{\varepsilon}^{\mathrm{p}}=\mathrm{d}\lambda\frac{\partial\Omega_{\mathrm{p}}^*}{\partial\boldsymbol{\sigma}},\quad \mathrm{d}k=\mathrm{d}\lambda\frac{\partial\Omega_{\mathrm{p}}^*}{\partial K_{\mathrm{h}}},\quad \mathrm{d}D=\mathrm{d}\lambda\frac{\partial\Omega_{\mathrm{p}}^*}{\partial Y} \tag{5.1.26}$$

这就是经典塑性理论以及类经典塑性理论表述损伤理论的连续介质热力学基础。

但是,上述表述中存在两个必要基础:①是否存在耗散势函数(式(5.1.23))。②塑性与损伤耗散机制是否不相关,即可否解耦。基于岩土材料的基本力学特性,证明了岩土材料的耗散势函数不存在,而且不可解耦[2,3]。同样也证明了岩土流动势不存在且不可解耦[4]。这些表明,经典塑性理论不是基于热力学理论的。

5.2 塑性公设

5.2.1 Drucker 塑性公设

早期屈服面的正交性与外凸性都只是一种数学设想。为了建立材料性质与数学设想之间的联系,Drucker 等[5~7]引入了一个稳定性公设。本质上,Drucker 稳定性公设只是适用于特定材料简单事实的概化,并不是基于热力学原理的一种表述[8]。

图 5.2.1 给出了实际工程材料的两种典型应力-应变试验曲线。图 5.2.1(a)中应力随应变的增加而增加,自始至终表现出硬化现象。或者说,一个附加荷载增量($\Delta\sigma_{ij}>0$)将导致一个附加应变增量($\Delta\varepsilon_{ij}>0$),且 $\Delta\sigma_{ij}\varepsilon_{ij}>0$。附加应力 $\Delta\sigma_{ij}$ 做的是正功,可用图中围成的三角形面积来表示。这种材料行为是稳定的。

图 5.2.1(b)中变形曲线有一个下降段,就是应变软化部分。在下降段,应变随应力的下降而增加。也就是说,附加应力做负功($\Delta\sigma_{ij}\varepsilon_{ij}<0$)。这种材料行为是不稳定的。

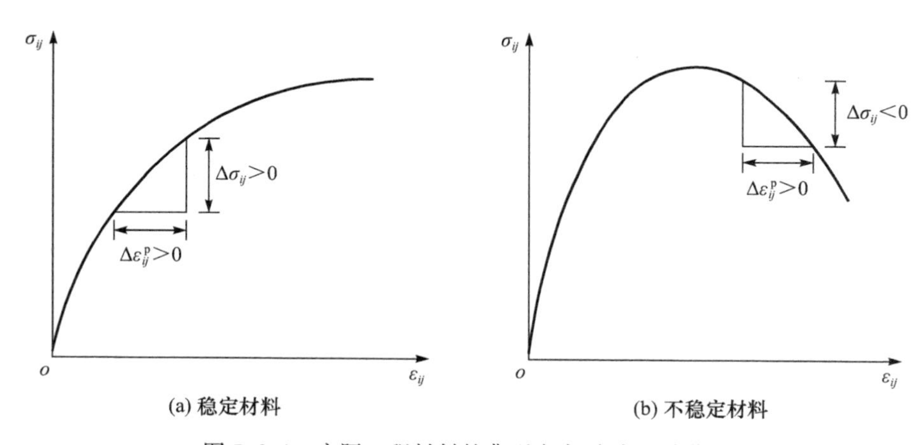

(a) 稳定材料 (b) 不稳定材料

图 5.2.1 实际工程材料的典型应力-应变试验曲线

基于这些基本事实，Drucker[5]引入了稳定塑性材料概念，应用于受到表面荷载与体积力，且处于平衡态的弹塑性单元，这个公设可表述为：假设处于一定初始应力状态的单元体，对其缓慢施加一个附加应力，然后又缓慢卸除。在这一个附加应力循环中(见图 5.2.2)，外力所做的功非负。它可以表述为

$$W_{\mathrm{D}}=\oint_{\sigma}(\boldsymbol{\sigma}-\boldsymbol{\sigma}_0)\mathrm{d}\boldsymbol{\varepsilon}\geqslant 0 \tag{5.2.1}$$

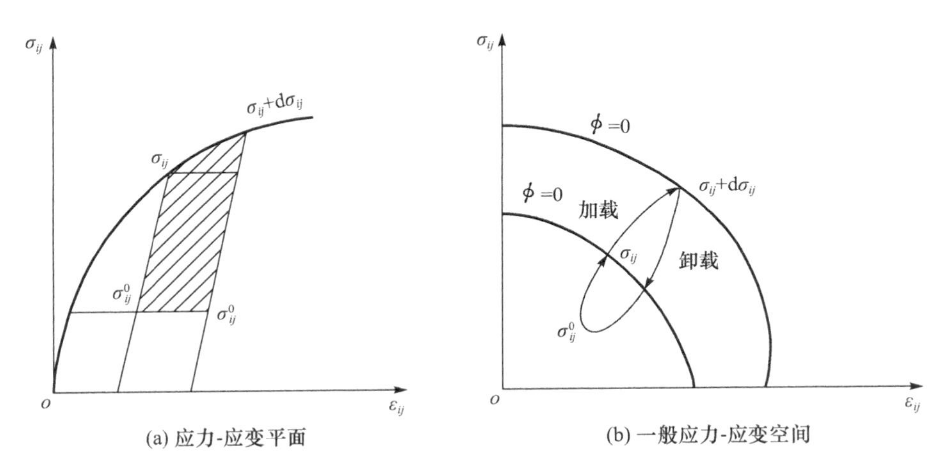

图 5.2.2　稳定材料施加的附加应力循环

弹性应变在应力循环中是可逆的，即

$$\oint_{\sigma}(\boldsymbol{\sigma}-\boldsymbol{\sigma}_0)\mathrm{d}\boldsymbol{\varepsilon}^{\mathrm{e}}=0$$

所以有

$$W_{\mathrm{D}}=W^{\mathrm{p}}=\oint_{\sigma}(\boldsymbol{\sigma}-\boldsymbol{\sigma}_0)\mathrm{d}\boldsymbol{\varepsilon}^{\mathrm{p}}\geqslant 0$$

在整个应力循环中，只有加载段 $\sigma_{ij}\rightarrow\sigma_{ij}+\mathrm{d}\sigma_{ij}$ 才产生塑性变形。

$$W^{\mathrm{p}}=(\boldsymbol{\sigma}-\boldsymbol{\sigma}_0+a\mathrm{d}\boldsymbol{\sigma})\mathrm{d}\boldsymbol{\varepsilon}^{\mathrm{p}}\geqslant 0,\quad 1\geqslant a\geqslant 0.5 \tag{5.2.2}$$

当 $\boldsymbol{\sigma}\neq\boldsymbol{\sigma}_0$ 时，

$$W^{\mathrm{p}}=(\boldsymbol{\sigma}-\boldsymbol{\sigma}_0)\mathrm{d}\boldsymbol{\varepsilon}^{\mathrm{p}}\geqslant 0 \tag{5.2.3}$$

当 $\boldsymbol{\sigma}=\boldsymbol{\sigma}_0$ 时，

$$\mathrm{d}\boldsymbol{\sigma}\mathrm{d}\boldsymbol{\varepsilon}^{\mathrm{p}}\geqslant 0 \tag{5.2.4}$$

5.2.2 Drucker 公设推论

1. 推论 1:屈服面外凸

屈服面是应力空间材料开始出现塑性变形的点连接形成的面。

式(5.2.3)表明,应力增量方向与塑性应变方向的夹角不大于 90°,如图 5.2.3 所示。

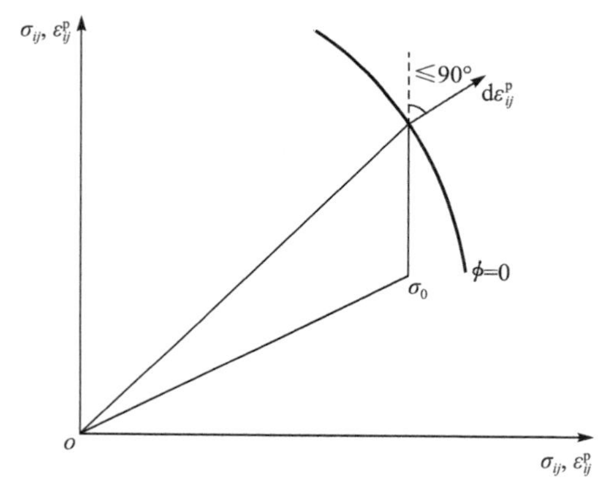

图 5.2.3 应力增量与塑性应变方向的关系

如图 5.2.4(a)所示,过屈服点作屈服面的切平面,所有可能的初始应力状态都在这个切平面的一边,则屈服面必须是外凸的(满足式(5.2.3)),而且塑性应变增量的方向与屈服面外法线方向一致。否则,如图 5.2.4(b)所示,则存在这样一个初始应力状态,其加载应力增量与塑性应变增量方向的夹角大于 90°,即不满足式(5.2.3)。

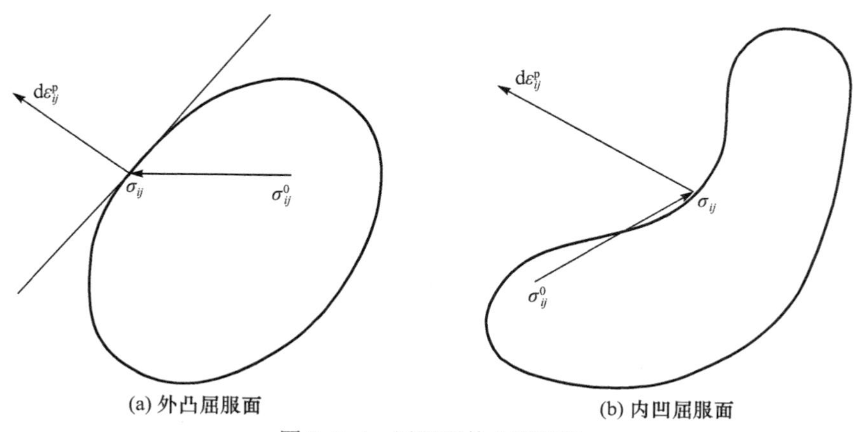

图 5.2.4 屈服面外凸说明图

2. 推论2:塑性应变增量方向与屈服面外法线方向一致

式(5.2.4)表明,应力增量方向与塑性应变增量方向的夹角小于90°。屈服面外凸,只有屈服面外法线与塑性应变增量方向一致时,才能保证所有加载应力增量与塑性应变增量的夹角小于90°,如图5.2.5所示。

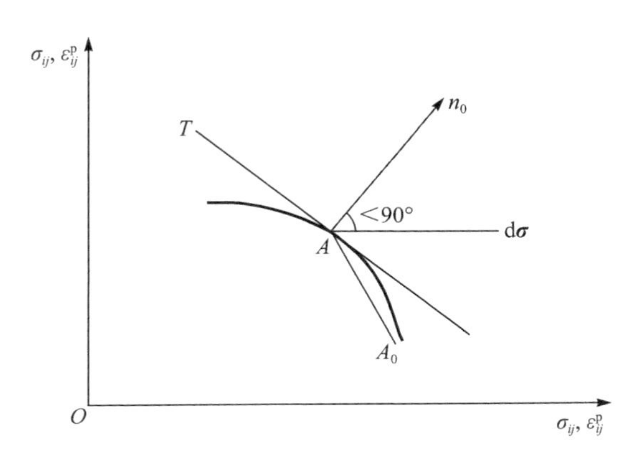

图5.2.5　塑性应变增量方向与屈服面的正交性

因此可得推论:塑性应变增量方向与屈服面外法线方向一致。

据此可得出

$$\mathrm{d}\boldsymbol{\varepsilon}^{\mathrm{p}} = \mathrm{d}\lambda \frac{\partial F}{\partial \boldsymbol{\sigma}} \tag{5.2.5}$$

式中,F为材料的屈服面;$\mathrm{d}\lambda$为塑性因子,表征塑性应变增量大小,根据硬化定律计算(见第6章)。

式(5.2.5)意味着材料的屈服面F(确定是否进入加载状态)与塑性势面Q(确定塑性流动方向,其外法线方向为塑性流动方向)一致,又称相关联流动;二者不一致称为非相关联流动。表明塑性应变增量方向唯一取决于应力状态。

3. 推论3:加卸载准则

加卸载准则是判断应力增量是否导致塑性变形的规则。

在应力空间中,加载过程可表示为

$$\mathrm{d}\boldsymbol{\sigma}\boldsymbol{n} \geqslant 0 \tag{5.2.6}$$

式中,$\boldsymbol{n}$为屈服面外法线方向向量。

式(5.2.6)表明，只有应力增量方向与屈服面外法线方向的夹角小于90°时才可以导致材料塑性变形。

加卸载准则采用屈服面表述为

$$\begin{cases}\dfrac{\partial F}{\partial \boldsymbol{\sigma}}\mathrm{d}\boldsymbol{\sigma}>0, & \text{加载}\\ \dfrac{\partial F}{\partial \boldsymbol{\sigma}}\mathrm{d}\boldsymbol{\sigma}=0, & \text{中性变载}\\ \dfrac{\partial F}{\partial \boldsymbol{\sigma}}\mathrm{d}\boldsymbol{\sigma}<0, & \text{卸载}\end{cases} \tag{5.2.7}$$

Iliushin[9]提出了应变空间的塑性公设。同理，基于 Iliushin 塑性公设，可以建立应变空间的经典塑性力学体系。

5.3 基于经典塑性理论的本构模型

5.3.1 经典塑性理论框架

经典塑性理论主要包括屈服面、相关联流动法则和加卸载准则。

1. 屈服面

屈服面是经典塑性理论的核心，用于圈定材料力学行为区域。屈服面内为弹性区，材料的力学响应是弹性的。到达屈服面，需要进行加卸载判断。加载会产生塑性变形，卸载仍是弹性响应。经典塑性理论的流动法则与加卸载准则都与屈服面有关。

2. 相关联流动法则

流动法则用于确定加载时塑性流动方向。经典塑性理论采用相关联流动法则，塑性势函数(Q)与屈服函数(F)一致。塑性应变增量($\mathrm{d}\varepsilon^{p}$)表达式见式(5.2.5)。

3. 加卸载准则

加卸载准则用于确定材料的力学响应是弹性行为还是会出现塑性变形。经典塑性理论是基于屈服面进行加卸载判断的，采用式(5.2.6)。

5.3.2 常用模型

对于经典塑性理论，两个常用塑性模型分别由 Tresca[10] 与 von Mises[11]

提出，当时是针对金属材料提出的。试验表明，完全饱和黏土的不排水力学行为可以用这两个模型来描述。

1. Tresca 模型

基于一系列的金属材料试验，Tresca[10]认为材料屈服出现在最大剪应力达到一定值时。Hill[12]认为 Tresca 受到了早期更一般的 Mohr-Coulomb 准则的影响。Tresca 屈服准则为

$$f=\sigma_1-\sigma_3-2S_u=0 \tag{5.3.1}$$

式中，$\sigma_1\geqslant\sigma_2\geqslant\sigma_3$；$S_u$为不排水剪切强度。

从计算角度可以看出，Tresca 屈服准则采用应力偏张量的第二不变量和洛德角来表述更方便，即

$$f=\sqrt{J_2}\cos\theta_\sigma-S_u=0 \tag{5.3.2}$$

正如图 5.3.1 所示，Tresca 屈服面在偏平面上是一个规则六边形。

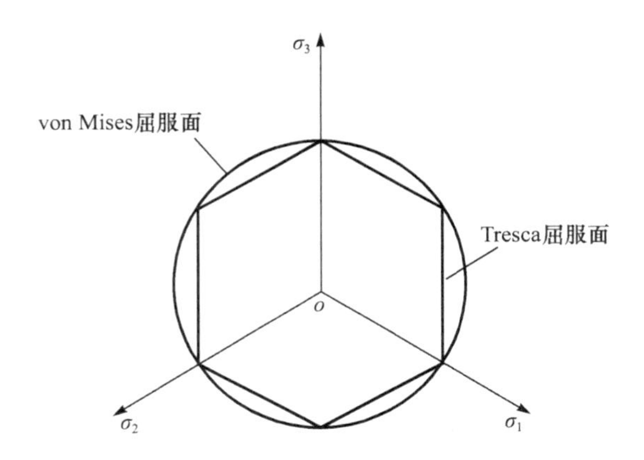

图 5.3.1　偏平面上的 Tresca 屈服准则和 von Mises 屈服准则

当饱和黏土在不排水条件下加载时，体积保持不变。此时采用相关联流动法则，将屈服面 f 作为塑性势面 g 是合适的，因此

$$g=\sqrt{J_2}\cos\theta_\sigma-S_u=0 \tag{5.3.3}$$

采用经典塑性理论，可以给出弹性-理想塑性体的应力-应变关系。为了确定 Tresca 材料的完全应力-应变关系，需要确定$\dfrac{\partial f}{\partial\boldsymbol{\sigma}}$与$\dfrac{\partial g}{\partial\boldsymbol{\sigma}}$，可以采用链式法则获得

$$\frac{\partial f}{\partial \boldsymbol{\sigma}}=\frac{\partial f}{\partial J_2}\frac{\partial J_2}{\partial \boldsymbol{\sigma}}+\frac{\partial f}{\partial \theta_\sigma}\frac{\partial \theta_\sigma}{\partial \boldsymbol{\sigma}}=\frac{\cos\theta_\sigma}{2\sqrt{J_2}}\frac{\partial J_2}{\partial \boldsymbol{\sigma}}-\sqrt{J_2}\sin\theta_\sigma\frac{\partial \theta_\sigma}{\partial \boldsymbol{\sigma}} \tag{5.3.4}$$

$$\frac{\partial g}{\partial \boldsymbol{\sigma}}=\frac{\partial g}{\partial J_2}\frac{\partial J_2}{\partial \boldsymbol{\sigma}}+\frac{\partial g}{\partial \theta_\sigma}\frac{\partial \theta_\sigma}{\partial \boldsymbol{\sigma}}=\frac{\cos\theta_\sigma}{2\sqrt{J_2}}\frac{\partial J_2}{\partial \boldsymbol{\sigma}}-\sqrt{J_2}\sin\theta_\sigma\frac{\partial \theta_\sigma}{\partial \boldsymbol{\sigma}} \tag{5.3.5}$$

式中，$\frac{\partial J_2}{\partial \boldsymbol{\sigma}}$与$\frac{\partial \theta_\sigma}{\partial \boldsymbol{\sigma}}$是独立于屈服面与塑性势面的，因为它们只依赖于偏应力的第二不变量与洛德角的定义。

从图 5.3.1 可以看出，Tresca 屈服面与塑性势面在几个角点上是不可微的。这些奇异性需要特殊处理，因为它们对于一些实际问题很重要。一种经典处理方法是 Nayak 等[13]提出的，仅采用一个屈服函数对角点进行光滑处理；Sloan 等[14]采用一个修正的面对角点进行光滑处理，以此得到一个光滑的屈服面。这些方法在一定程度上是有效的，但数学处理麻烦，而且缺乏物理意义。Yu[15]提出了角点处的严格处理方法，这在理论上是严格的。

2. von Mises 模型

Tresca 屈服准则的一个更好的替代方案是 von Mises 屈服准则。von Mises[11]认为，当偏应力的第二不变量达到某一定值时，材料开始屈服。von Mises 屈服面可以表述为

$$f=\sqrt{J_2}-k=0 \tag{5.3.6}$$

或

$$f=(\sigma_1-\sigma_2)^2+(\sigma_2-\sigma_3)^2+(\sigma_3-\sigma_1)^2-6k^2=0 \tag{5.3.7}$$

式中，k 为纯剪状态下的土体不排水剪切强度。

如图 5.3.1 所示，von Mises 屈服面在偏平面上是一个圆。类似 Tresca 屈服面，von Mises 屈服面也与球应力无关。式(5.3.7)隐含了屈服面的一个物理意义，就是剪切弹性应变能达到极限值时材料开始屈服。

选择式(5.3.6)中合适的强度参数 k，可以使 von Mises 圆刚好通过 Tresca 正六角形的六个顶点，如图 5.3.1 所示。此时参数 k 为

$$k=\frac{S_\mathrm{u}}{\cos\theta_\sigma}=\frac{2}{\sqrt{3}}S_\mathrm{u} \tag{5.3.8}$$

比较此时的 Tresca 屈服准则与 von Mises 屈服准则，可以看出采用 von Mises 屈服准则意味着较高的剪切强度。差别取决于应力洛德角，也就是剪应力的方向。

对于不排水加载，塑性体应变等于零，所以相关联流动法则可用，即

$$g=\sqrt{J_2}-k=0 \tag{5.3.9}$$

结合式(5.3.6)，可得

$$\frac{\partial f}{\partial \boldsymbol{\sigma}}=\frac{\partial f}{\partial J_2}\frac{\partial J_2}{\partial \boldsymbol{\sigma}}=\frac{1}{2\sqrt{J_2}}\frac{\partial J_2}{\partial \boldsymbol{\sigma}} \tag{5.3.10}$$

$$\frac{\partial g}{\partial \boldsymbol{\sigma}}=\frac{\partial g}{\partial J_2}\frac{\partial J_2}{\partial \boldsymbol{\sigma}}=\frac{1}{2\sqrt{J_2}}\frac{\partial J_2}{\partial \boldsymbol{\sigma}} \tag{5.3.11}$$

思　考　题

(1) 1913 年，von Mises 基于弹性力学的弹性势概念，提出塑性势概念与流动法则，建立经典塑性理论。1957 年，Drucker 提出 Drucker 公设后经典塑性理论才完善起来。目前经典塑性理论基础牢固了吗?

(2) 经典塑性理论框架是什么?

(3) 依据经典塑性理论怎样建立岩土本构模型?

(4) 本章的经典塑性理论内容是完备的吗?

参 考 文 献

[1] Houlsby G T, Puzrin A M. A thermomechanical framework for constitutive models for rate-independent dissipative materials. International Journal of Plasticity, 2000, 16: 1017-1047.

[2] Liu Y X, Zhang Y, Wu R Z, et al. Nonexistence and non-decoupling of the dissipative potential for geo-materials. Geomechanics and Engineering, 2015, 9(5): 569-583.

[3] 周家伍，刘元雪，陆新，等. 土体耗散势的不存在与不可解耦. 岩土工程学报，2011，33(4)：607-617.

[4] 周家伍，刘元雪，陆新，等. 岩土流动势的存在性及解耦性. 岩土力学，2012，33(2)：375-381.

[5] Ducker D C, Prager W. Soil mechanics and plastic analysis or limit design. Quarterly of Applied Mathematics, 1952, 10(2): 157-165.

[6] Drucker D C. Limit analysis of two and three dimensional soil mechanics problems. Journal of the Mechanics and Physics of Solids, 1953, 1(4): 217-226.

[7] Drucker D C, Gibson R E, Henkel D H. Soil mechanics and workhardening theories of plasticity. Transactions ASCE, 1957, 122: 338-346.

[8] 黄速建. 塑性力学的稳定性公设的热力学原理. 固体力学学报，1988，9(2)：95-101.

[9] Iliushin A A. 塑性. 王振常译. 北京：中国建筑工业出版社，1958.

[10] Tresca H. Comptes rendus. Academic Science, 1864, 59: 754.
[11] von Mises R. Mechanik der festen Körper im plastisch deformablen Zustand. Göttinger Nachrichten, Mathematic Physics, Klasse, 1913: 582-592.
[12] Hill R. The Mathematical Theory of Plasticity. Oxford: Clarendan Press, 1950.
[13] Nayak G C, Zienkiewicz O C. Convenient form of stress invariants for plasticity. Proceedings of the American Society of Civil Engineering, 1972, 98(ST4): 949-953.
[14] Sloan S W, Booker J R. Removal of singularities in Tresca and Mohr-Coulomb yield criteria. International Journal for Numerical Methods in Biomedical Engineering, 1986, 2(2): 173-179.
[15] Yu H S. Plasticity and Geotechnics. New York: Springer Science Business Media, 2006.

第 6 章　岩土塑性理论的发展

6.1　岩土塑性理论的基本问题

早期的岩土材料弹塑性本构模型一般是基于传统塑性理论而建立的，如著名的剑桥模型[1]。但大量的岩土试验与工程实践表明，基于传统塑性力学的岩土本构模型无法反映岩土材料的一些基本力学特性：

（1）根据经典塑性理论，塑性应变增量方向唯一取决于应力状态。然而，大量的岩土材料试验[2,3]揭示岩土材料的塑性应变增量方向与应力状态不具有唯一性关系，而与应力增量相关。也就是说，岩土材料不满足塑性应变增量与应力状态之间的唯一性关系。

（2）主应力轴旋转会导致土体明显的塑性变形[4~6]，而传统塑性理论是无法算出这种塑性变形的。

（3）采用单屈服面无法合理地反映岩土材料的剪胀（缩）特性[7]。

针对上述问题，国内外岩土界学者做了不少工作，提出了一些不服从经典塑性理论的本构模型：双屈服面模型[8~10]、多重屈服面模型[11]及采用非相关联流动法则[10,12]来修正过大的剪胀现象。传统塑性理论是基于塑性公设的，认为材料塑性变形应符合单屈服面相关联流动。因此，从塑性理论的公设角度来探索这一问题应该是比较合理的。国内力学界从塑性公设角度做了一些重要工作。黄速建[13]发现，Drucker 公设与 Iliushin 公设都是独立于热力学定律之外的假设，并不是所有材料都必须满足这两个公设。

本节拟从岩土基本变形机制出发，探求塑性公设的实用性及经典塑性力学原理不适用于岩土材料变形机制的根源，对岩土本构理论的几个重要问题进行深入研究，为岩土塑性理论的发展打下坚实的基础。

6.1.1　Drucker 公设不适用于岩土材料的证明

下面将从岩土基本变形机制出发，从应力空间的一个附加应力循环过程中附加应力所做的功角度来探讨 Drucker 公设[14]的合理性。

Drucker 公设表述为：材料的物质微元在应力空间的任意应力闭循环中附加应力做的功非负，如图 6.1.1 所示，即

$$W_{\mathrm{D}}=\oint_{\sigma}(\boldsymbol{\sigma}-\boldsymbol{\sigma}_0)\,\mathrm{d}\boldsymbol{\varepsilon}\geqslant 0$$

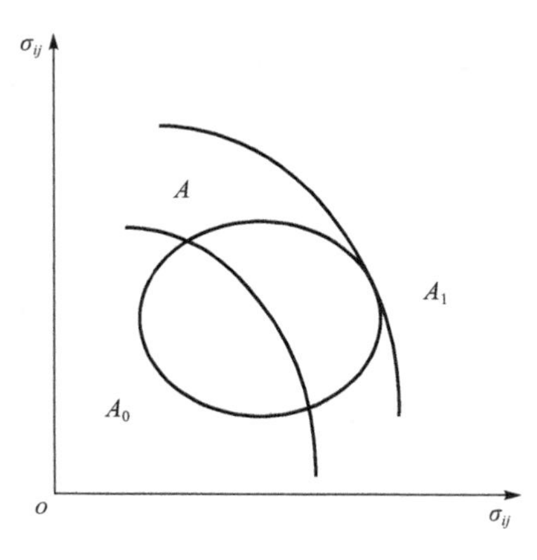

图 6.1.1 附加应力循环

在一个附加应力循环中，弹性变形部分的功为零，弹性加载阶段和卸载阶段不产生塑性变形，因此只需计算塑性加载阶段的塑性变形所导致的功，则

$$W_{\mathrm{D}}=\int_{A}^{A_1}(\boldsymbol{\sigma}-\boldsymbol{\sigma}_0)\,\mathrm{d}\boldsymbol{\varepsilon}^{\mathrm{p}}=(\boldsymbol{\sigma}-\boldsymbol{\sigma}_0)\,\mathrm{d}\boldsymbol{\varepsilon}^{\mathrm{p}}+\frac{1}{2}\mathrm{d}\boldsymbol{\sigma}\mathrm{d}\boldsymbol{\varepsilon}^{\mathrm{p}} \tag{6.1.1}$$

当 $A_0(\sigma_0)$不与 $A(\sigma)$重合时，式(6.1.1)中右边第二项可以忽略不计，则

$$W_{\mathrm{D}}=(\boldsymbol{\sigma}-\boldsymbol{\sigma}_0)\,\mathrm{d}\boldsymbol{\varepsilon}^{\mathrm{p}} \tag{6.1.2}$$

岩土弹塑性模型常常是在 p(球应力)-q(广义剪应力)平面上表述的，岩土弹塑性模型在 p-q 平面上可表述为

$$\begin{cases}\mathrm{d}\varepsilon_{\mathrm{v}}^{\mathrm{p}}=E\mathrm{d}p+B\mathrm{d}q\\ \mathrm{d}\varepsilon_{\mathrm{s}}^{\mathrm{p}}=C\mathrm{d}p+D\mathrm{d}q\end{cases} \tag{6.1.3}$$

式中，$\mathrm{d}\varepsilon_{\mathrm{v}}^{\mathrm{p}}$、$\mathrm{d}\varepsilon_{\mathrm{s}}^{\mathrm{p}}$ 分别为塑性体应变增量和塑性剪应变增量。

下面将在 p-q 平面上对式(6.1.1)进行讨论。在 p-q 平面上任一附加应力循环如图 6.1.2 所示，图中各点的坐标为：$A_0(p_0,q_0)$、$A(p,q)$、$A_1(p+\mathrm{d}p,$

$q+\mathrm{d}q$),则

$$W_{\mathrm{D}}=(\boldsymbol{\sigma}-\boldsymbol{\sigma}_0)\mathrm{d}\boldsymbol{\varepsilon}^{\mathrm{p}}=(p-p_0)\mathrm{d}\varepsilon_{\mathrm{v}}^{\mathrm{p}}+(q-q_0)\mathrm{d}\varepsilon_{\mathrm{s}}^{\mathrm{p}} \tag{6.1.4}$$

岩土体的剪胀(缩)现象是得到岩土界公认的。广义的剪胀现象包括剪胀(剪应力引起体积膨胀,此时式(6.1.3)中 $B<0$)与剪缩(剪应力引起体积收缩,此时式(6.1.3)中 $B>0$)。下面将从剪胀(缩)性对式(6.1.4)进行研究。

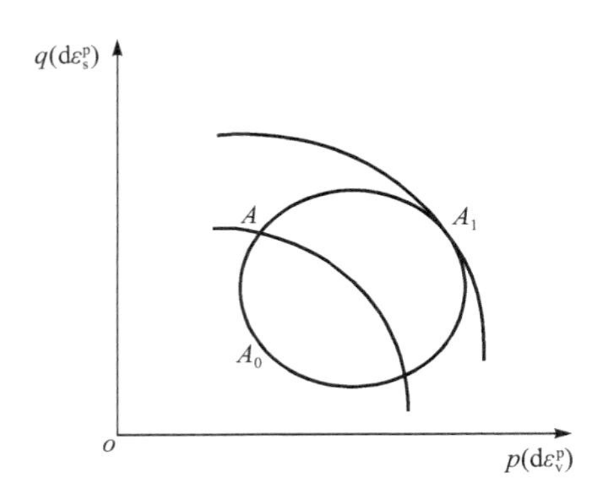

图 6.1.2　p-q 平面上的附加应力循环

1. 剪胀时 Drucker 公设不适用于岩土材料的证明

在 p-q 平面上选定一条加载路径如图 6.1.3 所示,图中各点的坐标为:$A_0(p_0,q_0)$、$A(p,q_0)$、$A_1(p,q_0+\mathrm{d}q)$,则

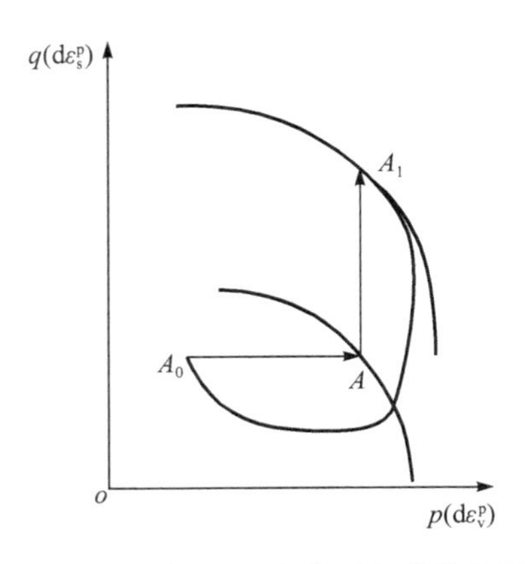

图 6.1.3　p-q 平面上一条特殊加载路径示意图

$$
\begin{aligned}
W_D &= (\boldsymbol{\sigma} - \boldsymbol{\sigma}_0)\mathrm{d}\boldsymbol{\varepsilon}^p \\
&= (p - p_0)\mathrm{d}\varepsilon_v^p + 0 \cdot \mathrm{d}\varepsilon_s^p \\
&= (p - p_0)\mathrm{d}\varepsilon_v^p \\
&= (p - p_0)(E \cdot 0 + B \cdot \mathrm{d}q) \\
&= B(p - p_0)\mathrm{d}q
\end{aligned} \tag{6.1.5}
$$

按图 6.1.3 所选的加载路径，$\mathrm{d}q>0$，$p-p_0>0$，当岩土材料剪胀时，$B<0$，则此时式(6.1.5)为

$$
W_D = B(p - p_0)\mathrm{d}q < 0 \tag{6.1.6}
$$

式(6.1.6)表明：当岩土材料存在剪胀现象时，Drucker 公设是不满足的。即此时不满足

$$
W_D = (\boldsymbol{\sigma} - \boldsymbol{\sigma}_0)\mathrm{d}\boldsymbol{\varepsilon}^p > 0 \tag{6.1.7}
$$

2. 剪缩时 Drucker 公设不适用于岩土材料的证明

在 p-q 平面上岩土弹塑性变形公式(6.1.3)也可表述为

$$
\begin{bmatrix} \mathrm{d}\varepsilon_v^p \\ \mathrm{d}\varepsilon_s^p \end{bmatrix} = \begin{bmatrix} E & B \\ C & D \end{bmatrix} \begin{bmatrix} \mathrm{d}p \\ \mathrm{d}q \end{bmatrix} \tag{6.1.8}
$$

当土体剪缩时，$B>0$，岩土塑性系数 $E>0$，$D>0$，$C<0$，显然

$$
0 > \frac{E}{C} \neq \frac{B}{D} > 0
$$

式(6.1.8)的系数矩阵不成比例，则式(6.1.8)的解需用两个线性无关的基矢量来表示，即塑性应变增量方向与应力状态不具有唯一性关系，而与应力增量($\mathrm{d}p$、$\mathrm{d}q$)有关。

$$
\begin{bmatrix} \mathrm{d}\varepsilon_v^p \\ \mathrm{d}\varepsilon_s^p \end{bmatrix} = k_1\boldsymbol{\xi}_1 + k_2\boldsymbol{\xi}_2 \tag{6.1.9}
$$

式中，$\boldsymbol{\xi}_1$、$\boldsymbol{\xi}_2$、k_1、k_2 分别为 2 个线性独立基矢量及其对应的常数。

这表明当岩土材料剪缩时，岩土材料的塑性应变增量方向与应力状态之间不具有唯一性关系，从式(6.1.9)可知，此时岩土材料塑性应变增量方向有无穷多种可能。岩土材料的塑性应变增量方向如图 6.1.4 所示。

令屈服面外法线方向 $\boldsymbol{n}$ 与基矢量 $\boldsymbol{\xi}_1$ 的方向一致。另一基矢量 $\boldsymbol{\xi}_2$ 与 $\boldsymbol{\xi}_1$ 线性无关，所以它必然不与 $\boldsymbol{n}(\boldsymbol{\xi}_1)$ 重合，其方向如图 6.1.4 所示。必然存在一个应力增量所导致的塑性应变增量方向与 $\boldsymbol{\xi}_2$ 重合。当初始应力点 A_0 与 $\boldsymbol{\xi}_2$ 位于屈服面外法线方向的同一侧时，必有

$$W_D = (\boldsymbol{\sigma} - \boldsymbol{\sigma}_0) d\boldsymbol{\varepsilon}^p = k_3 \mathbf{A}_0 \mathbf{A} \boldsymbol{\xi}_2 < 0$$

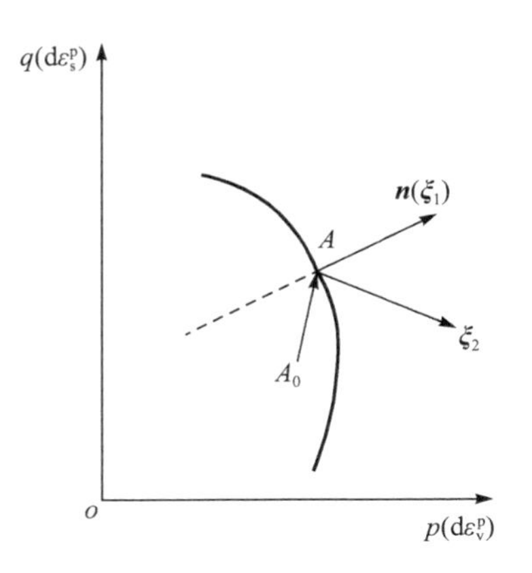

图 6.1.4　p-q 平面上塑性应变增量方向示意图

这表明当岩土材料剪缩时，Drucker 公设也是不适用于岩土材料的。

岩土材料的剪胀(缩)性是岩土材料的最基本特性，本节表明 Drucker 公设与岩土材料最基本的变形特性不符，因而它是不适用于岩土材料的。

同理，也可在应变空间对 Iliushin 公设进行讨论，从而证明 Iliushin 公设对岩土材料也是不适用的。

6.1.2　经典塑性力学原理不适用于岩土材料的证明

经典塑性理论的核心思想在于塑性应变增量方向与应力状态之间存在唯一性关系，即应力空间存在唯一的塑性势函数 Q，则塑性应变增量可表述为

$$d\boldsymbol{\varepsilon}^p = d\lambda \frac{\partial Q}{\partial \sigma} \tag{6.1.10}$$

式中，$d\lambda$ 为塑性系数，表征塑性应变增量的大小。

下面将从岩土的基本变形机制出发，来证明岩土材料的塑性应变增量方向与应力状态之间不存在唯一性关系，从而证明经典塑性力学原理不适用于岩土材料。

1. 剪缩时经典塑性力学原理不适用于岩土材料的证明

6.1.1 节中已经证明当岩土材料剪缩时，增量塑性应力-应变关系的塑性系数矩阵不成比例，因而塑性应变增量方向与应力状态不具有唯一性关

系，而与应力增量有关。这表明当岩土材料剪缩时，岩土材料的塑性应变增量方向与应力状态之间不存在唯一性关系，塑性应变增量不能像式(6.1.10)那样用唯一的塑性势函数来表述，因而此时经典塑性力学原理不适用于岩土材料。

2. 剪胀时经典塑性力学原理不适用于岩土材料的证明

当土体剪胀时，式(6.1.8)中塑性系数 $B<0, E>0, D>0, C<0$。

假设$\dfrac{E}{C}=\dfrac{B}{D}=I<0$，在某一应力状态分别取两个应力增量：

(1) $\mathrm{d}p=0, \mathrm{d}q=k$，则对应的塑性应变增量为

$$\mathrm{d}\boldsymbol{\varepsilon}_1^{\mathrm{p}}=\begin{bmatrix}\mathrm{d}\varepsilon_{\mathrm{v1}}^{\mathrm{p}}\\ \mathrm{d}\varepsilon_{\mathrm{s1}}^{\mathrm{p}}\end{bmatrix}=\begin{bmatrix}E & B\\ C & D\end{bmatrix}\begin{bmatrix}0\\ k\end{bmatrix}=\begin{bmatrix}Bk\\ Dk\end{bmatrix}=Dk\begin{bmatrix}I\\ 1\end{bmatrix} \tag{6.1.11}$$

(2) $\mathrm{d}p=k, \mathrm{d}q=0$，则对应的塑性应变增量为

$$\mathrm{d}\boldsymbol{\varepsilon}_2^{\mathrm{p}}=\begin{bmatrix}\mathrm{d}\varepsilon_{\mathrm{v2}}^{\mathrm{p}}\\ \mathrm{d}\varepsilon_{\mathrm{s2}}^{\mathrm{p}}\end{bmatrix}=\begin{bmatrix}E & B\\ C & D\end{bmatrix}\begin{bmatrix}k\\ 0\end{bmatrix}=\begin{bmatrix}Ek\\ Ck\end{bmatrix}=Ck\begin{bmatrix}I\\ 1\end{bmatrix}=\frac{C}{D}\mathrm{d}\boldsymbol{\varepsilon}_1^{\mathrm{p}} \tag{6.1.12}$$

式中，$\dfrac{C}{D}<0$。

这表明这两个塑性应变增量的方向相反，即此时塑性应变增量方向与应力状态不具有唯一性关系。

反之，当不满足$\dfrac{E}{C}=\dfrac{B}{D}=I<0$时，即式(6.1.8)的系数矩阵不成比例，根据6.1.1节可证明岩土材料的塑性应变增量方向与应力状态之间不具有唯一性关系。这表明当岩土材料剪胀时，经典塑性理论也是不适用于岩土材料的。

岩土材料的剪胀(缩)性是岩土材料的最基本特性，本节表明经典塑性力学原理与岩土材料最基本的变形特性不符，因而它是不适用于岩土材料的。

同理，也可在应变空间进行分析，从而证明应变空间中的经典塑性力学原理对岩土材料也是不适用的。

6.1.3　岩土本构理论的基本问题研究

1. 当前岩土建模理论评述

首先，本节前面已经证明了经典塑性力学原理是不适用于岩土材料的。

那么基于传统塑性理论的岩土本构模型(单屈服面相关联流动模型)是无法反映岩土基本变形机制的,当然是不合理的。单屈服面非相关联流动模型对传统塑性理论做了一定修正,使计算的过大剪胀现象有了一定的改善,但它仍然是基于塑性应变增量方向与应力状态的唯一性假设,只是塑性应变增量方向不再与屈服面正交而已,6.1.2 节已证明了这一假设是不适用于岩土材料的,因而它也是不合理的。正如沈珠江[15]所指出的那样:它们都没有摆脱经典塑性力学的框架。

对于多重屈服面模型(含双屈服面),它的优点是当材料完全屈服时,塑性应变增量方向与应力状态之间不再具有唯一性关系,而与应力增量相关;但当土体部分屈服时,类似于单屈服面模型,此时塑性应变增量方向与应力状态之间必具有唯一性关系,这是不完善的地方,而且当前岩土试验并没有证明存在一个塑性应变增量方向与应力状态之间具有唯一性关系的区域。当前多重屈服面模型有几个关键地方是值得考虑的,下面将做进一步讨论屈服面的重数与确定方法,以及是否可以采用相关联流动法则。

2. 屈服面重数的确定

根据经典塑性理论,塑性势函数与屈服函数一致。令塑性势函数为 Q,则塑性变形表达式见式(6.1.10)。

根据传统塑性位势理论,选用 von Mises 屈服条件时,塑性流动只发生在 π 平面的广义剪应力(q)方向上(即 $Q=q$ 的法线方向),这样就可以定义一个势函数 $Q=q$ 来描述材料的塑性变形特性。如图 6.1.5 所示,岩土体在不考虑主应力轴旋转时,最一般情况下,它存在 p 方向上的塑性体应变增量 $d\varepsilon_v^p$、q 方向上的塑性剪应变增量 $d\varepsilon_s^p$ 和 θ_σ 方向上的塑性剪应变增量 $d\varepsilon_\theta^p$。这些塑性应变增量大小都与应力增量有关,相互之间不存在比例关系,从而使总塑性应变增量方向与应力增量有关,即无法给出对应任一应力状态的唯一塑性势面。

事实上,当主应力轴旋转可以忽略时,可认为塑性应变增量与应力共主轴,即可以在主应力空间中描述塑性流动。此时任一应力状态下任意塑性应变增量都可以唯一地分解为三个线性无关方向上的分量。从塑性位势理论角度来看,最一般情况下,主应力空间存在三个线性无关的塑性势函数。因此,式(6.1.10)可表述为

$$d\boldsymbol{\varepsilon}^p=\sum_{i=1}^{3}d\lambda_i\frac{\partial Q_i}{\partial\boldsymbol{\sigma}} \tag{6.1.13}$$

式中，Q_1、Q_2、Q_3 分别表示主应力空间中三个线性无关的塑性势函数；$\mathrm{d}\lambda_1$、$\mathrm{d}\lambda_2$、$\mathrm{d}\lambda_3$ 分别表示三个势函数法线方向上的塑性应变增量大小。

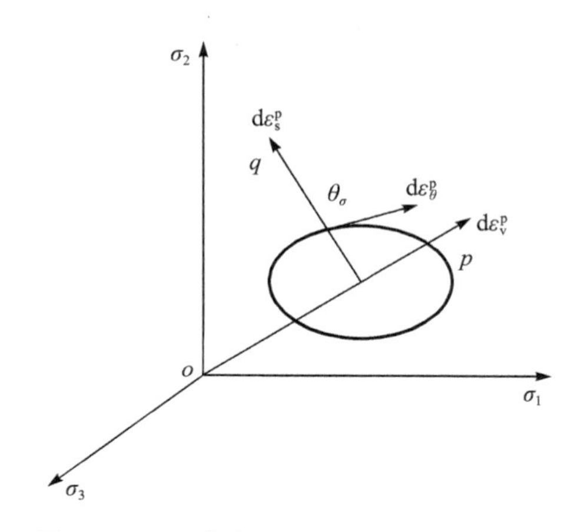

图 6.1.5　主应力空间的塑性应变增量分解

当存在主应力轴旋转时，塑性应变增量与应力不共主轴，此时不仅存在主应力轴方向的塑性应变增量，还存在使塑性应变增量主轴偏离主应力轴的塑性应变增量。显然，此时仍在主应力空间中表述是不合适的。最一般情况下的塑性应变增量可以分解为六个线性无关方向上的分量，即最一般情况下存在六个线性无关的塑性势函数，这时塑性应变增量可表述为[16]

$$\mathrm{d}\boldsymbol{\varepsilon}^{\mathrm{p}}=\sum_{i=1}^{6}\mathrm{d}\lambda_i\frac{\partial Q_i}{\partial\boldsymbol{\sigma}} \tag{6.1.14}$$

式中，$Q_i(i=1,2,\cdots,6)$分别表示六个线性无关的势函数；$\mathrm{d}\lambda_i(i=1,2,\cdots,6)$分别表示六个势函数法线方向上的塑性应变增量大小。

因此，塑性势面的重数只与塑性应变增量的自由度一致，最多为 6。在主应力空间中，塑性势面重数为 3。当在 p-q 平面上表述时，采用两个塑性势面才合理。屈服面与塑性势面对应，重数显然一致。

3. 相关联流动法则的不合理性

在多重屈服面模型中，有一个争议较大的问题是，是否应采用相关联流动法则，有的全部采用相关联流动法则[9]，有的全部采用非相关联流动法则[11]，有的一部分采用相关联流动法则，另一部分采用非相关联流动法则[10]，因此有必要研究相关联流动法则的合理性。首先，应指出的是，传统塑性理论是根据 Drucker 公设得出相关联流动法则的，前面已证明 Drucker

公设是不适用于岩土材料的，因此岩土多重屈服面采用相关联流动法则是没有科学根据的。

殷宗泽等[17,18]对采用相关联流动法则的多重屈服面模型的弹塑性矩阵性质进行了深入研究，从多重屈服面模型的弹塑性矩阵性质就可以知道流动法则的合理性。下面以双屈服面模型为例，说明相关联流动法则的问题所在。令双屈服面为

$$\begin{cases} f_1(p,q)=0 \\ f_2(p,q)=0 \end{cases}$$

则式(6.1.3)中塑性系数 B、C 为

$$B=C=\frac{1}{A_1}\frac{\partial f_1}{\partial p}\frac{\partial f_1}{\partial q}+\frac{1}{A_2}\frac{\partial f_2}{\partial p}\frac{\partial f_2}{\partial q}$$

式中，A_1、A_2 为塑性模量。

前面已经知道岩土体塑性系数 $C<0$，剪胀时 $B<0$，剪缩时 $B>0$，因此一般情况下岩土体不满足 $B=C$。而当多重屈服面采用相关联流动法则时，一定存在 $B=C$，这显然是不合理的。因此，采用相关联流动法则是没有根据且是不合理的。

4. 岩土屈服面讨论

基于经典塑性理论的 Drucker 公设，可导出应力空间中屈服面具有唯一性、外凸性等特征。前面已经证明，Drucker 公设不适用于岩土材料，那么岩土屈服面当然就不一定要满足这些特点。

土体不排水试验时，p-q 平面上的有效应力路径可以近似为土体的体积屈服面。土体不排水试验 p-q 平面的两种有效应力路径如图 6.1.6 所示。当土体在状态变换点处出现剪缩(软土、松砂)时，不排水有效应力路径将是外凸的；此时若出现剪胀(密砂等)，不排水有效应力路径将拐向上[19](如图 6.1.6 中虚线所示)，显然此时体积屈服面将不满足外凸性。

前面已经表明，岩土屈服面的重数与塑性应变增量的自由度一致，当然不唯一。当前屈服面的一个重要问题是如何反映应力路径的影响。

6.1.4　小结

本节从岩土材料基本力学性质出发，对岩土本构理论的基本问题进行了深入研究，得出如下结论：

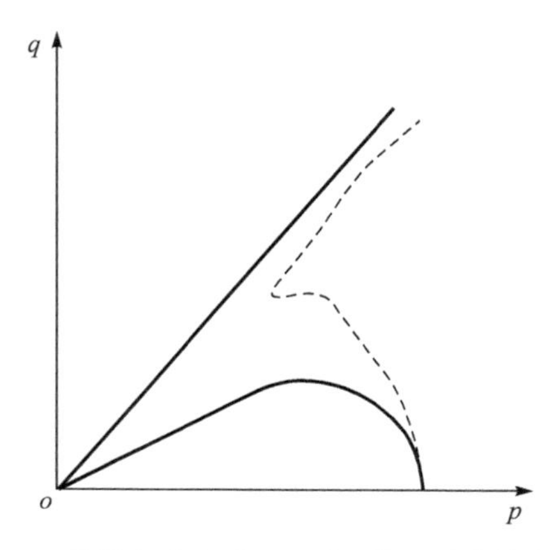

图 6.1.6　不排水试验时 p-q 平面的两种有效应力路径

(1) Drucker 公设不适用于岩土材料。

(2) 经典塑性力学原理不适用于岩土材料。

(3) 基于传统塑性理论的单屈服面模型无论是否采用相关联流动法则,都无法反映岩土基本变形机制,当然是不合理的。

(4) 对于多重屈服面模型,屈服面重数与塑性应变增量自由度一致。

(5) 相关联流动法则不适用于岩土材料。

(6) 岩土屈服面可以是不外凸的,也可以是不唯一的。

6.2　岩土屈服面的发展

6.2.1　屈服面意义

Drucker 公设是经典塑性理论的基石。假设已知应力空间的屈服面为

$$f(\sigma_{ij})=0$$

根据 Drucker 公设,可知

$$\mathrm{d}\boldsymbol{\varepsilon}^{\mathrm{p}}=\mathrm{d}\lambda\frac{\partial f}{\partial\boldsymbol{\sigma}}$$

即知道了岩土屈服面,就可以知道岩土塑性流动法则,还可以建立加卸载准则。也就是说,屈服面就是经典塑性理论的核心问题。

6.2.2　岩土屈服

对于超固结土、结构性土或完好的岩石,在应力位于某一范围时,加载

产生的塑性变形不明显；若超过该范围，则塑性变形突出。这一范围的边界称为屈服面。

注意：对于岩土没有绝对的屈服面，只是在弹性区内应力状态变化所致的塑性变形不那么明显。

屈服面一般是应力、应变、时间和温度的函数，即

$$F(\boldsymbol{\sigma},\boldsymbol{\varepsilon},t,T)=0 \tag{6.2.1}$$

式中，$\boldsymbol{\sigma}$、$\boldsymbol{\varepsilon}$、t、T 分别为应力、应变、时间和温度。

屈服面一般简写为应力的函数（见图 6.2.1），即

$$F(\boldsymbol{\sigma})=0 \tag{6.2.2}$$

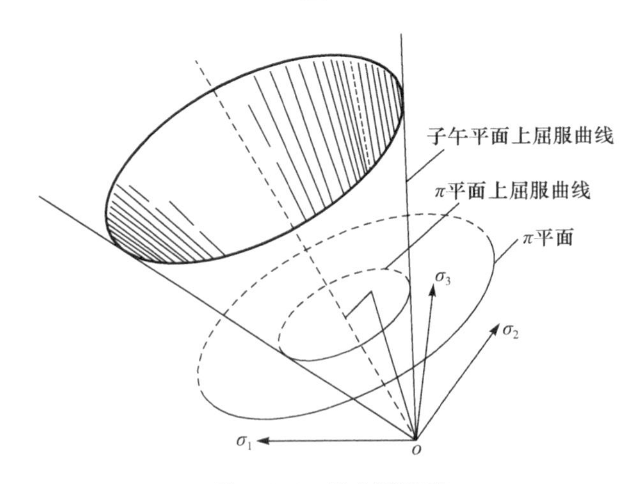

图 6.2.1　岩土屈服面

岩土屈服后，屈服面的大小、中心或形状会变化，变化后的屈服面称为后继屈服面。此时屈服函数随某一参量变化，即

$$F(\boldsymbol{\sigma},H_\alpha)=0 \tag{6.2.3}$$

式中，H_α 为硬化参量，表示塑性变形对后继屈服面的影响。

例如，超固结土的屈服面随前期固结压力 p_c 的增大而扩大。

$$F(\boldsymbol{\sigma},p_c)=0 \tag{6.2.4}$$

6.2.3　剪切屈服条件

岩土力学特性最开始的关注点在于其强度与破坏，产生了破坏准则，如库

仑公式。因此，岩土屈服是从模拟剪切破坏开始的，称为岩土剪切屈服条件。

1. Mohr-Coulomb 模型

Coulomb[20]提出的屈服准则是基于作用在该平面上的剪应力 τ 与正应力 σ_n 表述的(见图 6.2.2 和图 6.2.3)。他指出当某一平面上剪应力-正应力满足下式时，材料开始屈服：

$$\tau = c + \sigma_n \tan\varphi$$

式中，c、φ 分别为岩土的黏聚力与内摩擦角。

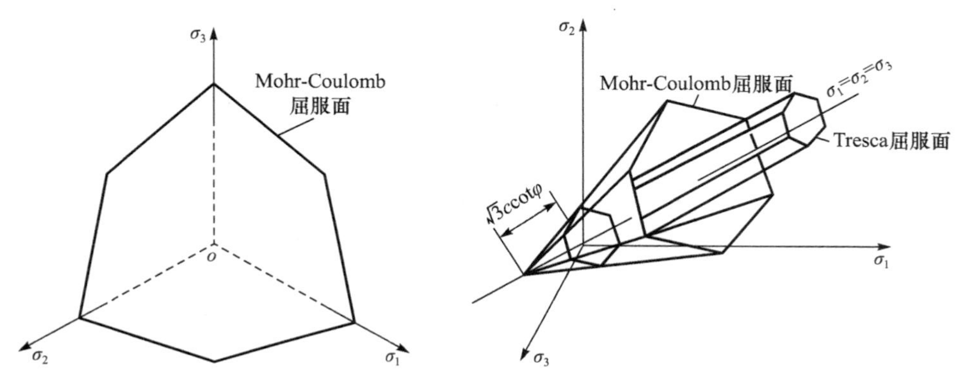

图 6.2.2　偏平面的 Mohr-Coulomb 屈服面

图 6.2.3　主应力空间的 Mohr-Coulomb 屈服面

在主应力空间，Mohr-Coulomb 屈服面可以表述为

$$f = \sigma_1 - \sigma_3 - (\sigma_1 + \sigma_3)\sin\varphi - 2c\cos\varphi = 0$$

式中，$\sigma_1 \geqslant \sigma_2 \geqslant \sigma_3$。

采用应力不变量与洛德角，Mohr-Coulomb 屈服面可以表述为

$$f = \sqrt{J_2} - \frac{m(\theta_\sigma, \varphi)\sin\varphi}{3} I_1 - m(\theta_\sigma, \varphi) c\cos\varphi = 0$$

式中，

$$m(\theta_\sigma, \varphi) = \frac{\sqrt{3}}{\sqrt{3}\cos\theta_\sigma + \sin\theta_\sigma \sin\varphi}$$

另外，Mohr-Coulomb 屈服面也可以用广义剪应力 q 与球应力 p 表述为

$$f = q - \sqrt{3} p m(\theta_\sigma, \varphi)\sin\varphi - \sqrt{3} m(\theta_\sigma, \varphi) c\cos\varphi = 0 \qquad (6.2.5)$$

式中，$q = \sqrt{3J_2}$，$p = \frac{I_1}{3}$。

式(6.2.5)为屈服面的极限——破坏面。

显然，在岩土剪切破坏之前，岩土材料一定先产生剪切屈服，那么剪切屈服面是什么样子呢？一种自然的想法是与剪切破坏面相似，如与 Mohr-Coulomb 破坏条件类似。一般将其表述为类似 Mohr-Coulomb 破坏面，其后继屈服面的表达式为

$$p\sin\varphi+\frac{1}{\sqrt{3}}\left(\cos\theta_\sigma-\frac{1}{\sqrt{3}}\sin\theta_\sigma\sin\varphi\right)q-c\cos\varphi=f(H_\alpha) \quad (6.2.6)$$

2. Drucker-Prager 模型

采用 Mohr-Coulomb 条件的问题在于 π 平面为六角形，采用相关联流动法则存在奇异性(角点上)，从而采用 von Mises 屈服条件来改进这一缺点，即

$$F=k(H_\alpha)+\sqrt{J_2}=0 \quad (6.2.7)$$

von Mises 屈服准则不适用于摩擦材料的屈服模拟，因为它不能反映试验观察到的球应力效应。为了克服 von Mises 屈服准则的不足，Drucker 和 Prager[21] 提出了摩擦材料修正 von Mises 屈服函数，即

$$f=\sqrt{J_2}-\alpha I_1-k=0 \quad (6.2.8)$$

式中，α 与 k 为材料常数。

如图 6.2.4 所示，在偏平面，von Mises 屈服面就是一个圆。在主应力空间，Drucker-Prager 屈服面是一个圆锥，而 von Mises 屈服面是一个无限长的圆柱。

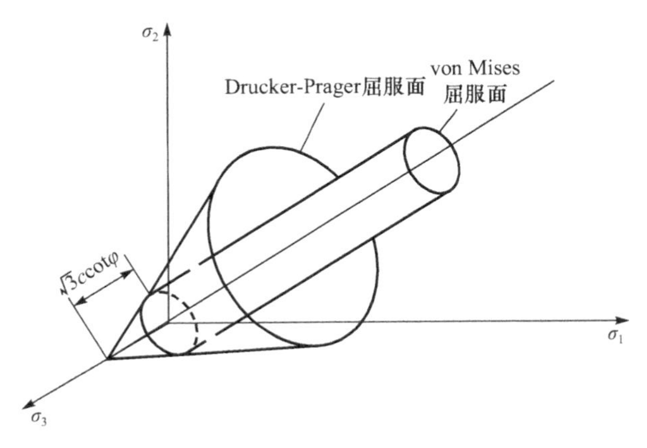

图 6.2.4　广义 Mises(Drucker-Prager 模型)屈服条件与 von Mises 屈服条件

由于 Drucker-Prager 模型比较简单，其在岩土工程中得到了广泛的应用。然而，试验结果表明在偏平面，该屈服面的圆形不能很好地与试验曲线吻合。当 Drucker-Prager 模型应用于岩土工程时，必须考虑这个因素。

如图 6.2.5 所示，π 平面上，Drucker-Prager 屈服面与 Mohr-Coulomb 不等边六角形的关系分为内切、内接、外接与等面积圆，软件 ANSYS 默认是外接圆，偏危险。

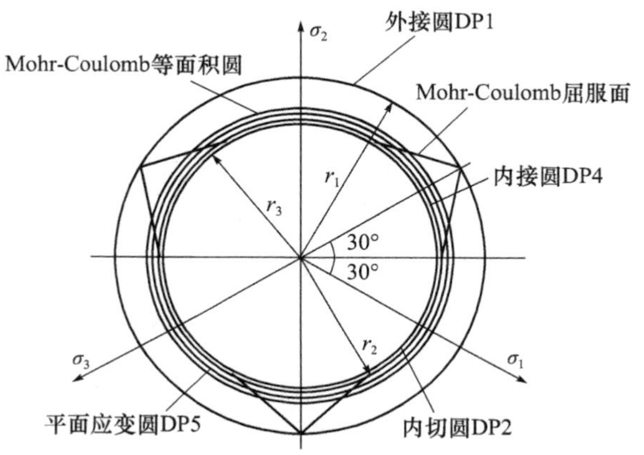

图 6.2.5　π 平面上不同的 Drucker-Prager 屈服条件

选择合适的材料参数 α 与 k，Drucker-Prager 屈服面将与 Mohr-Coulomb 屈服面进行特定匹配。图 6.2.6 表示二者在最外侧顶点的匹配（外接圆）。此时参数取值偏大，计算结果偏于危险，数学条件为

$$\alpha=\frac{2\sin\varphi}{\sqrt{3}(3-\sin\varphi)},\quad k=\frac{6c\cos\varphi}{\sqrt{3}(3-\sin\varphi)}$$

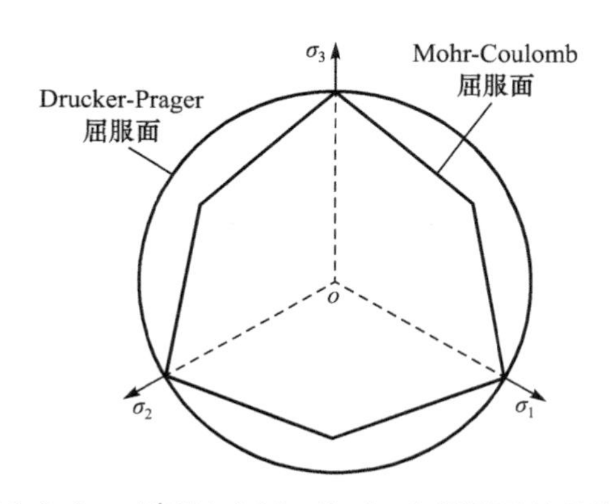

图 6.2.6　π 平面上 Mohr-Coulomb 屈服面的外接圆

如果 Drucker-Prager 屈服面与 Mohr-Coulomb 屈服面在平面应变条件下取得相同的极限荷载，称为平面应变圆，必须满足

$$\alpha=\frac{\tan\varphi}{\sqrt{9+12\tan^2\varphi}},\quad k=\frac{3c}{\sqrt{9+12\tan^2\varphi}}\tag{6.2.9a}$$

π 平面上与 Mohr-Coulomb 不等边六角形的内切圆过于安全。数学条件为

$$\alpha=\frac{\sin\varphi}{\sqrt{3}\sqrt{3+\sin^2\varphi}},\quad k=\frac{\sqrt{3}c\cos\varphi}{\sqrt{3+\sin^2\varphi}}\tag{6.2.9b}$$

π 平面上与 Mohr-Coulomb 不等边六角形的内接圆也偏于安全。数学条件为

$$\alpha=\frac{2\sin\varphi}{\sqrt{3}(3+\sin\varphi)},\quad k=\frac{6c\cos\varphi}{\sqrt{3}(3+\sin\varphi)}\tag{6.2.9c}$$

π 平面上与 Mohr-Coulomb 不等边六角形面积对应的等面积圆，比较合理。数学条件为

$$\alpha=\frac{\sin\varphi}{\sqrt{3}(\sqrt{3}\cos\theta_\sigma-\sin\theta_\sigma\sin\varphi)},\quad k=\frac{\sqrt{3}c\cos\varphi}{\sqrt{3}\cos\theta_\sigma-\sin\theta_\sigma\sin\varphi}\tag{6.2.9d}$$

相对于 Mohr-Coulomb 屈服条件，等面积圆计算简单，精度高。

3. Zienkiewicz-Pande 屈服条件

Zienkiewicz 等[22]认为 Mohr-Coulumb 屈服条件总体是比较合理的，建议采用光滑曲线来模拟这个不等边圆锥，从而克服采用相关联流动法则产生的奇异性，即

$$f=f(p)+h\left(\frac{\sqrt{J_2}}{g(\theta_\sigma)}\right)=0$$

式中，$g(\theta_\sigma)$ 表征 π 平面的屈服面形状函数。

π 平面上拟合六角圆锥的主要工作有(其拟合效果见图 6.2.27)：

(1) Willians-Warnke 公式。

$$g(\theta_\sigma)=\frac{(1-K_p^2)(\sqrt{3}\cos\theta_\sigma-\sin\theta_\sigma)+(2K_p-1)\sqrt{(2+\cos2\theta_\sigma-\sqrt{3}\sin\theta_\sigma)(1-K_p^2)-5K_p^2-4K_p}}{(1-K_p^2)(2+\cos2\theta_\sigma-\sqrt{3}\sin2\theta_\sigma)+1-2K_p^2}\tag{6.2.10}$$

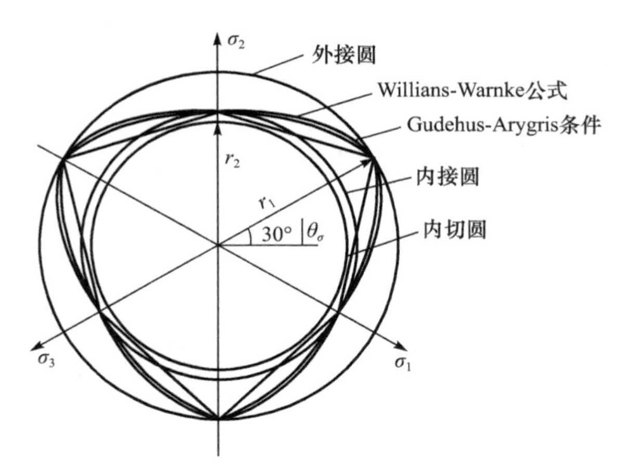

图 6.2.7　π 平面上不同修正函数的拟合效果

式中，K_p 为 π 平面 Mohr-Coulomb 破坏条件的三轴拉伸半径与三轴压缩半径之比。

$$K_p = \frac{3-\sin\varphi}{3+\sin\varphi}$$

该公式解决了 π 平面曲线的奇异性问题，但公式复杂。

(2) Gudehus-Arygris 公式。

$$g(\theta_\sigma) = \frac{2K_p}{(1+K_p)-(1-K_p)\sin(3\theta_\sigma)} \tag{6.2.11}$$

该公式解决了奇异性问题，较简单，对当时的计算条件而言是很重要的改进。但需满足 $K_p > \frac{7}{9}$ 或 $\varphi < 22°$，才能保证外凸。

郑颖人等[23]对式(6.2.11)进行了改进：

$$g(\theta_\sigma) = \frac{2K_p}{(1+K_p)-(1-K_p)\sin(3\theta_\sigma)+\alpha\cos^2(3\theta_\sigma)}$$

该公式也解决了奇异性问题，但还是有条件才能保证外凸。

4. 双剪屈服条件

俞茂宏[24]提出了双剪屈服条件，即材料的三个主剪应力之和为零，材料的屈服是由材料的两个较大的主剪应力达到一定的条件引起的，如图 6.2.8 所示。

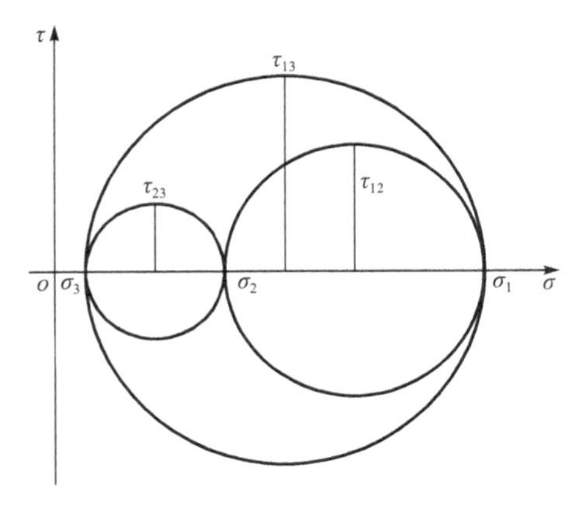

图 6.2.8　三个主剪应力

当 $\sigma_{12}>\sigma_{23}$ 时，双剪屈服条件表述为

$$F_1=\sigma_{13}+\sigma_{12}=\sigma_1-\frac{\sigma_2+\sigma_3}{2}=\left(\frac{3}{2}\cos\theta_\sigma-\frac{\sqrt{3}}{2}\sin\theta_\sigma\right)\sqrt{J_2}-k=0,\quad \theta_\sigma\leqslant 0 \tag{6.2.12}$$

当 $\sigma_{12}<\sigma_{23}$ 时，双剪屈服条件表述为

$$F_2=\sigma_{13}+\sigma_{23}=\frac{\sigma_1+\sigma_2}{2}-\sigma_3=\left(\frac{3}{2}\cos\theta_\sigma+\frac{\sqrt{3}}{2}\sin\theta_\sigma\right)\sqrt{J_2}-k=0,\quad \theta_\sigma\geqslant 0 \tag{6.2.13}$$

双剪屈服条件的三维示意图如图 6.2.9 所示。

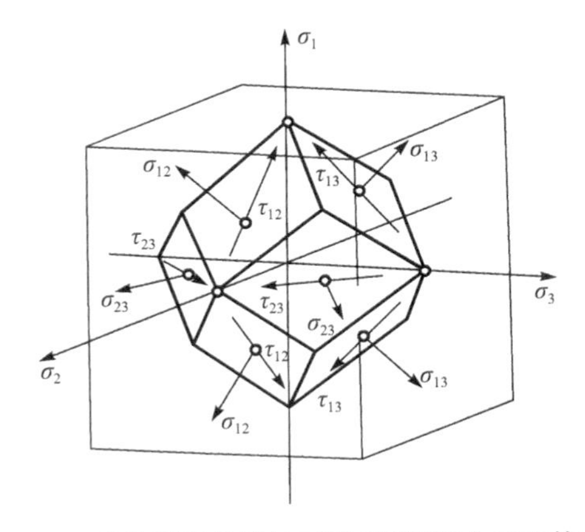

图 6.2.9　双剪屈服条件的三维示意图(十二面体应力)

双剪屈服条件是国内力学领域的一个原创性贡献，它考虑了中间主应力的影响，但没有考虑球应力的影响，后来推广为广义双剪屈服条件。

从图 6.2.10 可以看出，双剪屈服条件比 Mohr-Coulomb 条件高了很多，计算结果偏大，使设计偏于危险，需要进行匹配 Mohr-Coulomb 条件的修正。

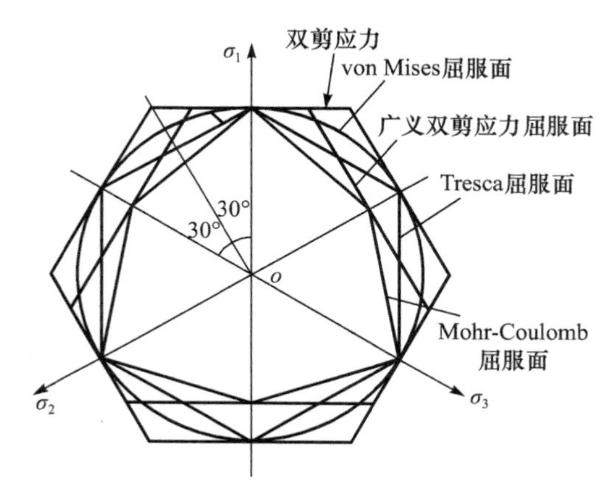

图 6.2.10 双剪屈服条件与其他屈服条件比较

5. Hoek-Brown 模型

在发展线性 Mohr-Coulomb 屈服模型的同时，不少学者采用非线性屈服面来分析岩石力学问题。最有影响的是 Hoek 和 Brown 提出的经验非线性屈服准则来描述岩体的屈服与破坏[25~27]，如图 6.2.11 所示。

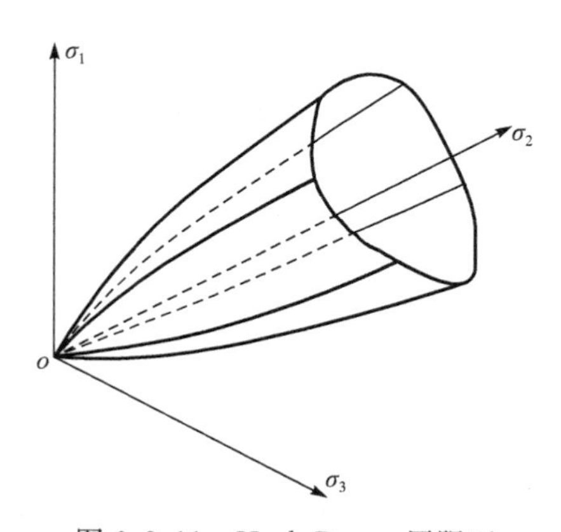

图 6.2.11 Hoek-Brown 屈服面

描述岩体屈服的 Hoek-Brown 屈服准则可表述为

$$f=\sigma_1-\sigma_3-\sqrt{mY\sigma_3+sY^2}=0 \tag{6.2.14}$$

式中，σ_1、σ_3 为最大主应力与最小主应力；Y 为完整岩体的单轴抗压强度；m 与 s 为依赖于岩体完整性的参数。

相对于其他方法，Hoek-Brown 屈服准则在确定原位岩体强度方面具有一些优点，因为它只采用简单的岩块单轴抗压强度，以及通过大量现场调查与评估后系统确定的岩体质量参数。

为了数值计算方便，Hoek-Brown 屈服准则也可以采用应力不变量来表述：

$$f=4J_2\cos^2\theta_\sigma+g(\theta_\sigma)\sqrt{J_2}-\alpha I_1-k=0 \tag{6.2.15}$$

式中，

$$g(\theta_\sigma)=mY\left(\cos\theta_\sigma+\frac{\sin\theta_\sigma}{\sqrt{3}}\right),\quad k=sY^2$$

该条件考虑了岩体的质量数据与围压对强度的影响，比 Mohr-Coulomb 条件更适用于岩体，但没有考虑中间主应力的影响，主要为试验统计结果，欠缺理论依据。

6. 剪切类屈服面的一般表达式

一般剪切类屈服面可表述为

$$F=\beta p^2+\alpha p-k(H_\alpha)+\bar{\sigma}_+^n=0 \tag{6.2.16}$$

式中，$\bar{\sigma}_+^n=\dfrac{\sqrt{J_2}}{g(\theta_\sigma)}$表征剪应力，分母表示 π 平面的屈服面形状函数。

不同参数的剪切屈服面及子午面如图 6.2.12 和图 6.2.13 所示。

6.2.4　体积屈服条件

前面对岩土屈服及剪切屈服面有了较为全面的了解，下面来看一下剪切类屈服条件用于经典塑性理论的结果。

在 p-q 平面上采用的剪切屈服面如图 6.2.14 所示，如果采用相关联流动法则会出现突出的剪胀现象，而且在屈服开始时就出现很大的剪胀。

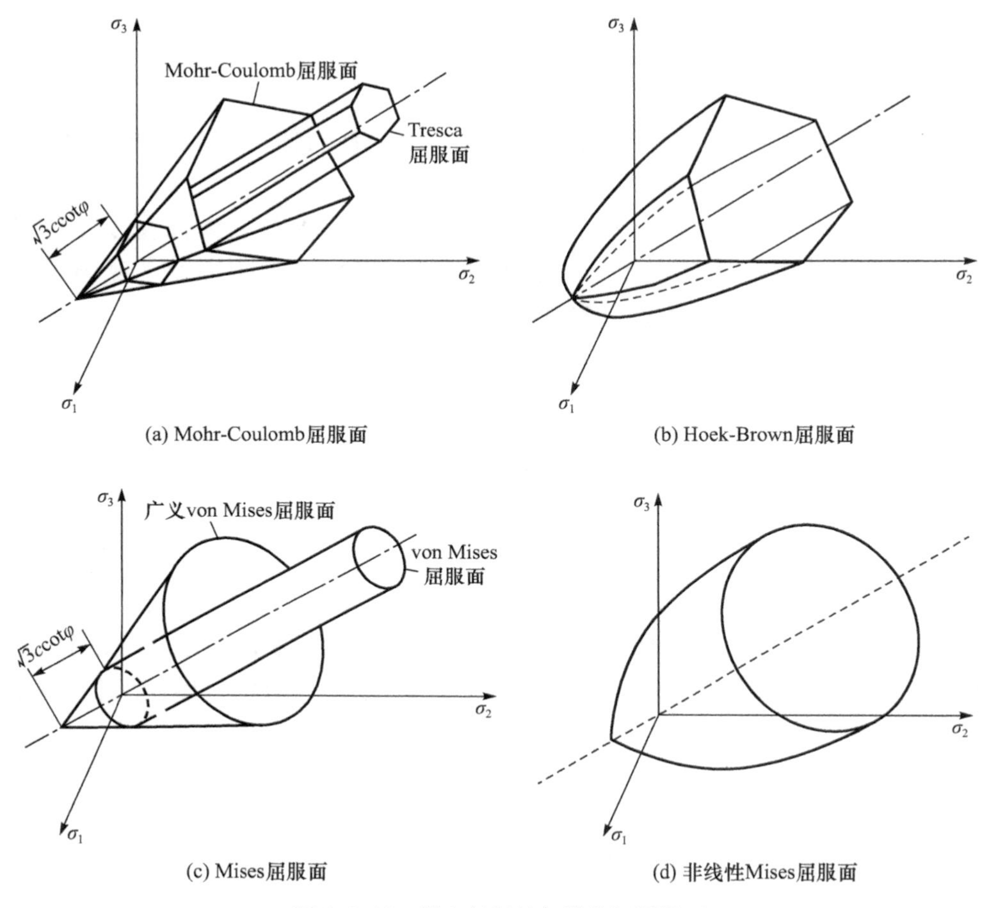

(a) Mohr-Coulomb屈服面　(b) Hoek-Brown屈服面

(c) Mises屈服面　(d) 非线性Mises屈服面

图 6.2.12　岩土材料的各种剪切屈服面

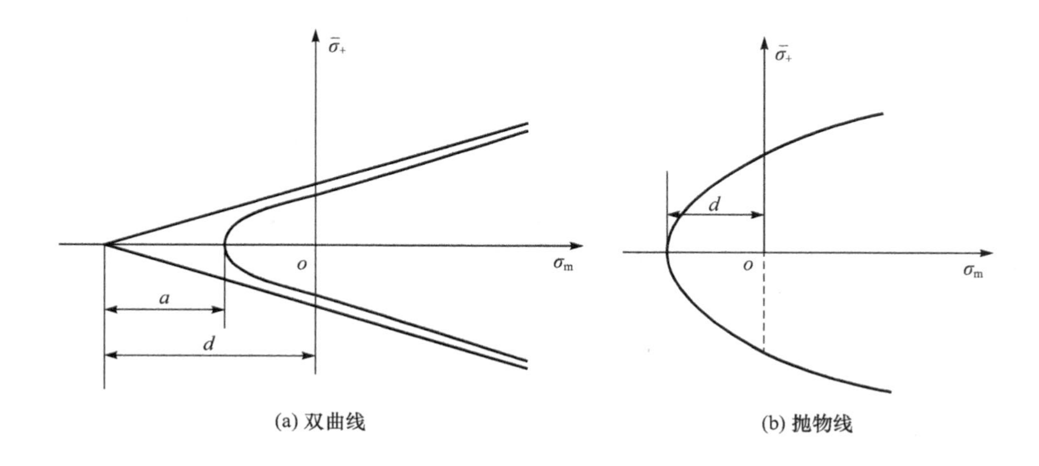

(a) 双曲线　(b) 抛物线

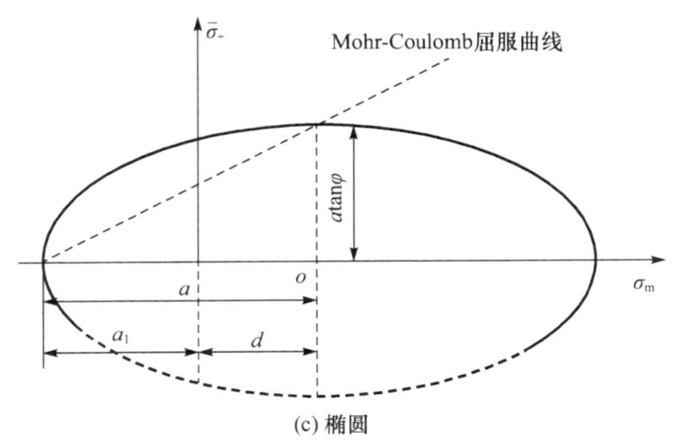

(c) 椭圆

图 6.2.13　岩土材料的各种剪切屈服面子午面图形

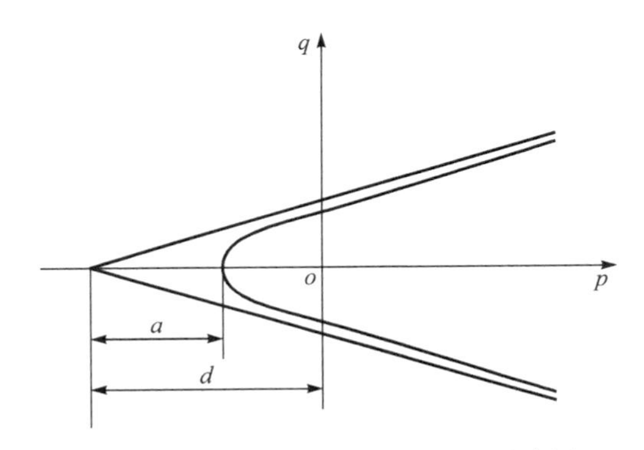

图 6.2.14　岩土材料剪切屈服面示意图

土的三轴压缩应力-应变曲线如图 6.2.15 所示，正常固结土只有体积收缩（剪缩），没有剪胀。超固结土开始时也是收缩（剪缩），后来才是膨胀（剪胀）。

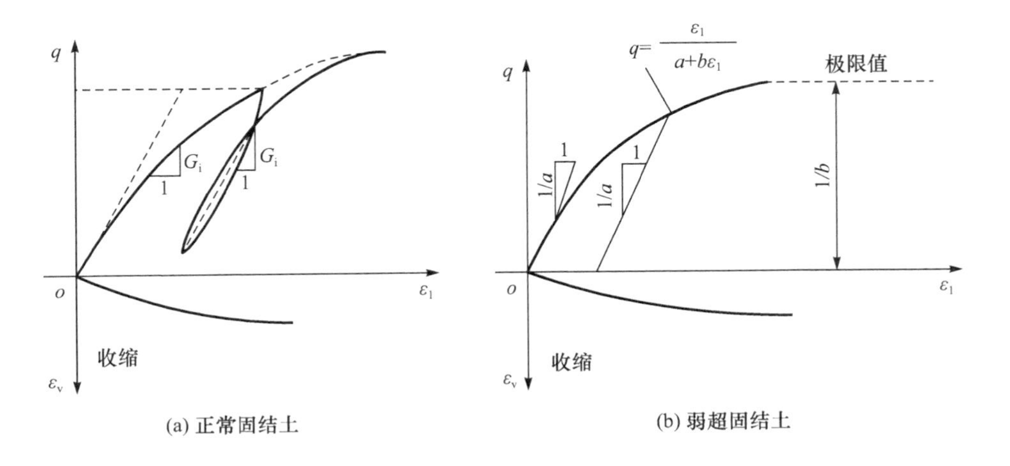

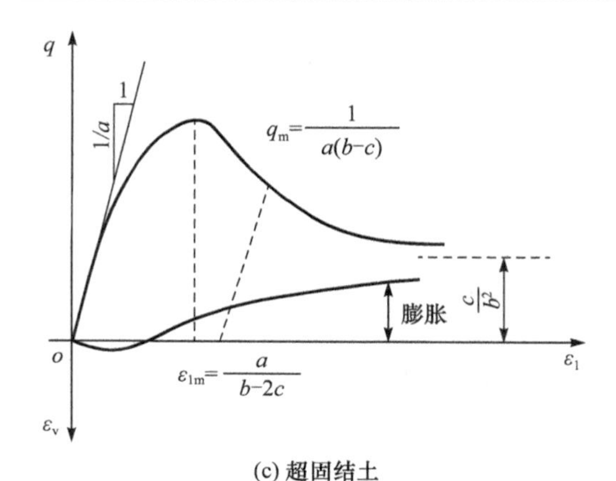

(c) 超固结土

图 6.2.15 土的三轴压缩应力-应变曲线

岩石的全过程应力-应变曲线如图 6.2.16 所示。岩石类似于超固结土,开始时体积收缩(剪缩),然后膨胀(剪胀)。

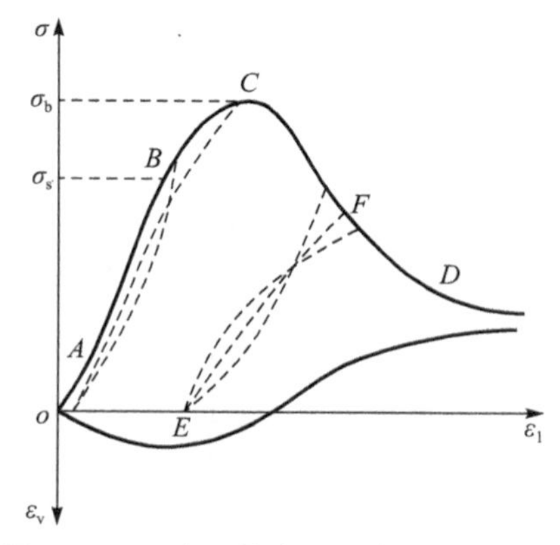

图 6.2.16 岩石的全过程应力-应变曲线

因此,采用经典塑性理论,选用剪切类屈服准则,对于岩土材料是不合理的。因为计算一开始就会出现剪胀,这是与岩土的基本力学特性不符的,无论哪种岩土,一开始体积都是收缩的。下面讲述另一类屈服面——体积屈服面。

体积屈服面就是以塑性体应变为硬化参量的屈服面。

$$F(\boldsymbol{\sigma},\varepsilon_v^p)=0 \tag{6.2.17}$$

剪切屈服面是模仿剪切破坏条件而来的,比较复杂。而体积屈服面就比较简单,基本上采用的是剑桥屈服面,或其变异。它是 Roscoe 等[1,28]基于剑桥黏土三轴压缩试验基础上提出的。

1. 土的临界状态概念

Roscoe等[1,28]进行了正常固结土三轴压缩排水和不排水试验，将试验结果在p-q-v_r（v_r为比容，对应于孔隙比或体应变）空间表述，从而得出临界状态概念。

1）不排水试验

试样先在不同球应力作用下固结，然后在不排水条件下，保持围压不变，增加轴向压力，直到土样破坏，所得结果如图6.2.17所示。

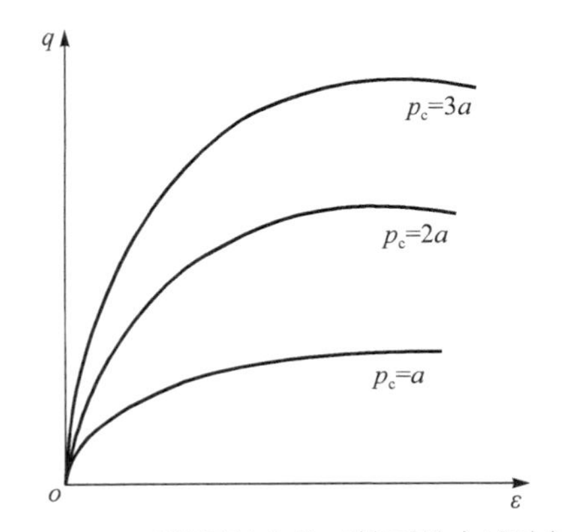

图6.2.17　正常固结土的三轴不排水试验结果

这些试验的应力路径如图6.2.18所示，从图中可以看出，这些应力路径形状是相似的，也就是所有应力路径可以归一化为一条曲线。在p-v_r坐标系下，不排水剪切的起点都在正常固结线，由于不排水，所以比容（体积）等保持不变，直到B_1、B_2、B_3各点土样破坏为止。点B_1、B_2、B_3在p-v_r坐标系下形成一条光滑曲线，外观与正常固结线形状相似，而在p-q平面上为一条直线。

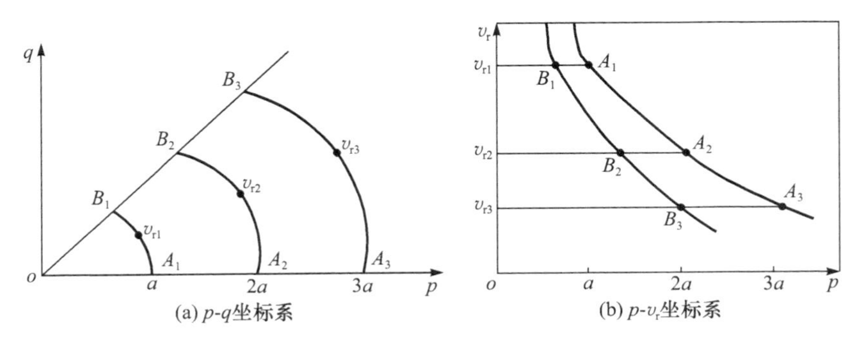

图6.2.18　正常固结土的三轴不排水应力路径

B_1、B_2、B_3 等各点都出现同一种情况：各点都是破坏点；应力状态(q、p)与比容 v_r 都不变，而剪应变不断增长，所以该点就是剪切破坏点。这些点在 p-q 平面上的这一条线就是 Mohr-Coulomb 剪切破坏条件，即

$$q_{cs} = Mp_{cs} \tag{6.2.18}$$

2）排水试验

试样先在不同球应力作用下排水固结，然后在排水条件下，保持围压不变，增加轴向压力，直到土样破坏。

这些试验的应力路径如图 6.2.19 所示，可以看出，这些应力路径都是斜率为 3 的直线，直到剪切破坏点 B_1、B_2、B_3。在 p-v_r 坐标系下，排水剪切的起点都在正常固结线，由于排水，比容(体积)不断压缩，经曲线到达破坏点 B_1、B_2、B_3。这些点在 p-v_r 坐标系下形成一条光滑曲线，外观与正常固结线形状相似，而在 p-q 平面上为一条直线。

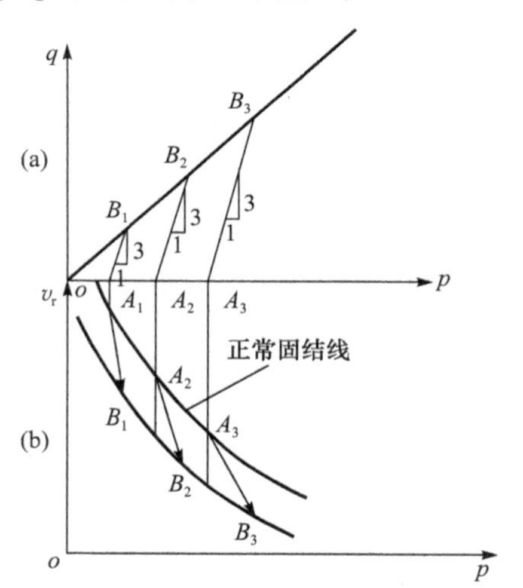

图 6.2.19　正常固结土的三轴排水应力路径

B_1、B_2、B_3 等各点都出现同一种情况：各点都是破坏点；应力状态(q,p)与比容 v_r 都不变，而剪应变不断增长，所以该点就是剪切破坏点。这些点在 p-q 平面上的这一条线也是 Mohr-Coulomb 剪切破坏条件(式(6.2.18))。

为了凸显正常固结黏土三轴剪切的共同规律，将排水试验结果与不排水试验结果放在一起，如图 6.2.20 所示。

从图 6.2.20 可以看出，无论是排水还是不排水，也无论是 p-q 平面还是 $\ln p$-v_r 平面，最终的破坏点都落到同一条直线上，这些线上的破坏点 B_1、B_2、B_3 都具有同样的性质，即各点都是破坏点。

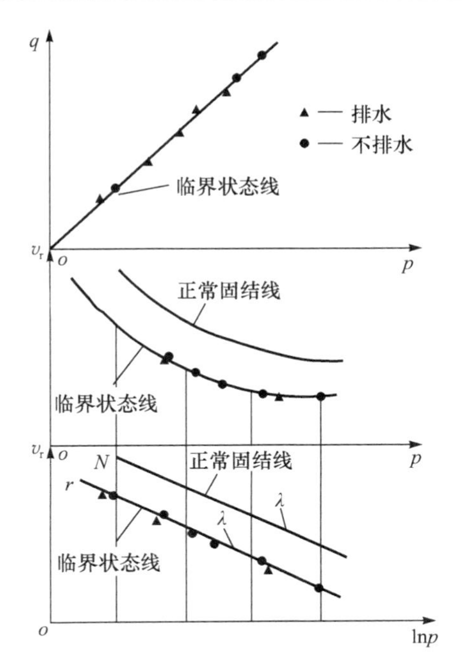

图 6.2.20 正常固结土的三轴排水试验结果与不排水试验结果

到达这些点后，土样的应力状态(q,p)与比容 v_r 都不变，而剪应变不断增长，所以该点就是剪切破坏点，这些点在 p-q 平面上的这一条线就是 Mohr-Coulomb 剪切破坏条件(式(6.2.18))。

这种状态称为临界状态，这一条线称为临界状态线。临界状态线就是 Mohr-Coulomb 剪切破坏线。需要强调的是，临界状态就是(q,p)与比容 v_r 都不变而剪应变不断增长的剪切破坏状态。

在 p-q-v_r 空间上的临界状态线如图 6.2.21 所示。由于固结压力不同，临界状态的体应变和最后抗剪强度不同。在该空间，该曲线随固结压力的提高而向内和向上运动，但在 p-v_r 平面上的投影是一条与正常固结线相似的曲线，而在 p-q 平面上的投影就是 Mohr-Coulomb 剪切破坏线。

2. Roscoe 面

无论是排水还是不排水，正常固结黏土在 p-q-v_r 空间上，从正常固结线到临界状态所经过的路径都在一个面上，这个面称为 Roscoe 面，如图 6.2.22 所示。

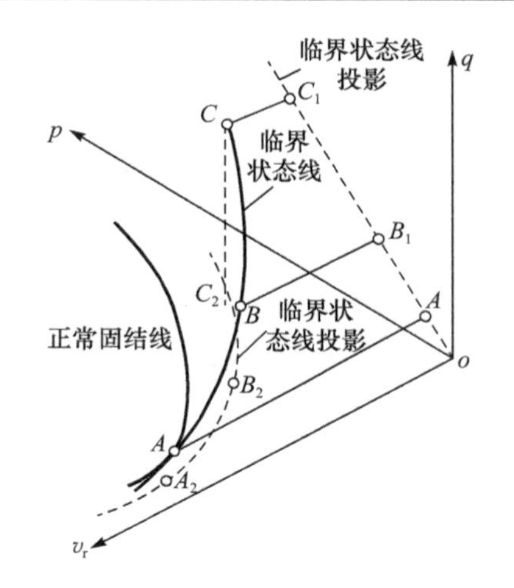

图 6.2.21　p-q-v_r 空间的临界状态线

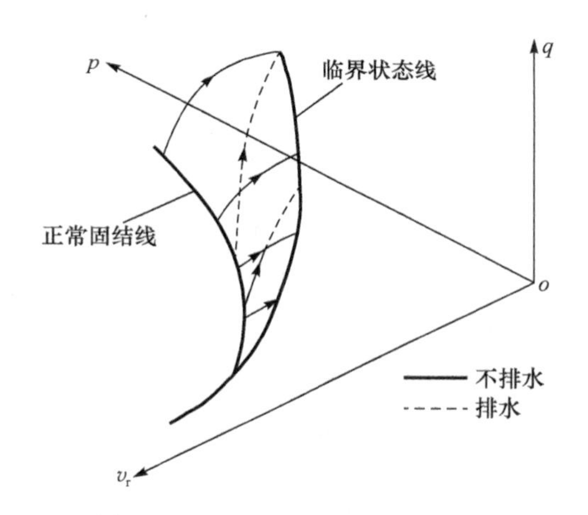

图 6.2.22　Roscoe 面及其应力路径

p-q-v_r 空间的不排水平面及其应力路径如图 6.2.23 所示。随着固结压力的提高，因软土压缩与剪缩，产生正的孔隙水压力而向外凸。

p-q-v_r 空间的排水平面及应力路径如图 6.2.24 所示。它位于斜率为 3 的平面，应力路径随固结压力的提高而向上向内抬升。

因此，对三轴压缩来说，Roscoe 面具有唯一性。任意正常固结土的应力路径都逾越不了 Roscoe 面，Roscoe 面将试样可能与不可能的状态分开，形成一个分界面，因此 Roscoe 面又称为状态边界面。

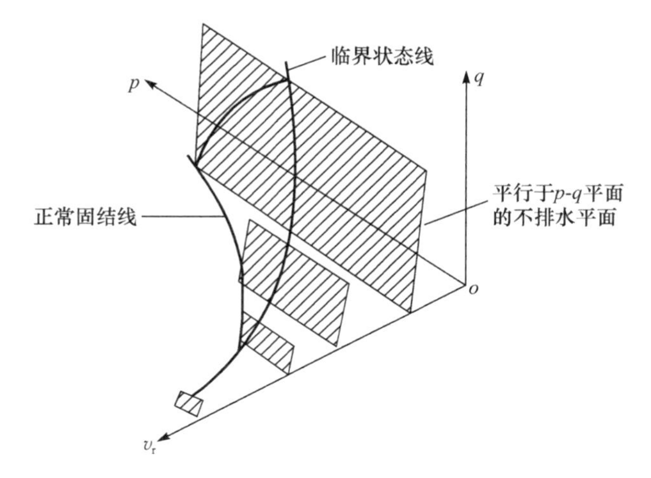

图 6.2.23　p-q-v_r 空间的不排水平面及其应力路径

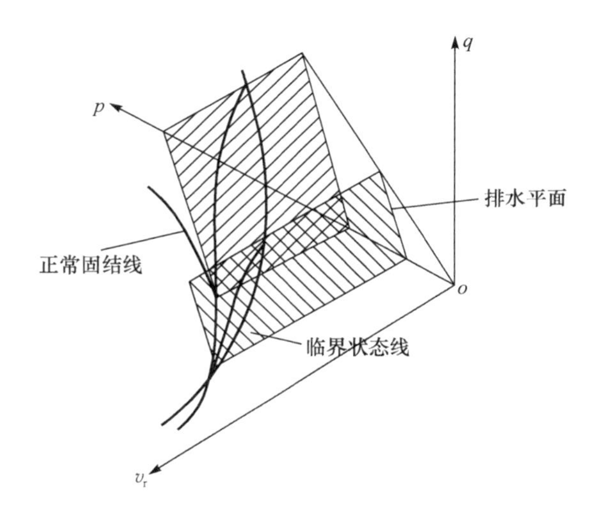

图 6.2.24　p-q-v_r 空间的排水平面及其应力路径

Roscoe 面有如下性质：

（1）Roscoe 面是从正常固结状态到临界状态所走路径的曲面，试样的试验面与 Roscoe 面的交线确定了试样的应力路径。

（2）Roscoe 面是状态边界面，土体进入塑性时，必然沿着 Roscoe 面进入临界状态，在其上及其内的应力路径是可能的，在其外的应力路径是不可能的。

（3）平行于 p-q 面的截面为等体积面。土样在该截面应力路径上运动时，塑性体积变形可忽略，即在该路径下基本保持塑性体应变不变，但可产生塑性剪应变。该截面可以看成体积屈服面。

3. 正常固结土的体积屈服面

剑桥软土的不排水应力路径可以看成体积屈服面，Roscoe 并没有直接去拟合这个面。剑桥屈服面是在大量三轴试验结果基础上，基于能量耗散原理得出的，具体推导过程见后续的剑桥模型。剑桥模型屈服面是一种体积屈服面[1,28]，可表述为

$$p\exp\left(\frac{q}{Mp}\right)=p_c \tag{6.2.19}$$

式中，M 为临界状态时 q/p 的比值；p_c 为前期固结压力。

剑桥模型屈服面如图 6.2.25 所示。

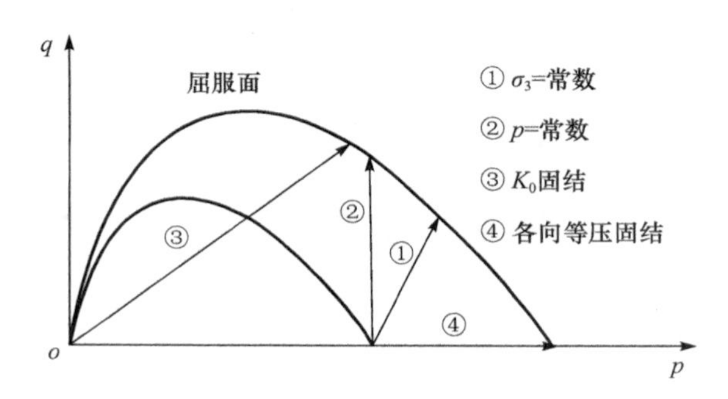

图 6.2.25　剑桥模型屈服面

剑桥模型屈服面是子弹头形。应力路径④，即等压屈服，采用相关联流动法则，就会产生较大的剪切变形。这与试验结果不符，试验中主要是体积屈服，剪切变形可忽略。

Roscoe 和 Burland[29] 对剑桥模型屈服面进行了修正，称为修正剑桥模型屈服面，可表述为

$$\frac{\left(p-\dfrac{p_c}{2}\right)^2}{p_c^2}+\frac{q^2}{M^2p_c^2}=1,\quad p_c=\exp\left(\frac{e}{\lambda-\kappa}\varepsilon_v^p\right) \tag{6.2.20}$$

修正剑桥模型屈服面如图 6.2.26 所示，它是椭圆形的。可以看出，只是等向压缩时，采用相关联流动法则，屈服面外法线与 p 轴一致，只有体积屈服，无剪切变形，更为合理。

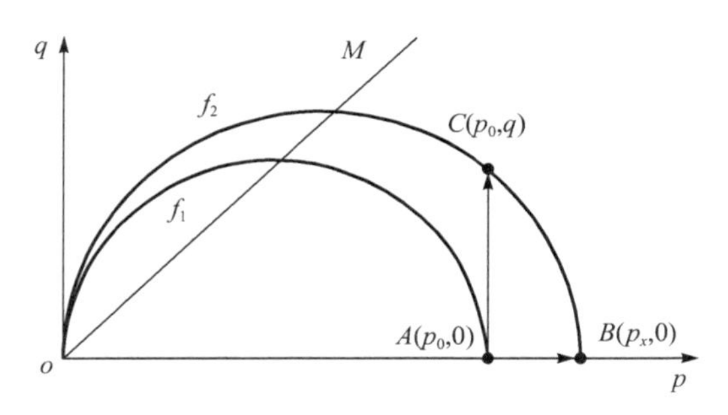

图 6.2.26　修正剑桥模型屈服面

6.2.5　超固结土屈服面

1. 剪切屈服面

超固结土的剪切屈服面，又称 Hvorslev 面。超固结土的排水三轴试验结果如图 6.2.27 所示。对于超固结土，具有应变软化现象，与正常固结土有如下两点主要区别：

（1）强度到达峰值后强度会降低，出现应变软化。

（2）开始时体积收缩，后来膨胀，出现剪胀现象。

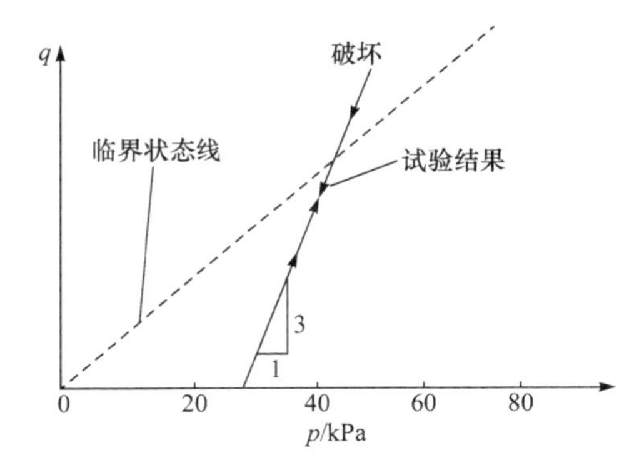

图 6.2.27　超固结土的排水三轴试验结果

这类土的常规三轴压缩排水试验在 p-q-v_r 空间上，到达临界状态线后会逾越，然后又原路回到临界状态线。

如图 6.2.28 所示，超固结土的排水与不排水的峰值点都位于一条直线上。该破坏线可表述为

$$\frac{q}{p_c}=g+\frac{hp}{p_c} \tag{6.2.21}$$

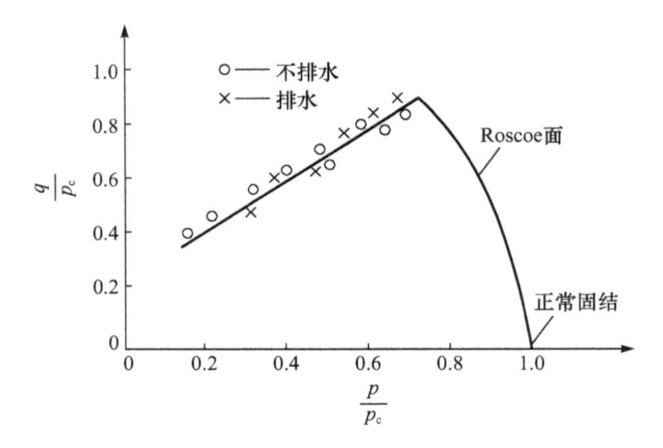

图 6.2.28　超固结土的排水与不排水三轴试验破坏点

式中，p_c 为前期固结压力。

该破坏线是 Hvorslev 面破坏状态点在 p-q 平面的投影。左边以单轴压缩 OA 线为界，右边以临界状态点 B 为限（见图 6.2.29），AB 线就是具有黏聚力的超固结土的 Mohr-Coulomb 破坏线，只是它与前期固结压力相关。

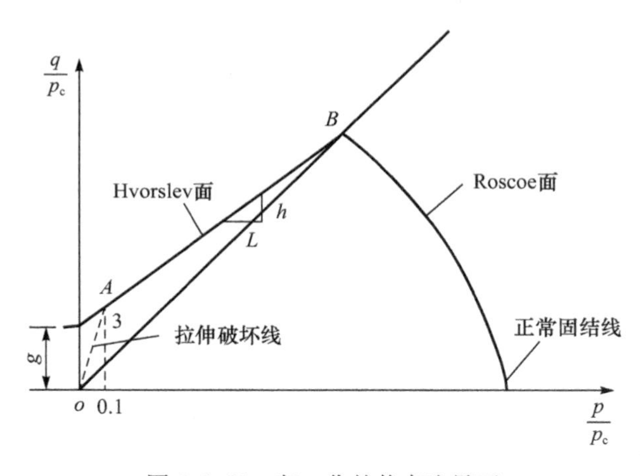

图 6.2.29　归一化的状态边界面

图 6.2.30 给出了不同比容下的两个 Hvorslev 面与 Roscoe 面，只是 Roscoe 面的比容对应于正常固结压力，而 Hvorslev 面的比容对应于前期固结压力。值得注意的是，在 Hvorslev 面不仅产生剪应变，还有体应变。Hvorslev 面是超固结土的应力状态边界面。

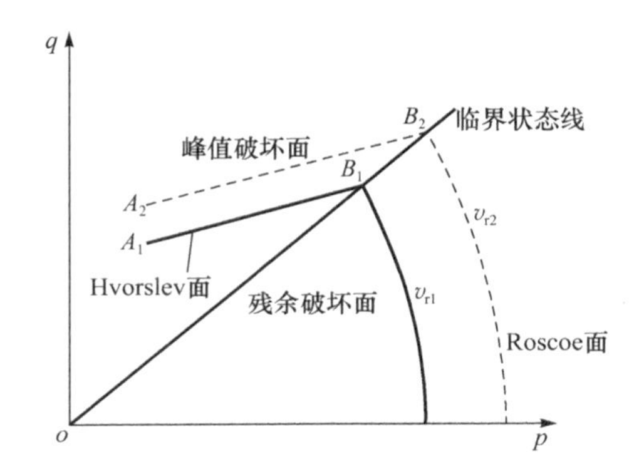

图 6.2.30　不同比容下的 Hvorslev 面与 Roscoe 面

2. 超固结土的体积屈服面

超固结土三轴压缩应力路径中，体积先收缩后膨胀，不排水路径如图 6.2.31 所示，可以看成超固结土的体积屈服面。

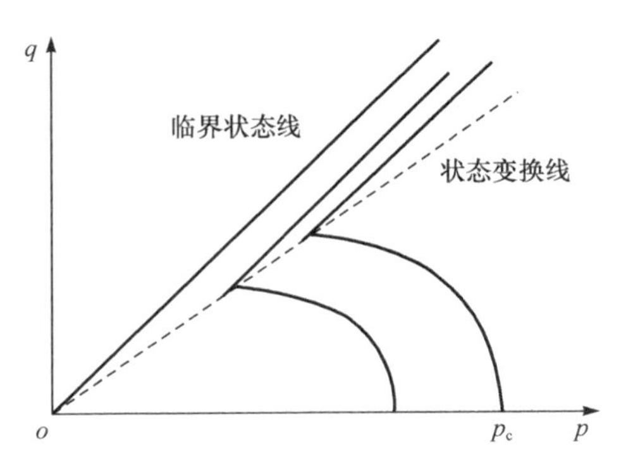

图 6.2.31　超固结土的体积屈服面

6.2.6　部分屈服

前面讲了两类屈服面：剪切屈服面和体积屈服面。如图 6.2.32 所示，空间有两个屈服面，将应力空间分成四个部分。

图 6.2.32 中，Ⅰ为弹性区，Ⅳ为两个屈服面都屈服的完全屈服区，Ⅱ、Ⅲ则为只有一个屈服面屈服的部分屈服区。局部只有部分屈服面屈服，称为部分屈服。

多重屈服面依此类推。

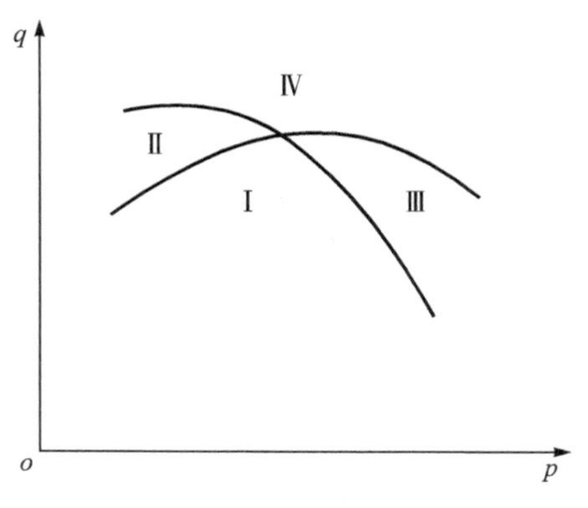

图 6.2.32　应力空间的双屈服面

6.3 硬化定律

式(6.1.10)中的 $d\lambda$ 的计算需要引入硬化定律。

6.3.1 硬化理论

硬化定律是确定某个屈服面如何进入后继屈服面的一条准则,可以用来确定给定应力增量下引起的塑性应变,即塑性应变增量的大小。

考虑到加卸载判断的加载条件:当 $\frac{\partial f}{\partial \boldsymbol{\sigma}}d\boldsymbol{\sigma}>0$ 时,$d\lambda>0$。显然二者相关,故假设

$$d\lambda=h\frac{\partial f}{\partial \boldsymbol{\sigma}}d\boldsymbol{\sigma}=\frac{1}{A}\frac{\partial f}{\partial \boldsymbol{\sigma}}d\boldsymbol{\sigma} \tag{6.3.1}$$

式中,h、A 称为硬化函数,通过硬化模型求取。

6.3.2 硬化模型

描述屈服面大小、形状与位置随着塑性变形发展而变化的规律的模型称为硬化模型,统一表述为

$$f(\boldsymbol{\sigma},H_\alpha)=0 \tag{6.3.2}$$

式中,$H_\alpha=H_\alpha(\boldsymbol{\varepsilon}^p)$ 为硬化参量,是塑性应变的函数。

对式(6.3.2)微分,可得

$$df(\boldsymbol{\sigma},H_\alpha)=0 \tag{6.3.3a}$$

即

$$\frac{\partial f}{\partial \boldsymbol{\sigma}}\mathrm{d}\boldsymbol{\sigma}+\frac{\partial f}{\partial H_\alpha}\mathrm{d}H_\alpha=0 \tag{6.3.3b}$$

又因为

$$\mathrm{d}H_\alpha=\frac{\partial H_\alpha}{\partial \boldsymbol{\varepsilon}^{\mathrm{p}}}\mathrm{d}\boldsymbol{\varepsilon}^{\mathrm{p}}=\frac{\partial H_\alpha}{\partial \boldsymbol{\varepsilon}^{\mathrm{p}}}\frac{\partial Q}{\partial \boldsymbol{\sigma}}\mathrm{d}\lambda=\frac{\partial H_\alpha}{\partial \boldsymbol{\varepsilon}^{\mathrm{p}}}\frac{\partial Q}{\partial \boldsymbol{\sigma}}h\frac{\partial f}{\partial \boldsymbol{\sigma}}\mathrm{d}\boldsymbol{\sigma} \tag{6.3.4}$$

因此

$$\frac{\partial f}{\partial \boldsymbol{\sigma}}\mathrm{d}\boldsymbol{\sigma}+\frac{\partial f}{\partial H_\alpha}\frac{\partial H_\alpha}{\partial \boldsymbol{\varepsilon}^{\mathrm{p}}}\frac{\partial Q}{\partial \boldsymbol{\sigma}}h\frac{\partial f}{\partial \boldsymbol{\sigma}}\mathrm{d}\boldsymbol{\sigma}=0 \tag{6.3.5}$$

由式(6.3.1)可知

$$\begin{cases} A=-\dfrac{\partial f}{\partial H_\alpha}\dfrac{\partial H_\alpha}{\partial \boldsymbol{\varepsilon}^{\mathrm{p}}}\dfrac{\partial Q}{\partial \boldsymbol{\sigma}} \\ h=-\dfrac{1}{\dfrac{\partial f}{\partial H_\alpha}\dfrac{\partial H_\alpha}{\partial \boldsymbol{\varepsilon}^{\mathrm{p}}}\dfrac{\partial Q}{\partial \boldsymbol{\sigma}}} \end{cases} \tag{6.3.6}$$

式中，Q 为塑性势函数，表征塑性应变增量方向。

据此可以计算塑性应变增量的大小。

塑性理论的硬化意味着随着加载路径的变化(通常表述为塑性变形的函数)，屈服面的大小、位置，甚至形状都会变化。当初始屈服条件确定后，硬化规则将确定塑性变形过程中屈服面的运动规律。

大多数塑性模型假设屈服面形状保持不变，但容许其大小或位置变化。这种限制主要是为了数学上的简单，没有理论与试验依据。两种最常用的硬化模型是各向同性硬化模型与运动(各向异性)硬化模型。

6.3.3　各向同性硬化

各向同性硬化假设屈服面保持其形状、中心与方向，但随塑性变形发展而均匀扩大或缩小。

中心在原点的屈服面一般可以表示为

$$f=f(\sigma_{ij})-R(H_\alpha)=0 \tag{6.3.7}$$

式中，R 表示屈服面的大小，取决于塑性应变的函数 H_α(硬化参数)。

两种最早且应用最广泛的硬化参数分别是：

(1) 累积等效塑性应变。

$$H_\alpha=\int\sqrt{\frac{2}{3}}\ (\mathrm{d}\varepsilon_{ij}^{\mathrm{p}}\mathrm{d}\varepsilon_{ij}^{\mathrm{p}})\ \frac{1}{2} \tag{6.3.8}$$

（2）塑性功。

$$H_\alpha = \int \sigma_{ij} \mathrm{d}\varepsilon_{ij}^{\mathrm{p}} \tag{6.3.9}$$

图 6.3.1 给出了第 $i+1$ 步应力增量导致的塑性变形，引起屈服面均匀扩大，是一个各向同性硬化的示例。任意加载阶段的屈服面大小取决于 R 与 H_α 关系的演化规则。

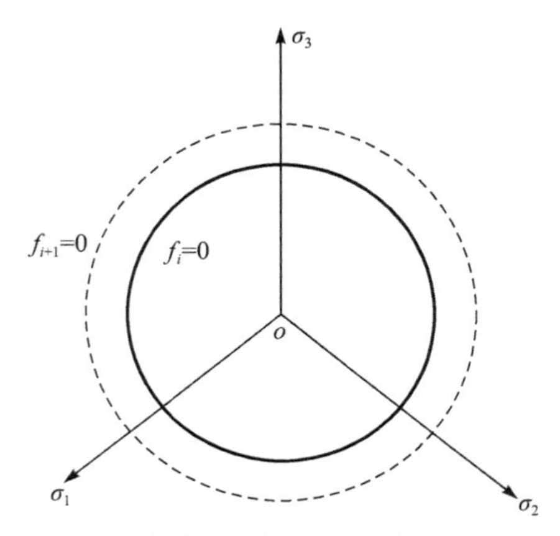

图 6.3.1　屈服面均匀扩大的各向同性硬化

对于各向同性硬化材料，屈服面见式(6.3.2)。一致性条件见式(6.3.3)。因为硬化参数是塑性应变的函数，一致性条件式(6.3.3)可以可进一步写为

$$\frac{\partial f}{\partial \boldsymbol{\sigma}} \mathrm{d}\boldsymbol{\sigma} + \frac{\partial f}{\partial H_\alpha} \frac{\partial H_\alpha}{\partial \boldsymbol{\varepsilon}^{\mathrm{p}}} \mathrm{d}\boldsymbol{\varepsilon}^{\mathrm{p}} = 0 \tag{6.3.10}$$

对于理想塑性材料，式(6.3.10)的第二项是 0。

理想塑性材料与应变硬化材料的完整应力-应变关系的一般计算步骤如下：

（1）将总的应变增量分为弹性部分与塑性部分：

$$\mathrm{d}\boldsymbol{\varepsilon} = \mathrm{d}\boldsymbol{\varepsilon}^{\mathrm{e}} + \mathrm{d}\boldsymbol{\varepsilon}^{\mathrm{p}} \tag{6.3.11}$$

（2）应用胡克定律将应力增量与弹性应变增量联系起来：

$$\mathrm{d}\sigma_{ij} = D_{ijkl} \mathrm{d}\varepsilon_{kl}^{\mathrm{e}} = D_{ijkl} (\mathrm{d}\varepsilon_{kl} - \mathrm{d}\varepsilon_{kl}^{\mathrm{p}}) \tag{6.3.12}$$

式中，D_{ijkl} 是弹性刚度矩阵元素。

（3）式(6.3.12)中的塑性变形采用非相关联流动法则进行计算：

$$\mathrm{d}\sigma_{ij} = D_{ijkl} \left(\mathrm{d}\varepsilon_{kl} - \mathrm{d}\lambda \frac{\partial g}{\partial \sigma_{kl}} \right) \tag{6.3.13}$$

（4）将式(6.3.1)代入一致性条件式(6.3.10)，可得

$$\mathrm{d}\lambda = \frac{1}{H} \frac{\partial f}{\partial \sigma_{ij}} D_{ijkl} \mathrm{d}\varepsilon_{kl} \tag{6.3.14}$$

式中，

$$H=\frac{\partial f}{\partial \sigma_{ij}}D_{ijkl}\frac{\partial g}{\partial \sigma_{kl}}-\frac{\partial f}{\partial H_\alpha}\frac{\partial H_\alpha}{\partial \varepsilon_{ij}^{p}}\frac{\partial g}{\partial \sigma_{ij}} \tag{6.3.15}$$

(5) 将式(6.3.14)代入式(6.3.13)，可得到完整的增量应力-应变关系：

$$\mathrm{d}\sigma_{ij}=D_{ijkl}^{ep}\mathrm{d}\varepsilon_{kl} \tag{6.3.16}$$

式中，弹塑性刚度矩阵元素 D_{ijkl}^{ep} 为

$$D_{ijkl}^{ep}=D_{ijkl}-\frac{1}{H}D_{ijmn}\frac{\partial g}{\partial \sigma_{mn}}\frac{\partial f}{\partial \sigma_{pq}}D_{pqkl} \tag{6.3.17}$$

上述计算对应变硬化材料与理想塑性材料都是适用的。只是对于理想塑性材料，屈服面是不变的，因此式(6.3.15)可简化为

$$H=\frac{\partial f}{\partial \sigma_{ij}}D_{ijkl}\frac{\partial g}{\partial \sigma_{kl}} \tag{6.3.18}$$

不同类型等向硬化模型在 π 平面上的表现如图 6.3.2 所示。

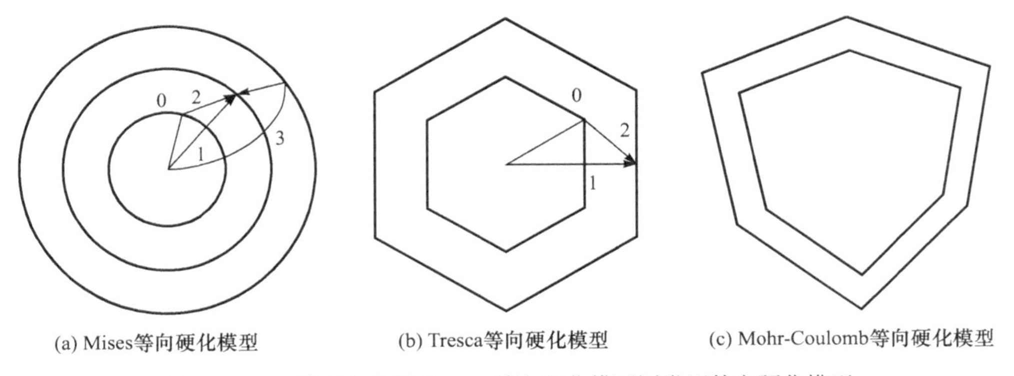

图 6.3.2　π 平面上的不 Tresca 等向硬化模型同类型等向硬化模型

6.3.4　运动硬化

运动硬化这个概念是 Prager[30] 在建立第一个运动硬化模型时引入的。在第一个运动硬化模型中假设塑性变形导致屈服面在应力空间平动并保持形状与大小不变。这个假设得到金属单轴拉压试验观测到的 Bauschinger 效应的支持。

运动硬化屈服面可以描述为

$$f=f(\boldsymbol{\sigma}-\boldsymbol{\alpha})-R_0=0 \tag{6.3.19}$$

式中，$\boldsymbol{\alpha}$ 表示屈服面中心坐标，称为背应力；R_0 为材料常数，表述初始屈服面

大小。可以看出，背应力 $\boldsymbol{\alpha}$ 随塑性变形而变化，导致屈服面在保持初始形状与大小不变的情况下而平动。

运动硬化模型的表述包含用塑性应变 ε^{p} 表述的背应力 $\boldsymbol{\alpha}$ 演化规则、应力 $\boldsymbol{\sigma}$ 与背应力 $\boldsymbol{\alpha}$。

第一个简单运动硬化模型是 Prager[30] 提出的。这个经典模型假设屈服面保持其形状、大小不变而沿塑性应变增量方向移动，如图 6.3.3 所示。它采用的是下面的线性演化规律：

$$\mathrm{d}\boldsymbol{\alpha}=c\mathrm{d}\boldsymbol{\varepsilon}^{\mathrm{p}} \tag{6.3.20}$$

式中，c 为材料参数。

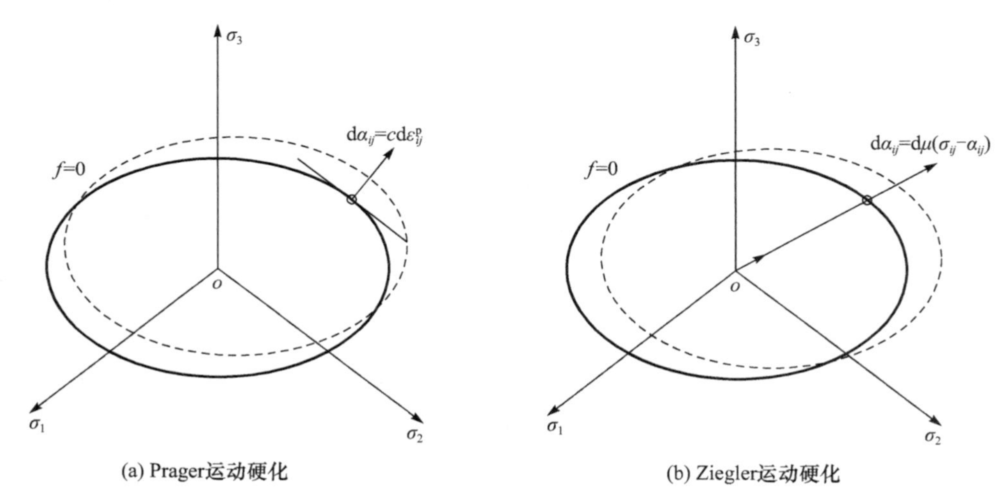

图 6.3.3　Prager 与 Ziegler 运动硬化

虽然 Prager 模型对于一维问题是比较合理的，但不太适用于二维与三维情况。因为一维、二维与三维情况下的屈服面运动规律是不同的。为了克服这一局限，Ziegler[31] 将屈服面平动方向修改为 $\boldsymbol{\sigma}$-$\boldsymbol{\alpha}$，如图 6.3.3 所示。Ziegler 模型可以表述为

$$\mathrm{d}\boldsymbol{\alpha}=\mathrm{d}\mu(\boldsymbol{\sigma}-\boldsymbol{\alpha}) \tag{6.3.21}$$

式中，$\mathrm{d}\mu$ 为材料常数。

首先看一下 Prager[30] 提出的运动硬化模型。

$$\mathrm{d}\boldsymbol{\alpha}=c\mathrm{d}\boldsymbol{\varepsilon}^{\mathrm{p}}=c\mathrm{d}\lambda\frac{\partial g}{\partial\boldsymbol{\sigma}} \tag{6.3.22}$$

式中，g 为塑性势函数。

将一致性条件应用于屈服面即式(6.3.19),可得

$$\frac{\partial f}{\partial \boldsymbol{\sigma}}\mathrm{d}\boldsymbol{\sigma}+\frac{\partial f}{\partial \boldsymbol{\alpha}}\mathrm{d}\boldsymbol{\alpha}=0 \tag{6.3.23}$$

由式(6.3.19)可得

$$\frac{\partial f}{\partial \boldsymbol{\sigma}}=-\frac{\partial f}{\partial \boldsymbol{\alpha}} \tag{6.3.24}$$

结合式(6.3.22)与式(6.3.23),式(6.3.24)可以改写为

$$\frac{\partial f}{\partial \boldsymbol{\sigma}}\mathrm{d}\boldsymbol{\sigma}=\frac{\partial f}{\partial \boldsymbol{\sigma}}c\,\mathrm{d}\lambda\,\frac{\partial g}{\partial \boldsymbol{\sigma}} \tag{6.3.25}$$

塑性因子为

$$\mathrm{d}\lambda=\frac{1}{c}\,\frac{\dfrac{\partial f}{\partial \boldsymbol{\sigma}}\mathrm{d}\boldsymbol{\sigma}}{\dfrac{\partial f}{\partial \boldsymbol{\sigma}}\,\dfrac{\partial g}{\partial \boldsymbol{\sigma}}}=\frac{1}{c}\,\frac{\mathrm{d}f}{\dfrac{\partial f}{\partial \boldsymbol{\sigma}}\,\dfrac{\partial g}{\partial \boldsymbol{\sigma}}} \tag{6.3.26}$$

背应力与塑性应变增量可以表述为

$$\mathrm{d}\boldsymbol{\alpha}=c\,\mathrm{d}\boldsymbol{\varepsilon}^{\mathrm{p}}=c\,\mathrm{d}\lambda\,\frac{\partial g}{\partial \boldsymbol{\sigma}}=\frac{\mathrm{d}f}{\dfrac{\partial f}{\partial \boldsymbol{\sigma}}\,\dfrac{\partial g}{\partial \boldsymbol{\sigma}}}\,\frac{\partial g}{\partial \boldsymbol{\sigma}} \tag{6.3.27}$$

从而得到

$$\mathrm{d}\boldsymbol{\varepsilon}^{\mathrm{p}}=\frac{1}{c}\,\frac{\dfrac{\partial g}{\partial \boldsymbol{\sigma}}}{\dfrac{\partial f}{\partial \boldsymbol{\sigma}}\,\dfrac{\partial g}{\partial \boldsymbol{\sigma}}}\mathrm{d}f \tag{6.3.28}$$

采用弹性应力-应变关系,可以得到弹性应变增量为

$$\mathrm{d}\varepsilon_{ij}^{\mathrm{e}}=C_{ijkl}\,\mathrm{d}\sigma_{kl} \tag{6.3.29}$$

式中,C_{ijkl} 为弹性柔度矩阵元素。

总的应变增量是弹性部分与塑性部分之和,即

$$\mathrm{d}\varepsilon_{ij}=C_{ijkl}\,\mathrm{d}\sigma_{kl}+\frac{1}{c}\,\frac{\dfrac{\partial g}{\partial \sigma_{ij}}}{\dfrac{\partial f}{\partial \sigma_{ij}}\,\dfrac{\partial g}{\partial \sigma_{ij}}}\mathrm{d}f \tag{6.3.30}$$

它可以进一步改写成

$$\mathrm{d}\varepsilon_{ij}=C_{ijkl}^{\mathrm{ep}}\,\mathrm{d}\sigma_{kl} \tag{6.3.31}$$

式中,弹塑性柔度矩阵元素为

$$C_{ijkl}^{\mathrm{ep}}=C_{ijkl}+\frac{1}{c}\,\frac{\dfrac{\partial g}{\partial \sigma_{ij}}\,\dfrac{\partial f}{\partial \sigma_{kl}}}{\dfrac{\partial f}{\partial \sigma_{ij}}\,\dfrac{\partial g}{\partial \sigma_{ij}}} \tag{6.3.32}$$

式(6.3.31)可以变为

$$d\sigma_{ij} = (\boldsymbol{C}^{ep})^{-1} d\varepsilon_{kl} = D_{ijkl}^{ep} d\varepsilon_{kl} \tag{6.3.33}$$

π 平面上不同类型随动硬化模型如图 6.3.4 所示。

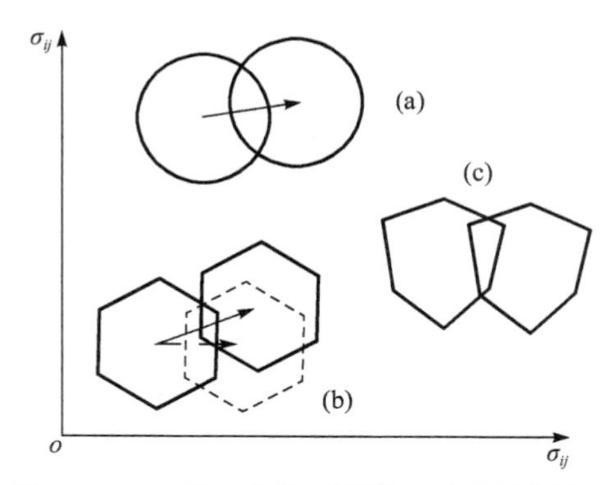

图 6.3.4 π 平面上的不同类型随动硬化模型

6.3.5 混合硬化

混合硬化被用于描述塑性加载引起的屈服面在应力空间的扩大、缩小与平移等混合运动,如图 6.3.5 所示。这意味着屈服面的大小与位置都会随塑性变形而变化。混合硬化屈服面可以写成

$$f = f(\boldsymbol{\sigma} - \boldsymbol{\alpha}) - R(H_{\alpha}) = 0 \tag{6.3.34}$$

式中,屈服面的大小一般被假设成塑性应变或塑性功的函数,采用 Prager 法则或 Ziegler 法则来描述屈服面的平动。

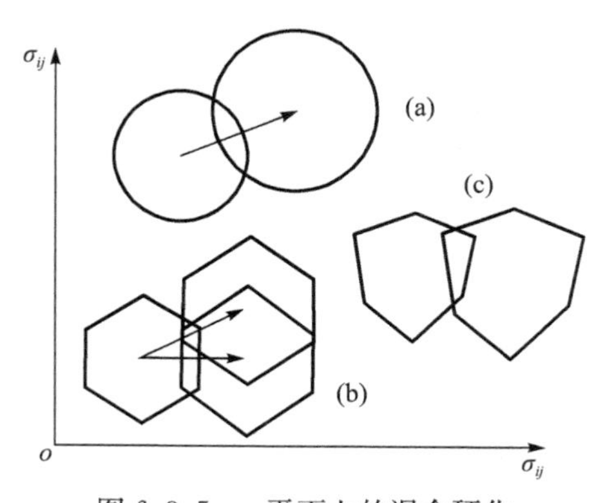

图 6.3.5 π 平面上的混合硬化

当然,上述混合硬化模型还是比较简单,没有考虑屈服面旋转运动,没有涉及屈服面形状改变。

6.3.6 硬化模型的一般形式

硬化模型的一般形式应该是混合硬化的，可表述为

$$f(\boldsymbol{\sigma}-\boldsymbol{\alpha},H_{\alpha})=0 \tag{6.3.35}$$

式(6.3.35)的微分为

$$\mathrm{d}f(\boldsymbol{\sigma}-\boldsymbol{\alpha},H_{\alpha})=0$$

即

$$\frac{\partial f}{\partial \boldsymbol{\sigma}}\mathrm{d}\boldsymbol{\sigma}-\frac{\partial f}{\partial \boldsymbol{\sigma}}\mathrm{d}\boldsymbol{\alpha}+\frac{\partial f}{\partial H_{\alpha}}\mathrm{d}H_{\alpha}=0 \tag{6.3.36}$$

式中，

$$\mathrm{d}\boldsymbol{\alpha}=\frac{\partial \boldsymbol{\alpha}}{\partial \boldsymbol{\varepsilon}^{\mathrm{p}}}\mathrm{d}\boldsymbol{\varepsilon}^{\mathrm{p}}=\frac{\partial \boldsymbol{\alpha}}{\partial \boldsymbol{\varepsilon}^{\mathrm{p}}}\frac{\partial Q}{\partial \boldsymbol{\sigma}}h\frac{\partial f}{\partial \boldsymbol{\sigma}}\mathrm{d}\boldsymbol{\sigma}$$

$$\mathrm{d}H_{\alpha}=\frac{\partial H_{\alpha}}{\partial \boldsymbol{\varepsilon}^{\mathrm{p}}}\mathrm{d}\boldsymbol{\varepsilon}^{\mathrm{p}}=\frac{\partial H_{\alpha}}{\partial \boldsymbol{\varepsilon}^{\mathrm{p}}}\frac{\partial Q}{\partial \boldsymbol{\sigma}}h\frac{\partial f}{\partial \boldsymbol{\sigma}}\mathrm{d}\boldsymbol{\sigma}$$

式(6.3.36)可改写为

$$\frac{\partial f}{\partial \boldsymbol{\sigma}}\mathrm{d}\boldsymbol{\sigma}-\frac{\partial f}{\partial \boldsymbol{\sigma}}\frac{\partial \boldsymbol{\alpha}}{\partial \boldsymbol{\varepsilon}^{\mathrm{p}}}\frac{\partial Q}{\partial \boldsymbol{\sigma}}h\frac{\partial f}{\partial \boldsymbol{\sigma}}\mathrm{d}\boldsymbol{\sigma}+\frac{\partial f}{\partial H_{\alpha}}\frac{\partial H_{\alpha}}{\partial \boldsymbol{\varepsilon}^{\mathrm{p}}}\frac{\partial Q}{\partial \boldsymbol{\sigma}}h\frac{\partial f}{\partial \boldsymbol{\sigma}}\mathrm{d}\boldsymbol{\sigma}=0$$

整理可得

$$h=\left(\frac{\partial f}{\partial \boldsymbol{\sigma}}\frac{\partial \boldsymbol{\alpha}}{\partial \boldsymbol{\varepsilon}^{\mathrm{p}}}\frac{\partial Q}{\partial \boldsymbol{\sigma}}-\frac{\partial f}{\partial H_{\alpha}}\frac{\partial H_{\alpha}}{\partial \boldsymbol{\varepsilon}^{\mathrm{p}}}\frac{\partial Q}{\partial \boldsymbol{\sigma}}\right)^{-1} \tag{6.3.37}$$

$$A=\frac{1}{h}=\frac{\partial f}{\partial \boldsymbol{\sigma}}\frac{\partial \boldsymbol{\alpha}}{\partial \boldsymbol{\varepsilon}^{\mathrm{p}}}\frac{\partial Q}{\partial \boldsymbol{\sigma}}-\frac{\partial f}{\partial H_{\alpha}}\frac{\partial H_{\alpha}}{\partial \boldsymbol{\varepsilon}^{\mathrm{p}}}\frac{\partial Q}{\partial \boldsymbol{\sigma}}=A_1+A_2 \tag{6.3.38}$$

式中，A_1 为随动硬化模量；A_2 为等向硬化模量；Q 为塑性势函数，表征塑性应变增量方向。

式(6.3.38)反映了随动硬化与等向硬化的影响。

1. 常用等向硬化模型

1）塑性功硬化模型

$$H_{\alpha}=H_{\alpha}(W^{\mathrm{p}})=\int \boldsymbol{\sigma}\mathrm{d}\boldsymbol{\varepsilon}^{\mathrm{p}}$$

$$A=A_2=-\frac{\partial f}{\partial H_{\alpha}}\frac{\partial H_{\alpha}}{\partial \boldsymbol{\varepsilon}^{\mathrm{p}}}\frac{\partial Q}{\partial \boldsymbol{\sigma}}=-\frac{\partial f}{\partial H_{\alpha}}\boldsymbol{\sigma}\frac{\partial Q}{\partial \boldsymbol{\sigma}} \tag{6.3.39}$$

2）塑性应变硬化模型

$$H_{\alpha}=H_{\alpha}(\boldsymbol{\varepsilon}^{\mathrm{p}})=\boldsymbol{\varepsilon}^{\mathrm{p}}$$

$$A = A_2 = -\frac{\partial f}{\partial H_\alpha}\frac{\partial H_\alpha}{\partial \boldsymbol{\varepsilon}^{\mathrm{p}}}\frac{\partial Q}{\partial \boldsymbol{\sigma}} = -\frac{\partial f}{\partial \boldsymbol{\varepsilon}^{\mathrm{p}}}\frac{\partial Q}{\partial \boldsymbol{\sigma}} \tag{6.3.40}$$

3）塑性体应变硬化模型

$$H_\alpha = H_\alpha(\boldsymbol{\varepsilon}^{\mathrm{p}}) = \varepsilon_{\mathrm{v}}^{\mathrm{p}}$$

$$A = A_2 = -\frac{\partial f}{\partial H_\alpha}\frac{\partial H_\alpha}{\partial \boldsymbol{\varepsilon}^{\mathrm{p}}}\frac{\partial Q}{\partial \boldsymbol{\sigma}} = -\frac{\partial f}{\partial \varepsilon_{\mathrm{v}}^{\mathrm{p}}}\delta\frac{\partial Q}{\partial \boldsymbol{\sigma}} = -\frac{\partial f}{\partial \varepsilon_{\mathrm{v}}^{\mathrm{p}}}\frac{\partial Q}{\partial p} \tag{6.3.41}$$

4）塑性剪应变硬化模型

$$H_\alpha = H_\alpha(\varepsilon^{\mathrm{p}}) = \varepsilon_{\mathrm{s}}^{\mathrm{p}}$$

$$A = A_2 = -\frac{\partial f}{\partial H_\alpha}\frac{\partial H_\alpha}{\partial \boldsymbol{\varepsilon}^{\mathrm{p}}}\frac{\partial Q}{\partial \boldsymbol{\sigma}} = -\frac{\partial f}{\partial \varepsilon_{\mathrm{s}}^{\mathrm{p}}}\frac{\partial \varepsilon_{\mathrm{s}}^{\mathrm{p}}}{\partial \boldsymbol{\varepsilon}^{\mathrm{p}}}\frac{\partial Q}{\partial \boldsymbol{\sigma}} = -\frac{\partial f}{\partial \varepsilon_{\mathrm{s}}^{\mathrm{p}}}\frac{\partial Q}{\partial q} \tag{6.3.42}$$

选用不同硬化参量等值面确定的屈服面如图 6.3.6 所示[32]。

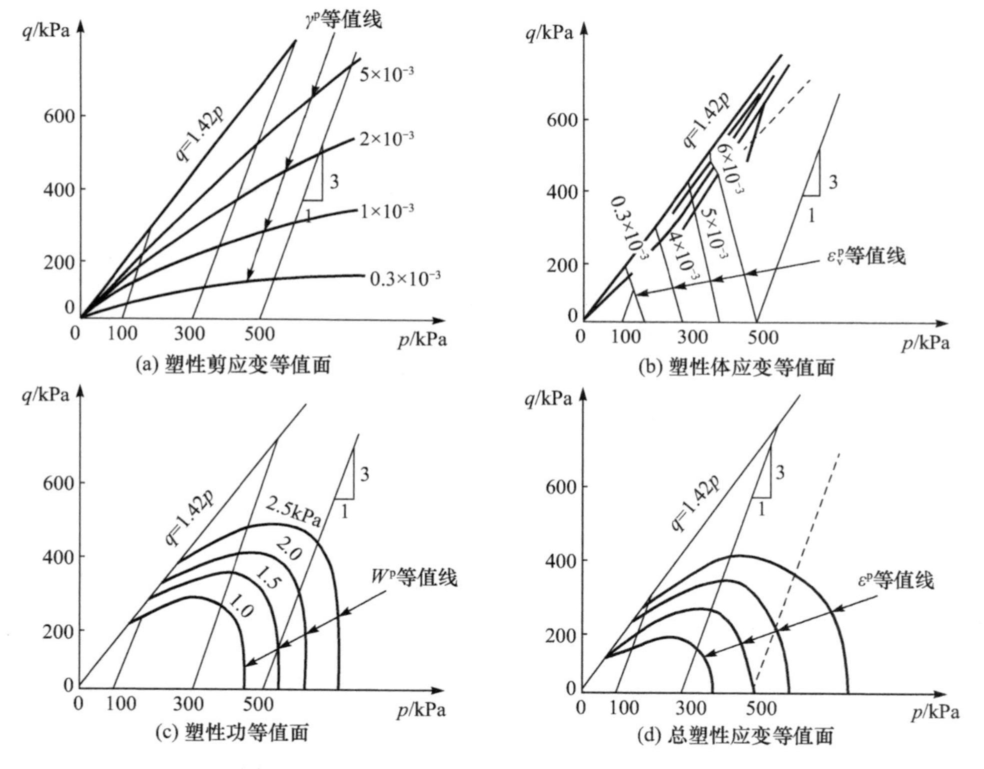

图 6.3.6　不同硬化参量等值面确定的屈服面[32]

2. 随动硬化模型

Prager 线性随动硬化模型为

$$d\boldsymbol{\alpha}=c\,d\boldsymbol{\varepsilon}^{p}$$

$$A=A_1=\frac{\partial f}{\partial\boldsymbol{\sigma}}\frac{\partial\boldsymbol{\alpha}}{\partial\boldsymbol{\varepsilon}^{p}}\frac{\partial Q}{\partial\boldsymbol{\sigma}}=c\frac{\partial f}{\partial\boldsymbol{\alpha}}\frac{\partial Q}{\partial\boldsymbol{\sigma}} \tag{6.3.43}$$

3. 混合硬化模型

修正剑桥模型屈服面是一个典型的混合硬化示例。

修正剑桥模型屈服面为

$$\frac{\left(p-\frac{p_c}{2}\right)^2}{p_c^2}+\frac{q^2}{M^2p_c^2}=1,\quad p_c=\exp\left(\frac{e}{\lambda-\kappa}\varepsilon_v^p\right)$$

修正剑桥模型屈服面是椭圆，椭圆的中心$\left(\frac{p_c}{2},0\right)$是变化的，也就是说是运动硬化的。椭圆的横轴$a=p_c$和纵轴$b=Mp_c$都是变化的，也就是说屈服面的大小也是变化的。因此，修正剑桥模型屈服面就是混合硬化的，硬化模量A按式(6.3.38)计算。

6.4　塑性流动法则

材料达到屈服后，用于确定塑性流动方向的准则称为塑性流动法则。

塑性理论要回答的一个关键问题是一旦应力状态到达屈服面后，塑性变形或塑性应变如何确定。最常用的计算塑性应变增量的公式为

$$d\boldsymbol{\varepsilon}^{p}=d\lambda\frac{\partial Q}{\partial\boldsymbol{\sigma}} \tag{6.4.1}$$

式中，$d\lambda$为塑性因子；Q为势函数，即

$$Q=Q(\boldsymbol{\sigma}) \tag{6.4.2}$$

式(6.4.1)就是塑性流动法则，确定了塑性应变增量不同分量的比例，即塑性流动的方向。塑性流动法则是基于金属材料塑性变形的试验观察，其塑性应变增量主轴与应力主轴一致，称为共轴假设，已成为一般塑性力学模型的基础。

6.4.1　相关联流动法则

如果塑性势面与屈服面一致，则塑性流动法则(式(6.4.1))称为相关联(正交)流动法则。相关联流动法则的物理基础是多晶体聚合物中单个晶体

沿着特殊平面的滑动。

确定屈服面 f 后，采用相关联流动法则，此时塑性应变增量计算如下：

$$d\boldsymbol{\varepsilon}^{p}=d\lambda\frac{\partial f}{\partial\boldsymbol{\sigma}} \tag{6.4.3}$$

$$d\lambda=\frac{1}{A}\frac{\partial f}{\partial\boldsymbol{\sigma}}d\boldsymbol{\sigma} \tag{6.4.4}$$

用相关联流动法则，采用 Mohr-Coulomb 屈服条件会出现很突出的剪胀现象，而且只要是屈服一开始就出现很大的剪胀，显然与岩土的基本力学特性不符。

相关联流动法则作用于体积屈服面会导致算出较大的体积收缩。它只适用于软土，而不适用于砂土。

6.4.2 非相关联流动法则

非相关联流动法则是将判断材料屈服的屈服面 f 与确定塑性变形方向的塑性势面 Q 分开。此时塑性变形为

$$d\boldsymbol{\varepsilon}^{p}=d\lambda\frac{\partial Q}{\partial\boldsymbol{\sigma}} \tag{6.4.5}$$

$$d\lambda=\frac{1}{h}\frac{\partial f}{\partial\boldsymbol{\sigma}}d\boldsymbol{\sigma} \tag{6.4.6}$$

6.4.3 混合流动法则

对于多屈服面理论，一部分屈服面采用相关联流动法则，另一部分采用非相关联流动法则，称为混合流动法则。

以双屈服面模型为例，屈服面 f_1 采用相关联流动法则，屈服面 f_2 采用非相关联流动法则，对应塑性势面 Q_2，其塑性变形计算如下。

根据部分屈服的概念，将空间分成四个区，如图 6.2.32 所示。

(1) 图中 Ⅰ 区域为弹性区，不涉及塑性变形计算。

(2) Ⅱ 区域则为只有屈服面 f_1 屈服的部分屈服区。当只有屈服面 f_1 屈服时，采用相关联流动法则。

$$d\boldsymbol{\varepsilon}^{p}=d\lambda_1\frac{\partial f_1}{\partial\boldsymbol{\sigma}} \tag{6.4.7}$$

$$d\lambda_1=\frac{1}{A_1}\frac{\partial f_1}{\partial\boldsymbol{\sigma}}d\boldsymbol{\sigma} \tag{6.4.8}$$

(3) Ⅲ区域则为只有屈服面 f_2 屈服的部分屈服区。当只有屈服面 f_2 屈服时，采用非相关联流动法则。

$$d\varepsilon^{p}=d\lambda_2\frac{\partial Q_2}{\partial\boldsymbol{\sigma}} \tag{6.4.9}$$

$$d\lambda_2=\frac{1}{A_2}\frac{\partial f_2}{\partial\boldsymbol{\sigma}}d\boldsymbol{\sigma} \tag{6.4.10}$$

(4) Ⅳ区域为两个屈服面都屈服的完全屈服区，应采用混合流动法则。

$$d\varepsilon^{p}=d\lambda_1\frac{\partial f_1}{\partial\boldsymbol{\sigma}}+d\lambda_2\frac{\partial Q_2}{\partial\boldsymbol{\sigma}} \tag{6.4.11}$$

式中，$d\lambda_1$、$d\lambda_2$ 分别采用式(6.4.8)和(6.4.10)计算。

其他情况依此类推。一般剪切类屈服面采用非相关联流动法则，体积类屈服面采用相关联流动法则。

6.5　加卸载准则

材料应力达到塑性变形阶段后，加载与卸载情况下的应力-应变响应完全不同，非塑性加载的弹性区只有弹性变形。只有应力增量满足塑性加载准则时，才可能产生塑性应变增量。卸载时只有弹性变形恢复，而塑性变形保持不变。可见加卸载准则在弹塑性分析中的重要性。

目前常用的岩土加卸载准则描述与分析如下[33]。

6.5.1　基于屈服面概念的加卸载准则

根据经典塑性理论，可以依据屈服面进行加卸载判断。已知屈服面

$$f(\boldsymbol{\sigma})=0$$

根据式(5.2.6)进行加卸载判断。

采用多重屈服面时，根据部分屈服的概念分别进行判断。从形式上看，该准则很完善，但存在以下问题：

(1) 合理确定屈服面函数是一项困难而又复杂的工作。因为岩土体应力-应变关系依赖于应力路径。应力路径稍复杂一点，就会使屈服函数的构造非常困难。特别是很多屈服函数不仅形式烦琐，而且有些参数缺乏明确的物理意义。这就是当前一些学者避开屈服面探求岩土本构关系的原因。

(2) 应力空间中表述的屈服函数在判断偏应力不变而球应力减小的应力路径时，会以为它是向屈服面内运动而判断为卸载。事实上，沿该路径，

塑性剪应变不断增加，并发生显著的剪胀现象，直至岩土破坏。

正因为如此，现在不少模型回避屈服面来进行加卸载判断[32,33]。

6.5.2 应力型加卸载准则

有些岩土模型采用应力参量（如球应力 p、广义剪应力 q 等）作为判断加卸载的依据。下面以 p-q 平面的应力型加卸载准则为例，进行说明。

$$\begin{cases} p=p_{\max}, & \mathrm{d}p>0, & \text{加载}, & K=K_{\mathrm{LD}} \\ p\leqslant p_{\max}, & \mathrm{d}p<0, & \text{卸载}, & K=K_{\mathrm{UN}} \\ p<p_{\max}, & \mathrm{d}p>0, & \text{重加载}, & K=K_{\mathrm{RL}} \\ q=q_{\max}, & \mathrm{d}q>0, & \text{加载}, & G=G_{\mathrm{LD}} \\ q\leqslant q_{\max}, & \mathrm{d}q<0, & \text{卸载}, & G=G_{\mathrm{UN}} \\ q<q_{\max}, & \mathrm{d}q>0, & \text{重加载}, & G=G_{\mathrm{RL}} \end{cases} \tag{6.5.1}$$

式中，$p_{\max}$、$q_{\max}$分别为应力历史上的最大 p、q 值；K、G 分别为体积模量与剪切模量；下标 LD、UN、RL 分别表示加载、卸载、重加载。

塑性变形与应力之间并无一一对应关系，因而此准则存在理论上的缺陷。它没有考虑到 p、q 同时变化的情况且忽略了应力洛德角的影响，因此它是不完全的准则。例如，$q=q_{\max}$，$\mathrm{d}p<0$ 情况下，应为加载，而式(6.5.1)并没有提到。

6.5.3 应变型加卸载准则

应变型加卸载准则就是基于应变进行加卸载判断。下面给出以弹性应变增量、应变总量为参量的加卸载准则。

$$\begin{cases} \boldsymbol{\varepsilon}+\mathrm{d}\boldsymbol{\varepsilon}^{\mathrm{e}}<\boldsymbol{\varepsilon}_{\mathrm{M}}, & \mathrm{d}\boldsymbol{\varepsilon}^{\mathrm{e}}<0, & \text{弹性卸载}, & \mathrm{d}\boldsymbol{\varepsilon}=\mathrm{d}\boldsymbol{\varepsilon}^{\mathrm{e}}=\boldsymbol{C}_{\mathrm{e}}\mathrm{d}\boldsymbol{\sigma} \\ \boldsymbol{\varepsilon}+\mathrm{d}\boldsymbol{\varepsilon}^{\mathrm{e}}<\boldsymbol{\varepsilon}_{\mathrm{M}}, & \mathrm{d}\boldsymbol{\varepsilon}^{\mathrm{e}}>0, & \text{弹性加载}, & \mathrm{d}\boldsymbol{\varepsilon}=\mathrm{d}\boldsymbol{\varepsilon}^{\mathrm{e}}=\boldsymbol{C}_{\mathrm{e}}\mathrm{d}\boldsymbol{\sigma} \\ \boldsymbol{\varepsilon}=\boldsymbol{\varepsilon}_{\mathrm{M}}, & \mathrm{d}\boldsymbol{\varepsilon}^{\mathrm{e}}=0, & \text{中性变载}, & \mathrm{d}\boldsymbol{\varepsilon}=\mathrm{d}\boldsymbol{\varepsilon}^{\mathrm{e}}=0, \\ \boldsymbol{\varepsilon}+\mathrm{d}\boldsymbol{\varepsilon}^{\mathrm{e}}>\boldsymbol{\varepsilon}_{\mathrm{M}}, & \boldsymbol{\varepsilon}=\boldsymbol{\varepsilon}_{\mathrm{M}}, & \text{塑性加载}, & \mathrm{d}\boldsymbol{\varepsilon}=\boldsymbol{C}_{\mathrm{ep}}\mathrm{d}\boldsymbol{\sigma}>\mathrm{d}\boldsymbol{\varepsilon}^{\mathrm{e}} \\ \boldsymbol{\varepsilon}+\mathrm{d}\boldsymbol{\varepsilon}^{\mathrm{e}}>\boldsymbol{\varepsilon}_{\mathrm{M}}, & \boldsymbol{\varepsilon}<\boldsymbol{\varepsilon}_{\mathrm{M}}, & \text{塑性重加载}, & \\ \quad \mathrm{d}\boldsymbol{\varepsilon}=(\boldsymbol{\varepsilon}_{\mathrm{M}}-\boldsymbol{\varepsilon})+\boldsymbol{C}_{\mathrm{ep}}[\boldsymbol{C}_{\mathrm{e}}^{-1}(\mathrm{d}\boldsymbol{\varepsilon}^{\mathrm{e}}-\boldsymbol{\varepsilon}_{\mathrm{M}}+\boldsymbol{\varepsilon})]>\mathrm{d}\boldsymbol{\varepsilon}^{\mathrm{e}} & & & \end{cases} \tag{6.5.2}$$

无论是哪一类岩土模型，都必须给出土体的弹性常数，从而可得弹性柔度矩阵并迅速求得弹性应变增量，而且该准则可用于任意应力状态下的任意应力增量分析，因而这是一种岩土硬化情况下具有广泛通用性的加卸载准则。

思 考 题

(1) 简述屈服的概念。

(2) 简述剪切屈服面与破坏面的区别与联系。

(3) 简述在 π 平面引入等面积圆计算结果合理的原因。

(4) 简述考虑主剪应力个数的剪切屈服面类型有哪些?

(5) 简述 Zienkiewicz-Pande 屈服条件及其合理性。

(6) 简述双剪屈服条件及其优缺点。

(7) 给出临界状态与体积屈服面表述。

(8) 对于超固结土不排水试验，应力路径是否会逾越临界状态线，到达 Hvorslev 面后跌落到临界状态线?

(9) 重庆红黏土塑性剪应变硬化双曲线屈服面为

$$q=\frac{p}{a+bp}$$

式中，$a=-0.11\varepsilon_s^p+2.2$，$b=8\times10^{-5}\varepsilon_s^p-0.005$。

该屈服面是什么硬化模型? 硬化模量怎么计算?

(10) 给出岩土双屈服面采用混合流动法则时的塑性变形计算。

(11) 简述加卸载准则分类及其优缺点。

参 考 文 献

[1] Roscoe K H, SchofieldA N, Thurairajah A. Yielding of clays in states wetter than critical. Geotechnique, 1963, 13(3): 211-240.

[2] 沈珠江，盛树馨. 土的应力应变理论中的唯一性假设. 水利水运科学研究，1982，(2)：11-19.

[3] Anandarajah A, Sobban K. Incremental stress-strain behavior of granular soils. Journal of Geomechanical Engineering, 1995, 121(1): 57-67.

[4] Tatsuoka F, Sonada S. Failure and deformation of sand in torsional shear. Soils and Foundations, 1986, 26(4): 79-97.

[5] 刘元雪，郑颖人，陈正汉. 含主应力轴旋转的土体一般应力应变关系. 应用数学和力学，1998，19(5)：407-413.

[6] 刘元雪,郑颖人. 考虑主应力轴旋转对土体应力应变关系影响的一种新方法. 岩土工程学报,1998,20(2):45-47.

[7] 刘元雪. 岩土本构理论的几个基本问题研究. 岩土工程学报,2001,23(1):45-48.

[8] 沈珠江. 软土地基固结变形的弹塑性分析. 中国科学(A辑),1985,(11):1050-1060.

[9] 殷宗泽. 一个土体的双屈服面应力-应变模型. 岩土工程学报,1988,10(4):64-71.

[10] Kiyama S,Hasegawa T. A two-surface model with anisotropic hardening and non-associated flow rule for geomaterials. Soils and Foundations,1998,38(1):45-59.

[11] Zheng Y R. Multi-yielding surface theory for soils. Computer Methods and Advances in Geomechanics,1991:715-720.

[12] Lade P V,Kim M K. Single hardening constitutive model for frictional materials. Computer & Geotechnics,1988,(6):1-47.

[13] 黄速建. 塑性力学的稳定性公设的热力学原理. 固体力学学报,1988,9(2):95-101.

[14] Drucker D C,Gibson R E,Henkel D H. Soil mechanics and work-hardening theories of plasticity. Transaction ASCE,1957,122:338-346.

[15] 沈珠江. 现代土力学的基本问题. 力学与实践,1998,(6):1-6.

[16] 刘元雪,郑颖人. 含主应力轴旋转的广义塑性位势理论. 力学季刊,2000,21(1):119-123.

[17] 卢海华,殷宗泽. 双屈服面模型的柔度矩阵的分析与改善//第五届全国岩土力学数值分析与解析方法讨论会论文集. 武汉:武汉测绘科技大学出版社,1994:139-144.

[18] 殷宗泽,朱俊高,卢海华. 土体弹塑性柔度矩阵与真三轴试验研究//第七届全国土力学及基础工程大会会议论文集. 北京:中国建筑工业出版社,1994:21-25.

[19] Yoshimine M,Ishihara K,Vargas W. Effects of principal stress direction and intermediate principal stress on undrained shear behavior of sand. Soils and Foundations,1998,38(3):179-188.

[20] Coulomb C A. Sur une application des regles de maximis et minimis a quelques problems de statique relatifs al'architecture. Acad R Sci. Mem Math Phys Par Drivers Svants,1773,(7):343-382.

[21] Drucker D C,Prager W. Soil mechanics and plastic analysis on limit design. Journal of Applied Mathematics,1952,10(2):157-165.

[22] Pande G N,Zienkiewicz O C,Cowin S C. Soil mechanics-transient and cyclic loads//Constitutive Relations and Numerical Treatment. Hoboken:John Wiley & Sons,1982.

[23] 郑颖人,沈珠江,龚晓南. 岩土塑性力学原理——广义塑性力学. 北京:中国建筑工业出版社,2002.

[24] 俞茂宏. 强度理论新体系. 西安:西安交通大学出版社,1992.

[25] Hoek E,Brown E T. Empirical strength criterion for rock masses. Journal of Geotechnical Engineering Division,1980:1013-1025.

[26] Hoek E,Brown E T. The Hoek-Brown failure criterion-a 1988//Proceeding of the 15th Canadian Rock Mechanics Symposium,Toronto,1988:31-38.

[27] Hoek E,Carranza-Torres C T,Corkum B. Hoek-Brown failure criterion. Proceedings of the 5th North American Rock Mechanics Symposium,2002,1:267-273.

[28] Roscoe K H,SchofieldA N,Wroth C P. On the yielding of soils. Geotechnique,1958,8(1):22-53.

[29] Roscoe K H,Burland J B. On the generalized stress strain behavior of "wet" clay//Hoyman J,Leekie F A. Engineering Plasticity. Cambridge:Cambridge University Press,1968:535-609.

[30] Prager W. A new method of analyzing stress and strains in workhardening solids. Journal of Applied Mechanics,ASME,1956,(23):493-496.

[31] Ziegler H. A modification of Prager's hardening rule. Journal of Applied Mathematics,1959,(17):55-65.

[32] 张学言. 岩土塑性力学. 北京:人民交通出版社,1993.

[33] 刘元雪,郑颖人. 岩土弹塑性理论的加卸载准则探讨. 岩石力学与工程学报,2001,20(6):768-771.

第 7 章　岩土静力弹塑性模型

弹塑性理论假定弹性变形与塑性变形共存，总应变增量可分为弹性与塑性两部分。一般模型对弹性变形部分研究很少，采用广义胡克定律假设，重点在于塑性变形的描述上。

随着有限元等数值算法的发展，复杂岩土结构问题的分析与预测成为可能。这些分析很大程度上依赖于岩土结构涉及的各类材料的应力-应变关系表述。在数值计算中，任一材料的应力-应变关系称为本构关系。它是一个岩土单元力学行为的数学表述。一般岩土工程中涉及的岩土材料是一种相对软弱的材料，决定了岩土结构的变形与可能的破坏。它们可能涉及的应力-应变范围的力学行为刻画是十分重要的。混凝土、钢筋等其他建筑材料比岩土材料具有更高的刚度与强度，将它们描述为弹性或弹-理想塑性材料就可以了。本构关系的研究目标主要是建立可以准确模拟工程中所有加载工况下岩土力学行为的本构模型。

最初的本构模型是比较简单的，模型的发展与模拟能力的提升改进了复杂加载工况下岩土结构中岩土力学行为的拟合水平。无论是简单模型还是复杂模型，都是基于力学原理建立的，有的比较严格，有的只是基于试验数据。岩土的基本力学特性受到关注，如岩土材料天然的非线性应力-应变关系，它是一种摩擦材料，在排水剪切时存在体积变化。在可预见的未来，发展新的模型与改进旧的模型是一个长期的努力方向。

7.1　剑桥黏土与剑桥模型

7.1.1　临界状态概念

Schofield 与 Wroth[1]认为临界状态概念的核心是：岩土材料如果持续的扰动，变形将类似于摩擦流体，从而进入一个临界状态。该临界状态用下面两个方程定义：

$$q = Mp \tag{7.1.1}$$

$$\Gamma = v_r + \lambda \ln p \tag{7.1.2}$$

式中，M、Γ 和 λ 分别为土的材料参数；q、v_r 和 p 分别为广义剪应力、比容与球应力。

临界状态采用广义剪应力、比容与球应力来表述，如图 7.1.1 所示的两条直线（就是临界状态线 CSL），图中 e 表示孔隙比。

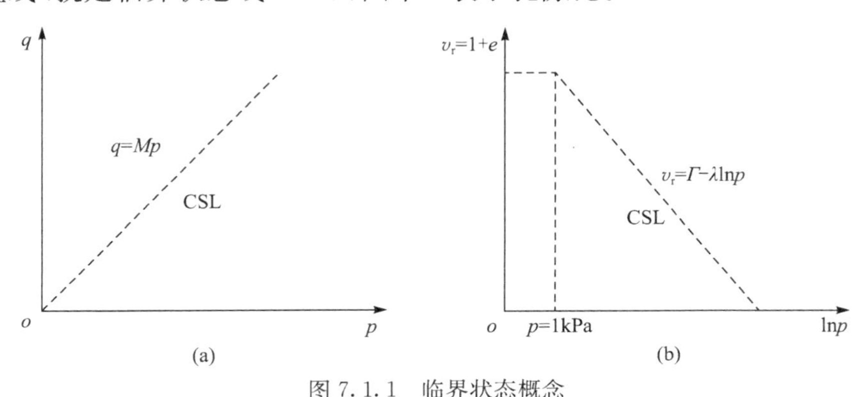

图 7.1.1　临界状态概念

临界状态时，土体的力学行为像摩擦流体，在不变的体积与应力状态下产生屈服。换句话说，临界状态时塑性体应变增量等于零，不变应力状态下的弹性体应变增量也等于零，所以临界状态下的体积不变。因此，临界状态线对于一种给定的土是唯一的，与土体从任意初始应力状态到临界状态的应力路径无关。

上面定义的临界状态可以看成一种极限状态。稳定状态概念也与临界状态概念类似。另外，扰动状态的概念也常用于本构模拟中，临界状态对应于完全扰动状态。考虑到临界状态线的唯一性，它常常被用作一个方便的参照物，以建立应变硬化-软化塑性模型，来描述岩土材料的力学特性。

临界状态概念是基于重塑剑桥黏土的有限三轴试验数据提出的。临界状态概念也得到这么多年的大量土与散粒体（砂、岩石、原状黏土、非饱和土与糖）试验数据的支持。

7.1.2　剑桥模型

作为最早的弹塑性岩土模型，剑桥黏土模型是剑桥大学的 Roscoe 与 Schofield[2] 提出的。1968 年，Roscoe 和 Burland[3] 对它进行了修正，它的提出标志着岩土本构关系理论发展新阶段的开始。剑桥模型是国际上得到广泛认可的弹塑性模型。剑桥模型第一次将岩土剪切与体积屈服联系起来。

1. 弹性变形

剑桥模型假定土体只有弹性体应变,没有弹性剪应变,即

$$d\varepsilon_s^e = 0 \tag{7.1.3}$$

各向等压固结试验,总体应变、弹性体应变与球应力的关系如下:

$$\varepsilon_v = \lambda \ln \frac{p}{p_i} \tag{7.1.4}$$

$$\varepsilon_v^e = k \ln \frac{p}{p_i} \tag{7.1.5}$$

式中,λ、k 分别为土的各向等压固结试验压缩、回弹半对数曲线的斜率;p_i 为初始固结压力。

则塑性体应变为

$$\varepsilon_v^p = (\lambda - k)\ln \frac{p}{p_i} \tag{7.1.6}$$

弹性体应变增量为

$$d\varepsilon_v^e = k\frac{dp}{p} \tag{7.1.7}$$

弹性应变增量为

$$d\varepsilon^e = k\frac{dp}{p}\frac{\delta}{3} \tag{7.1.8}$$

2. 塑性变形

剑桥模型的塑性变形是遵守经典塑性理论的,其核心在屈服面。

1) 屈服面

Roscoe 和 Schofield[2]定义了土的临界状态概念,土体从正常固结线不排水到临界状态线的路径可近似为体积屈服面,如图 6.2.18(a)所示。他们没有直接去拟合这个不排水曲线,而是从能量耗散角度来推导屈服面。

外力做功分成弹性功与塑性功,即

$$dW = dW^e + dW^p \tag{7.1.9}$$

根据 Roscoe 假设,弹性功为

$$dW^e = p d\varepsilon_v^e + q d\varepsilon_s^e = p d\varepsilon_v^e = pk\frac{dp}{p} \tag{7.1.10}$$

单位体积的三轴试样所受的外力塑性功采用平均应力 p 与广义剪应力 q 表述为

$$dW_p = p d\varepsilon_v^p + q d\varepsilon_s^p \tag{7.1.11}$$

式中，ε_v^p、ε_s^p 分别为塑性体应变与塑性剪应变。

Schofield 和 Wroth[1]通过直接剪切试验结果的简单分析，来确定塑性能是如何耗散的。他们认为式(7.1.11)定义的所有塑性功是通过摩擦耗散的，即

$$dW_{dis} = Mp d\varepsilon_s^p \tag{7.1.12}$$

式中，M 为临界状态时$\frac{q}{p}$的比值。

$$M = \frac{6\sin\varphi}{3 - \sin\varphi}$$

式中，φ 为土体内摩擦角。

能量守恒要求

$$dW_p = dW_{dis} \tag{7.1.13}$$

式中，W_{dis} 为摩擦耗散能。

由式(7.1.13)可导出剑桥模型的能量方程：

$$p d\varepsilon_v^p + q d\varepsilon_s^p = Mp d\varepsilon_s^p \tag{7.1.14}$$

能量方程(7.1.14)可进一步整理为

$$\frac{q}{p} + \frac{d\varepsilon_v^p}{d\varepsilon_s^p} = M \tag{7.1.15}$$

剑桥模型采用相关联流动法则。假设屈服面是球应力 p 与广义剪应力 q 的函数，即

$$f = f(p, q) = 0 \tag{7.1.16}$$

根据式(7.1.16)可以得到

$$d\varepsilon_v^p = d\lambda \frac{\partial f}{\partial p}, \quad d\varepsilon_s^p = d\lambda \frac{\partial f}{\partial q} \tag{7.1.17}$$

$$\frac{d\varepsilon_v^p}{d\varepsilon_s^p} = \frac{\partial f}{\partial p} \bigg/ \frac{\partial f}{\partial q} \tag{7.1.18}$$

式(7.1.16)的微分为

$$df = df(p, q) = \frac{\partial f}{\partial p} dp + \frac{\partial f}{\partial q} dq = 0$$

即

$$\frac{\partial f}{\partial p}\Big/\frac{\partial f}{\partial q}=-\frac{\mathrm{d}q}{\mathrm{d}p} \tag{7.1.19}$$

联立式(7.1.18)与式(7.1.19),可得

$$\frac{\mathrm{d}q}{\mathrm{d}p}=-\frac{\mathrm{d}\varepsilon_{\mathrm{v}}^{\mathrm{p}}}{\mathrm{d}\varepsilon_{\mathrm{s}}^{\mathrm{p}}} \tag{7.1.20}$$

将式(7.1.20)代入式(7.1.15),可得

$$\frac{q}{p}-\frac{\mathrm{d}q}{\mathrm{d}p}=M \tag{7.1.21}$$

通过积分可以得到屈服面方程为

$$\frac{q}{Mp}+\ln p=C \tag{7.1.22}$$

式中,C 为屈服面的硬化参数。

该曲线与 p 轴的交点为$(p_0,0)$,即 $p=p_0$,$q=0$,代入式(7.1.22)可得

$$C=\ln p_0$$

则屈服面为

$$\frac{q}{p}=M\ln\frac{p_0}{p} \tag{7.1.23}$$

式中,p_0 为硬化参数,可从等压固结应力路径来确定。

$$\varepsilon_{\mathrm{v}}^{\mathrm{p}}=(\lambda-k)\ln\frac{p}{p_{\mathrm{i}}}\bigg|_{p=p_0}=(\lambda-k)\ln\frac{p_0}{p_{\mathrm{i}}}$$

$$p_0=p_{\mathrm{i}}\exp\left(\frac{\varepsilon_{\mathrm{v}}^{\mathrm{p}}}{\lambda-k}\right) \tag{7.1.24}$$

2) 求塑性因子

由式(7.1.24)可得

$$\mathrm{d}p_0=\mathrm{d}\left[p_{\mathrm{i}}\exp\left(\frac{\varepsilon_{\mathrm{v}}^{\mathrm{p}}}{\lambda-k}\right)\right]=p_{\mathrm{i}}\exp\left(\frac{\varepsilon_{\mathrm{v}}^{\mathrm{p}}}{\lambda-k}\right)\frac{\mathrm{d}\varepsilon_{\mathrm{v}}^{\mathrm{p}}}{\lambda-k}$$

$$=p_0\frac{\mathrm{d}\varepsilon_{\mathrm{v}}^{\mathrm{p}}}{\lambda-k}=p_0\frac{\mathrm{d}\lambda\dfrac{\partial F}{\partial p}}{\lambda-k}=\frac{\mathrm{d}\lambda p_0}{\lambda-k}\frac{\partial F}{\partial p}$$

则塑性因子为

$$\mathrm{d}\lambda=\frac{\lambda-k}{p_0\dfrac{\partial F}{\partial p}}\mathrm{d}p_0 \tag{7.1.25}$$

式中，$F=\dfrac{q}{P}-M\ln\dfrac{p_0}{p}$。

由式(7.1.23)可得

$$\mathrm{d}\left(\frac{q}{p}\right)=\mathrm{d}\left(M\ln\frac{p_0}{p}\right)$$

即

$$\frac{p\mathrm{d}q-q\mathrm{d}p}{p^2}=M\frac{p}{p_0}\frac{p_0}{p}\frac{p_0\mathrm{d}p-p\mathrm{d}p_0}{p^2}=\frac{M(p_0\mathrm{d}p-p\mathrm{d}p_0)}{p^2}$$

则可得

$$\mathrm{d}p_0=\frac{Mp_0\mathrm{d}p-p\mathrm{d}q+q\mathrm{d}p}{Mp} \tag{7.1.26}$$

又由于

$$\frac{\partial F}{\partial p}=\frac{\partial\left(\dfrac{q}{p}-M\ln\dfrac{p_0}{p}\right)}{\partial p}=\frac{-q}{p^2}-M\frac{p}{p_0}p_0\left(-\frac{1}{p^2}\right)=\frac{Mp-q}{p^2} \tag{7.1.27}$$

联立式(7.1.25)、式(7.1.26)与式(7.1.27)，可得

$$\mathrm{d}\lambda=\frac{(\lambda-k)p}{p_0(Mp-q)}\frac{Mp_0\mathrm{d}p-p\mathrm{d}q+q\mathrm{d}p}{M} \tag{7.1.28}$$

3) 塑性变形

一般应力空间的塑性变形为

$$\mathrm{d}\boldsymbol{\varepsilon}^{\mathrm{p}}=\mathrm{d}\lambda\frac{\partial F}{\partial\boldsymbol{\sigma}} \tag{7.1.29}$$

塑性应变增量方向计算如下：

$$\begin{aligned}\frac{\partial F}{\partial\boldsymbol{\sigma}}&=\frac{\partial\left(\dfrac{q}{p}-M\ln\dfrac{p_0}{p}\right)}{\partial\boldsymbol{\sigma}}=\frac{p\dfrac{\partial q}{\partial\boldsymbol{\sigma}}-q\dfrac{\partial p}{\partial\boldsymbol{\sigma}}}{p^2}-M\frac{p}{p_0}p_0\left(-\frac{\dfrac{\partial p}{\partial\boldsymbol{\sigma}}}{p^2}\right)\\&=\frac{p\dfrac{\partial q}{\partial\boldsymbol{\sigma}}-q\dfrac{\partial p}{\partial\boldsymbol{\sigma}}+Mp\dfrac{\partial p}{\partial\boldsymbol{\sigma}}}{p^2}\end{aligned} \tag{7.1.30}$$

球应力 p 对应力的偏微分为

$$\frac{\partial p}{\partial\boldsymbol{\sigma}}=\frac{\partial\left(\dfrac{\boldsymbol{\sigma}\delta}{3}\right)}{\partial\boldsymbol{\sigma}}=\frac{\delta}{3} \tag{7.1.31}$$

广义剪应力 q 对应力的偏微分为

$$\frac{\partial q}{\partial \boldsymbol{\sigma}}=\frac{\partial\sqrt{\frac{3}{2}S_{ij}S_{ij}}}{\partial \boldsymbol{\sigma}}=\frac{\partial\sqrt{\frac{3}{2}(\boldsymbol{\sigma}-p\delta)(\boldsymbol{\sigma}-p\delta)}}{\partial \boldsymbol{\sigma}}$$
$$=\frac{\frac{3}{2}\times 2(\boldsymbol{\sigma}-p\delta)\left(1-\frac{\delta}{3}\delta\right)}{\sqrt{\frac{3}{2}(\boldsymbol{\sigma}-p\delta)(\boldsymbol{\sigma}-p\delta)}}=\frac{(\boldsymbol{\sigma}-p\delta)(3-\delta\delta)}{\sqrt{\frac{3}{2}(\boldsymbol{\sigma}-p\delta)(\boldsymbol{\sigma}-p\delta)}} \tag{7.1.32}$$

7.1.3　修正剑桥模型

修正剑桥模型是由 Roscoe 与 Burland[3] 建立的。它是剑桥模型的适度改进，采用修正的能量方程获得了新的屈服面。

1. 弹性变形

与剑桥模型一致，假定土体只有弹性体应变，没有弹性剪应变。

2. 塑性变形

修正剑桥模型的塑性变形也是采用经典塑性理论，核心在屈服面。他们用能量耗散公式对屈服面进行了修正，研究了两个特殊点的能量耗散。

第一个点为剑桥模型屈服面与正常固结线的交点，此时 $q=0$，$\mathrm{d}\varepsilon_s^p=0$，因此有

$$\mathrm{d}W^p=p\mathrm{d}\varepsilon_v^p$$

第二个点为剑桥模型屈服面与临界状态线的交点，此时 $\mathrm{d}\varepsilon_v^p=0$，$q=Mp$，因此有

$$\mathrm{d}W^p=q\mathrm{d}\varepsilon_s^p=Mp\,\mathrm{d}\varepsilon_s^p$$

可得

$$\mathrm{d}W^p=p\mathrm{d}\varepsilon_v^p+q\mathrm{d}\varepsilon_s^p=\sqrt{(p\mathrm{d}\varepsilon_v^p)^2+(Mp\,\mathrm{d}\varepsilon_s^p)^2}=p\sqrt{(\mathrm{d}\varepsilon_v^p)^2+(M\mathrm{d}\varepsilon_s^p)^2} \tag{7.1.33}$$

这样可得屈服面为椭圆面，即

$$\frac{\left(p-\frac{p_0}{2}\right)^2}{\left(\frac{p_0}{2}\right)^2}+\frac{q^2}{\left(\frac{Mp_0}{2}\right)^2}=1$$

式中，$p_0=p_i\exp\left(\frac{\varepsilon_v^p}{\lambda-k}\right)$。

同理可进行一般应力-应变关系计算。

7.1.4　剑桥模型评论

1. 优点

(1) 假设有试验依据，基本概念明确(临界状态等)。

(2) 能考虑等压屈服、剪胀与压硬性等岩土基本力学特性。

(3) 模型较简单，计算正常固结黏土比较准确，只有3个参数，采用常规三轴的等压固结与回弹、三轴剪切试验就可以确定试验参数。

2. 缺点

(1) 基于经典塑性理论，采用相关联流动法则与单屈服面，与岩土材料很多实际情况不符。

(2) 屈服面只考虑了塑性体应变硬化，剪切应变考虑不充分，如密砂剪切应变导致的剪胀。

(3) 没有考虑天然土的结构性。

(4) 没有考虑各向异性。

(5) 没有考虑中主应力的影响。

7.2　Lade模型

Lade等[4~11]建立了系列单屈服面弹塑性模型，用以描述砂土、黏土、混凝土、岩石等摩擦材料的力学行为。在这些模型中，胡克定律被用于描述材料的弹性行为，采用破坏准则、非相关联流动法则和包含塑性功硬化、功硬化-软化参量屈服面来描述塑性变形行为。对于土，该模型包含11个参数，都可以采用简单试验来确定。下面详细介绍模型的结构、材料参数的确定方法，给出几种常见土类力学参数的经验取值，并给出模型的力学特性模拟计算结果。

7.2.1 模型框架

材料总的应变增量分成弹性部分与塑性部分。将这两部分分开进行计算，弹性部分采用胡克定律计算，塑性部分采用塑性应力-应变模型分析，它们都采用有效应力表述。

7.2.2 弹性变形

弹性应变增量在卸载后会恢复，采用胡克定律计算，是弹性模量会随应力状态变化的非线性弹性模型。泊松比 ν 的值介于 0～0.5，假设是定值。基于能量守恒原理而推导出弹性模量的理论计算式。弹性模量表述为标量材料参数与应力的指数函数。

$$E = Mp_{\mathrm{a}}\left[\left(\frac{I_1}{p_{\mathrm{a}}}\right)^2 + 6\,\frac{1+\nu}{1-2\nu}\left(\frac{J_2}{p_{\mathrm{a}}^2}\right)\right]^{\lambda} \tag{7.2.1}$$

式中，p_{a} 为大气压力，单位与 E、I_1、$\sqrt{J_2}$ 一致；ν、M 与 λ 为材料参数，可通过三轴压缩试样的卸载-加载循环来确定；I_1 为应力张量的第一不变量，$I_1=\sigma_x+\sigma_y+\sigma_z$；$J_2$ 为应力偏张量的第二不变量，$J_2=\frac{1}{6}[(\sigma_x-\sigma_y)^2+(\sigma_y-\sigma_z)^2+(\sigma_z-\sigma_x)^2]+\tau_{xy}^2+\tau_{yz}^2+\tau_{zx}^2$。

7.2.3 破坏准则

一个适用于土、混凝土与岩石的三维破坏准则可用应力张量的第一不变量和第三不变量表述：

$$f_{\mathrm{n}} = \left(\frac{I_1^3}{I_3} - 27\right)\left(\frac{I_1}{p_{\mathrm{a}}}\right)^m - \eta_1 = 0 \tag{7.2.2}$$

式中，参数 η_1 与 m 都是无量纲常数。

$$I_3 = \sigma_x\sigma_y\sigma_z + \tau_{xy}\tau_{yz}\tau_{zx} + \tau_{yx}\tau_{zy}\tau_{xz} - (\sigma_x\tau_{yz}\tau_{zy} + \sigma_y\tau_{zx}\tau_{xz} + \sigma_z\tau_{xy}\tau_{yx})$$

图 7.2.1 为主应力空间的破坏面性质，它像一个不对称的子弹，尖顶位于坐标原点，π 平面上的截面是一个角点光滑的三角形。三维图形的角点张角随 η_1 的增大而增大。破坏面是内凹的，它的曲率随 m 值的增大而增大。当 $m=0$ 时，破坏面是直线，截面形状不随 I_1 值而变。当 $m>0$ 时，随 I_1 值的增加，截面形状从三角形变得越来越圆。在土、混凝土与岩石的试验

结果中也能看到截面形状的同样变化趋势。当 $m>1.979$ 时,破坏面将变成外凸的,但大量的土、混凝土、岩石试验数据表明,m 值很少超过 1.5。

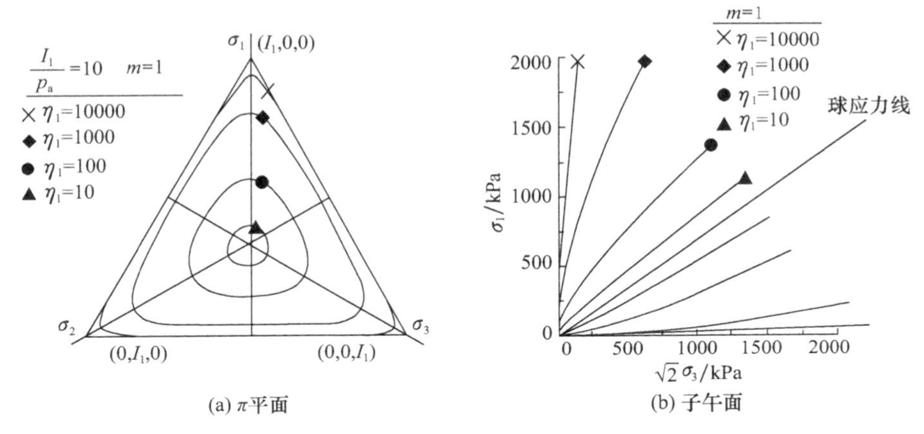

图 7.2.1 主应力空间的破坏面性质

为了包含结构性土、混凝土与岩石的黏结力,破坏面在主应力空间沿球应力轴做了平移处理。因此,在正应力部分增加了一个应力常数 aP_a。

$$\bar{\sigma}_i=\sigma_i+aP_a,\quad i=1,2,3 \tag{7.2.3}$$

式中,a 为一个无量纲参数,a 的值反映材料的抗拉强度。

通过简单的三轴压缩试验来确定材料参数 η_1、m 与 a。

7.2.4 塑性势与流动法则

塑性应变增量根据流动法则进行计算。该模型提出了一个较为合理的塑性势函数。该函数不同于屈服函数,自然是采用了非相关联流动法则,用应力的三个不变量来表述,即

$$Q=\left(\psi_1\frac{I_1^3}{I_3}-\frac{I_1^2}{I_2}+\psi_2\right)\left(\frac{I_1}{p_a}\right)^{\mu} \tag{7.2.4}$$

式中,材料参数 ψ_2 与 μ 都是无量纲常数,通过三轴压缩试验确定;参数 ψ_1 与破坏面的曲率参数 m 有关,$\psi_1=0.00155m^{-1.27}$;I_1、I_2、I_3 分别为应力张量的第一、第二和第三不变量。

应力张量的第二不变量表述为

$$I_2=\tau_{xy}\tau_{yx}+\tau_{yz}\tau_{zy}+\tau_{zx}\tau_{xz}-(\sigma_x\sigma_y+\sigma_y\sigma_z+\sigma_z\sigma_x)$$

参数 ψ_1 可看成塑性势面的三角形(取决于 I_3 项)与圆形(取决于 I_2 项)的权重系数。参数 ψ_2 决定了塑性势面与球应力轴的交点,指数 μ 决定了子午面上曲线的曲率。对应的塑性势如图 7.2.2 所示,它们是带圆滑三角形截面的非对称型,类似于破坏面,但有所不同。

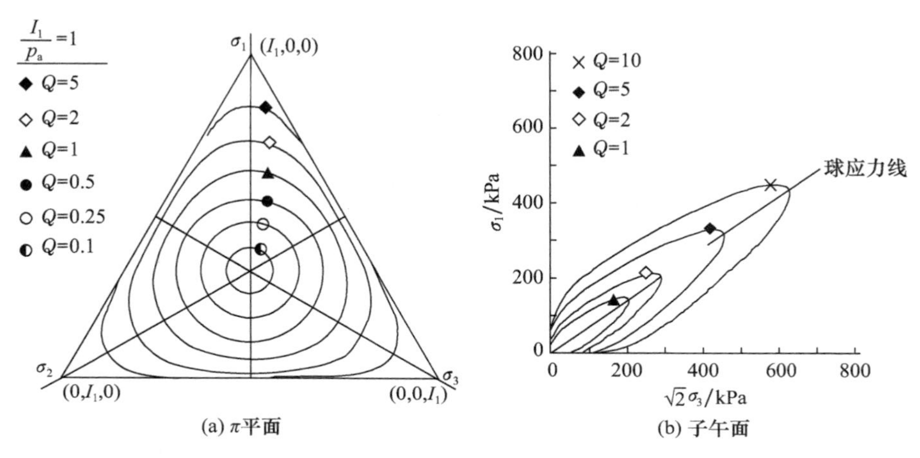

图 7.2.2　主应力空间塑性势函数的特性

塑性势函数 Q 对各应力分量的偏导数分别为

$$
\frac{\partial Q}{\partial \boldsymbol{\sigma}}=\left(\frac{I_1}{p_a}\right)^{\mu}\begin{bmatrix}
G-(\sigma_y+\sigma_z)\dfrac{I_1^2}{I_2^2}-\psi_1(\sigma_y\sigma_z-\tau_{yz}^2)\dfrac{I_1^3}{I_3^2}\\
G-(\sigma_z+\sigma_x)\dfrac{I_1^2}{I_2^2}-\psi_1(\sigma_z\sigma_y-\tau_{zx}^2)\dfrac{I_1^3}{I_3^2}\\
G-(\sigma_x+\sigma_y)\dfrac{I_1^2}{I_2^2}-\psi_1(\sigma_x\sigma_y-\tau_{xy}^2)\dfrac{I_1^3}{I_3^2}\\
2\dfrac{I_1^2}{I_2^2}\tau_{yz}-2\psi_1(\tau_{xy}\tau_{zx}-\sigma_x\tau_{yz})\dfrac{I_1^3}{I_3^2}\\
2\dfrac{I_1^2}{I_2^2}\tau_{zx}-2\psi_1(\tau_{xy}\tau_{yz}-\sigma_y\tau_{zx})\dfrac{I_1^3}{I_3^2}\\
2\dfrac{I_1^2}{I_2^2}\tau_{xy}-2\psi_1(\tau_{yz}\tau_{zx}-\sigma_z\tau_{xy})\dfrac{I_1^3}{I_3^2}
\end{bmatrix} \tag{7.2.5}
$$

式中,

$$
G=\psi_1(\mu+3)\frac{I_1^2}{I_3}-(\mu+2)\frac{I_1}{I_2}+\frac{\mu}{I_1}\psi_2 \tag{7.2.6}
$$

7.2.5　屈服准则与功硬化-软化方程

屈服面以塑性功为硬化参量。各向同性屈服函数表述为

$$f_{\mathrm{p}}=f'_{\mathrm{p}}(\sigma_{ij})-f''_{\mathrm{p}}(W_{\mathrm{p}})=0 \tag{7.2.7}$$

式中，

$$f'_{\mathrm{p}}=\left(\psi_1\frac{I_1^3}{I_3}-\frac{I_1^2}{I_2}\right)\left(\frac{I_1}{p_{\mathrm{a}}}\right)^h \mathrm{e}^q \tag{7.2.8}$$

式中，h 为常数；h 基于沿同一屈服面塑性功相同来确定；ψ_1 可看成塑性势面的三角形（取决于 I_3 项）与圆形（取决于 I_2 项）的权重系数；q 的值随应力水平 S 而变，S 定义为

$$S=\frac{f_{\mathrm{n}}}{\eta_1}=\frac{1}{\eta_1}\left(\frac{I_1^3}{I_3}-27\right)\left(\frac{I_1}{p_{\mathrm{a}}}\right)^m \tag{7.2.9}$$

q 与 S 的函数关系为

$$q=\frac{\alpha S}{1-(1-\alpha)S} \tag{7.2.10}$$

式中，α 为常数。

硬化情况下，屈服面随塑性功的增大而扩大。

$$f''_{\mathrm{p}}=\left(\frac{1}{D}\right)^{\frac{1}{y}}\left(\frac{W_{\mathrm{p}}}{p_{\mathrm{a}}}\right)^{\frac{1}{y}} \tag{7.2.11}$$

对于给定材料，式(7.2.11)中 y 与 D 是常数。因此，f''_{p} 只随塑性功而变化。D 与 y 定义为

$$D=\frac{C}{(27\psi_1+3)^y} \tag{7.2.12}$$

$$y=\frac{x}{h}C \tag{7.2.13}$$

式(7.2.12)中 C 与 x 被用于计算各向同性压缩的塑性功。

$$W_{\mathrm{p}}=Cp_{\mathrm{a}}\left(\frac{I_1}{p_{\mathrm{a}}}\right)^x ABS \tag{7.2.14}$$

屈服面呈非对称泪滴状，具有光滑角点的三角形横截面，如图 7.2.3 所示。随着塑性功的增加，屈服面扩展，直到应力点到达破坏面。f''_{p} 与 W_{p} 的关系用单调增函数来描述，其斜率随塑性功的增加而减小，如图 7.2.4 所示。

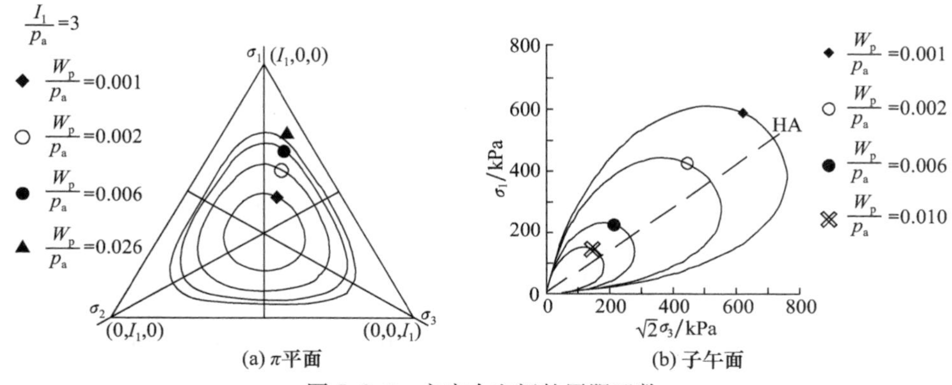

图 7.2.3 主应力空间的屈服函数

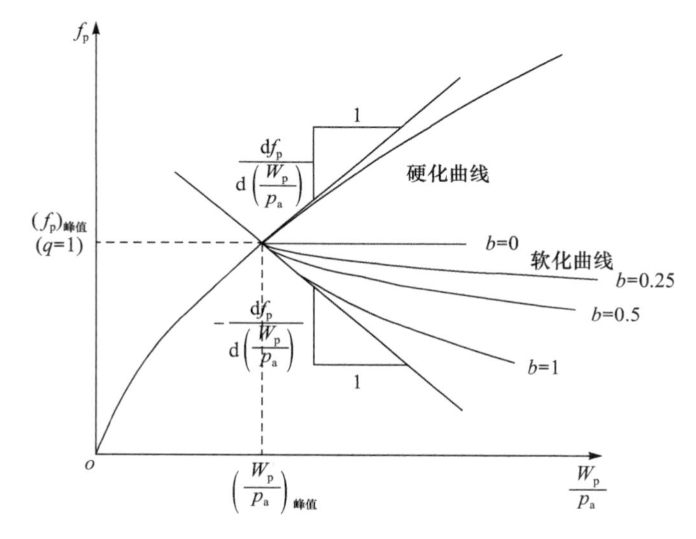

图 7.2.4 功硬化与软化模型

对于软化段，屈服面依负指数函数而各向同性收缩。

$$f''_p = A\exp\left(-B\frac{W_p}{p_a}\right) \tag{7.2.15}$$

式中，A 与 B 为正的常数，由硬化曲线峰值破坏点的斜率来定，即 $S=1$ 时的硬化曲线斜率，如图 7.2.3 所示。

$$A = \left[f''_p \exp\left(B\frac{W_p}{p_a}\right)\right]_{S=1} \tag{7.2.16}$$

$$B = \left[b\frac{\mathrm{d}f''_p}{\mathrm{d}\left(\frac{W_p}{p_a}\right)}\frac{1}{f'_p}\right]_{S=1} \tag{7.2.17}$$

屈服面大小 f_p'' 与它的偏导数 $\dfrac{\mathrm{d}f_p''}{\mathrm{d}\left(\dfrac{W_p}{p_a}\right)}$ 都是通过硬化曲线的峰值破坏点处($S=1$)得到的。在软化段,微分 $\mathrm{d}f_p''$ 是负的。参数 $b\geqslant 0$,$b=0$ 时对应于理想塑性材料。b 取值为1,这个参数取值有一定的随意性。

采用式(7.2.4)作为塑性势函数,则塑性比例因子 $\mathrm{d}\lambda$ 可以表述为

$$\mathrm{d}\lambda=\frac{\mathrm{d}W_p}{\mu Q} \tag{7.2.18}$$

式中,塑性功增量可以采用功硬化-软化方程的微分来实现。

结合式(7.2.16)、式(7.2.17)与式(7.2.18),并代入式(7.1.2),就可以获得塑性应变增量的计算式。

7.2.6　材料参数的确定

前面已经给出了单屈服面模型的控制函数与材料参数的确定方法。材料参数依赖于材料本身,并需要通过等压固结与三轴压缩试验来校核。下面给出 No. D 砂参数的校验方法,该砂取自海底,是一种细砂,对其进行等压固结与排水三轴压缩试验。

1. 弹性行为

如图7.2.5所示,泊松比 ν 可以通过三轴压缩试验的再加载体积变形曲线的初始斜率来定,即 $\dfrac{\Delta\varepsilon_v}{\Delta\varepsilon_1}$。曲线的这一部分应变被认为全部是弹性的,泊松比计算式为

$$\nu=-\frac{\Delta\varepsilon_3}{\Delta\varepsilon_1}=\frac{1}{2}\left(1-\frac{\Delta\varepsilon_v}{\Delta\varepsilon_1}\right) \tag{7.2.19}$$

不同围压下加卸载曲线的计算泊松比平均值可看成材料弹性泊松比的代表值。

无量纲常数模量 M、指数 λ 可以通过三轴压缩卸载-重加载循环的初始斜率来确定,如图7.2.5所示。用这些初始斜率来代表材料的弹性模量。式(7.2.1)中应力不变量采用反转点的应力来计算。为了确定 M 与 λ 的大小,将式(7.2.1)重新整理并两边同时取对数得

$$\lg\frac{E}{p_a}=\lg M+\lambda\lg\left[\left(\frac{I_1}{p_a}\right)^2+6\,\frac{1+\nu}{1-2\nu}\,\frac{J_2}{p_a^2}\right] \tag{7.2.20}$$

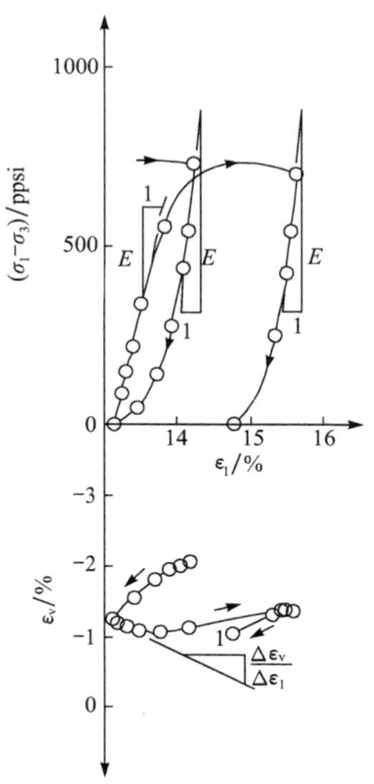

图 7.2.5　No. D 砂弹性参数的三轴压缩体卸载-重加载曲线确定方法($\sigma_3=300\mathrm{ppsi}$[1])

如图 7.2.6 所示，通过画式(7.2.20)的$\frac{E}{p_a}$与右边应力函数的双对数直线，M值是最佳拟合直线与竖轴的交点纵坐标，拟合直线斜率对应于指数λ。

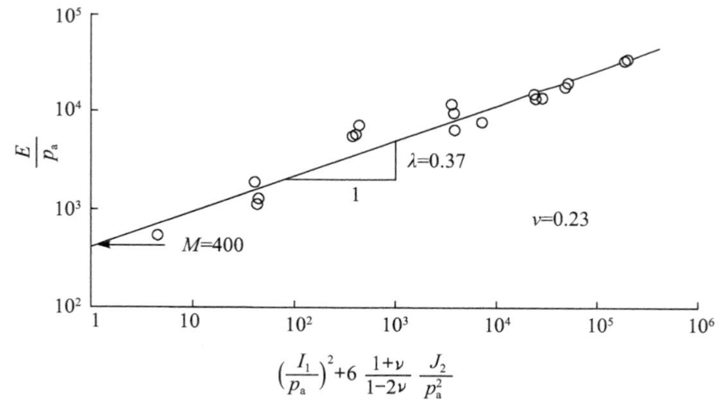

图 7.2.6　No. D 砂表征弹性模量变化的参数 M 与 λ 的确定方法

1) 1ppsi=6.895kPa，下同。

2. 破坏准则

整理式(7.2.5)的破坏准则表达式并两边取对数，可得

$$\lg\left(\frac{I_1^3}{I_3}-27\right)=\lg\eta_1+m\lg\frac{p_a}{I_1} \tag{7.2.21}$$

如图 7.2.7 所示，画$\frac{I_1^3}{I_3}-27$与$\frac{p_a}{I_1}$的双对数拟合直线，η_1 就是拟合曲线与竖轴的交点纵坐标$\left(对应于\frac{p_a}{I_1}=1\right)$，拟合曲线斜率就是指数 m。

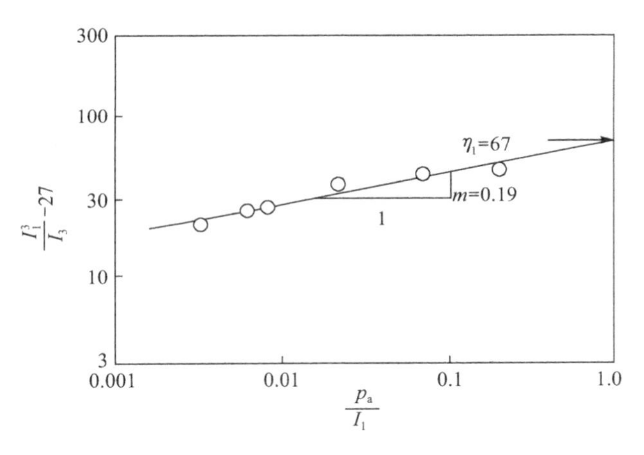

图 7.2.7　No. D 砂破坏准则参数 η_1 与 m 的确定

3. 塑性势参数

对于塑性势，参数 ψ_1 根据 $\psi_1=0.00155m^{-1.27}$确定，参数 ψ_2 与 μ 通过定义塑性应变增量比来获得，即

$$\nu_p=-\frac{d\varepsilon_3^p}{d\varepsilon_1^p} \tag{7.2.22}$$

式(7.2.22)中的塑性应变增量通过三轴压缩试验测得的结果减去弹性应变增量而得到。将式(7.2.5)中的应变置换成常规三轴压缩($\sigma_2=\sigma_3$)情况下的塑性应变增量，可得

$$\xi_y=\frac{1}{\mu}\xi_x-\psi_2 \tag{7.2.23}$$

式中，

$$\xi_x=\frac{1}{1+\nu_{\mathrm{p}}}\left[\frac{I_1^3}{I_2^2}(\sigma_1+\sigma_3+2\nu_{\mathrm{p}}\sigma_3)+\psi_1\frac{I_1^4}{I_3^2}(\sigma_1\sigma_3+\nu_{\mathrm{p}}\sigma_3^2)\right]-3\psi_1\frac{I_1^3}{I_3}+2\frac{I_1^2}{I_2} \tag{7.2.24}$$

$$\xi_y=\psi_1\frac{I_1^3}{I_3}-\frac{I_1^2}{I_2} \tag{7.2.25}$$

式中，$\frac{1}{\mu}$与$-\psi_2$可以通过一系列点的ξ_x-ξ_y线性关系得到。

图7.2.8给出了No. D砂的ξ_x-ξ_y三轴压缩试验结果。所有数据点与式(7.2.24)吻合，$-\psi_2$值是$\xi_x=0$时的ξ_y值，$\frac{1}{\mu}$是最佳拟合直线的斜率。

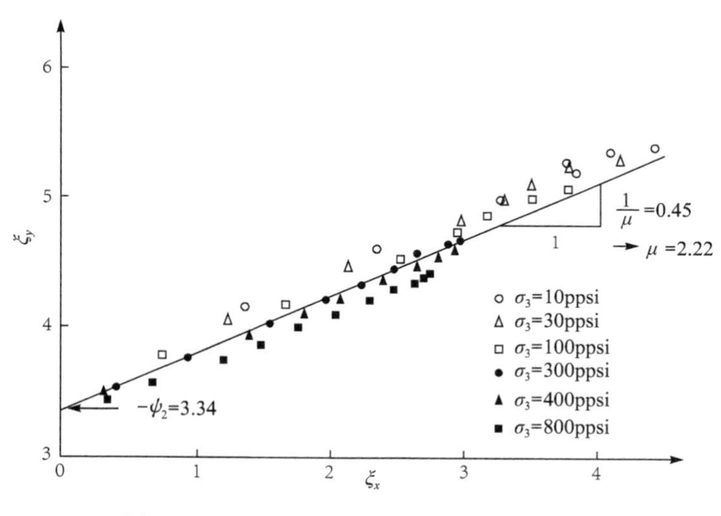

图7.2.8 No. D砂的ξ_x-ξ_y三轴压缩试验结果

4. 屈服准则和功硬化-软化方程

需先确定沿球应力轴的功硬化关系(式(7.2.14))，因为在确定屈服准则中的q时需先确定参数C与x。

塑性功为

$$W_{\mathrm{p}}=\int\boldsymbol{\sigma}^{\mathrm{T}}\mathrm{d}\boldsymbol{\varepsilon}^{\mathrm{p}} \tag{7.2.26}$$

对于等压固结，简化为

$$W_{\mathrm{p}}=\int \sigma_3 \mathrm{d}\varepsilon_{\mathrm{v}}^{\mathrm{p}} \tag{7.2.27}$$

固结试验中的塑性应变是测量的总应变减去弹性部分。$\frac{W_{\mathrm{p}}}{p_{\mathrm{a}}}$与$\frac{I_1}{p_{\mathrm{a}}}$的函数关系如图 7.2.9 所示，等压固结时，$\frac{I_1}{p_{\mathrm{a}}}=\frac{3\sigma_3}{p_{\mathrm{a}}}$。

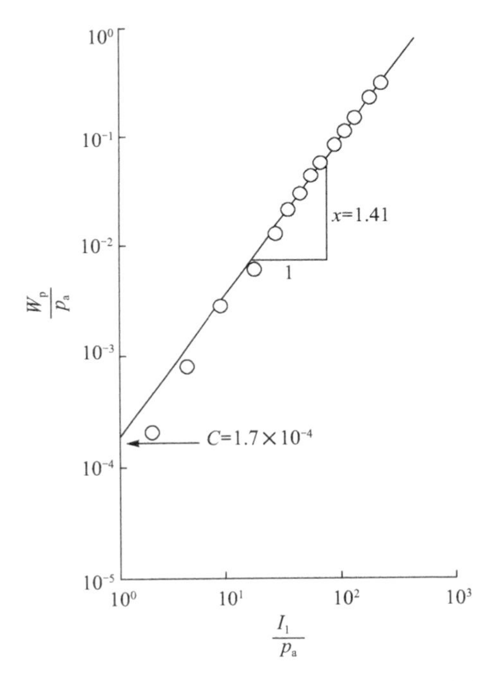

图 7.2.9　No. D 砂功-硬化关系参数 C 与 x 的确定方法

图 7.2.9 给出了 No. D 砂$\frac{W_{\mathrm{p}}}{p_{\mathrm{a}}}$-$\frac{I_1}{p_{\mathrm{a}}}$的双对数关系，它们的关系见式(7.2.14)，其中参数 C 与 x 的确定方法见图 7.2.9。其中，C 是纵轴的截距$\left(\frac{I_1}{p_{\mathrm{a}}}=1\right)$，$x$ 是拟合直线的斜率。

屈服函数式(7.2.8)的确定需要两个参数。参数 h 基于沿同一屈服面的塑性功是常数而定。取两个特殊点 A 和 B，A 在球应力轴上，B 在破坏面上，采用式(7.2.28)来计算参数 h：

$$h=\frac{\dfrac{\ln\left(\psi_1\dfrac{I_{1B}^3}{I_{3B}}-\dfrac{I_{1B}}{I_{2B}}\right)\mathrm{e}}{27\psi_1+3}}{\ln\dfrac{I_{1A}}{I_{1B}}} \tag{7.2.28}$$

式中，e 为自然对数。

将式(7.2.8)与式(7.2.11)代入式(7.2.7)并求解，可得 q 的计算式为

$$q=\ln\frac{\left(\dfrac{W_p}{Dp_a}\right)^{\frac{1}{\rho}}}{\left(\psi_1\dfrac{I_1^3}{I_3}-\dfrac{I_1^2}{I_2}\right)\left(\dfrac{I_1}{p_a}\right)^h} \tag{7.2.29}$$

No. D 砂中 q(式(7.2.29))随 S(式(7.2.9))的变化见图 7.2.10。在 α 是常数的情况下，这种变化可用式(7.2.10)表示。α 的最佳拟合值是根据式(7.2.10)在$S=0.8$ 时的 q 与 S 来定的。

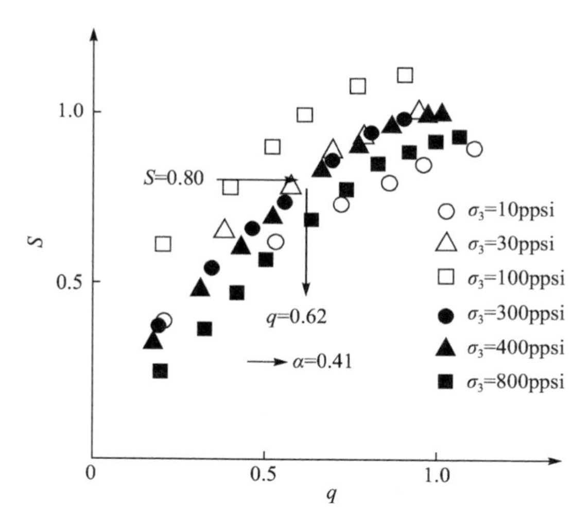

图 7.2.10 No. D 砂屈服准则参数 α 的确定

5. 其他参数

前面阐述了无黏性砂土本构模型的各个部分及其对应的 11 个参数采用等压固结与排水三轴压缩试验的确定方法。这些砂的特性(孔隙比、相对密实度)及其模型参数见表 7.2.1[10]，所有参数都是无量纲的。

表 7.2.1　几种砂土的 Lade 模型的建议参数值[10]

砂土类型	孔隙比 e	相对密实度 D_r/%	ν	M	λ	η_1	m	$C/10^4$	p	ψ_2	μ	h	α
D 号砂	0.534	89	0.23	400	0.37	67	0.19	1.7	1.41	−3.34	2.22	0.60	0.41
细石英砂	0.76	30	0.27	440	0.22	24.7	0.10	3.24	1.25	−3.69	2.26	0.355	0.515
Sacramento 河砂 1	0.61	100	0.20	900	0.28	80	0.23	0.396	1.82	−3.09	2.01	0.765	0.229
Sacramento 河砂 2	0.87	38	0.20	510	0.28	28	0.093	1.27	1.65	−3.72	2.36	0.534	0.794
Painted Rock 砂 1	0.40	100	0.20	920	0.24	101	0.21	3.51	1.25	−3.26	2.82	0.501	0.313
Painted Rock 砂 2	0.48	70	0.20	350	0.33	67	0.16	0.46	1.78	−3.39	2.72	0.698	0.386
Napa 玄武岩碎石 1	0.53	100	0.20	1050	0.17	280	0.423	0.814	1.61	−2.97	2.80	0.546	0.727
Napa 玄武岩碎石 2	0.66	70	0.20	590	0.19	130	0.30	4.57	1.39	−2.90	2.55	0.542	0.851
0 号 Monterey 砂 1	0.57	98	0.17	1120	0.33	104	0.16	0.269	1.44	−3.38	2.30	0.49	0.896
0 号 Monterey 砂 2	0.78	27	0.17	800	0.26	36	0.12	2.14	1.26	−3.60	2.50	0.43	0.577
Santa Monica 海滩砂 1	0.613	88.5	0.15	1270	0.23	107	0.25	1.44	1.39	−3.16	2.07	0.56	0.49
Santa Monica 海滩砂 2	0.681	64.9	0.19	1050	0.24	59.1	0.165	2.12	1.37	−3.34	2.20	0.57	0.58
Santa Monica 海滩砂 3	0.755	39.2	0.22	820	0.26	37.7	0.105	2.26	1.42	−3.62	2.27	0.58	0.68
Santa Monica 海滩砂 4	0.815	18.4	0.26	600	0.27	31.2	0.095	2.36	1.55	−3.74	2.36	0.67	0.46
Scheldt 河东部砂	0.67	73	0.20	460	0.41	70.2	0.288	1.27	1.61	−3.15	2.06	0.553	0.617

从表 7.2.1 可以看出，有几个参数随相对密实度而系统性变化。M 值随相对密实度的增大而增大，而泊松比约为 0.2。η_1 与 m 的值随相对密实度的增加而增加，但给出其他参数的变化规律则比较困难。这些参数在数学表述上是成对出现的（λ 与 M、m 与 η_1、C 与 p、ψ_2 与 μ、h 与 α），它们结合在一起形成模量或强度，量纲与应力一致。数据的离散性在确定参数值方面起到了很大的作用。这里只给出了每一个参数的取值范围，这对缺乏实际测试数据的砂土参数的确定具有参考意义。

7.2.7 Lade 模型评论

Lade 模型是以塑性功为硬化参量的单屈服面非相关联流动模型，其优点是较好地考虑了剪切屈服和应力洛德角的影响。不足的是计算参数较多，即使采用非相关联流动法则，也会产生过大的剪胀现象，比较适用于无黏性土。

7.3 土的统一硬化模型

一个事物的各种复杂特性，是由其内因与外因共同作用的结果。土也不例外，土是由土颗粒、孔隙水和孔隙气体三相组成的混合体，这是内因。土的组成成分不同导致其有许多特性，如非饱和土和饱和土的性质就有很多不同。外因是土体所受的加载条件不同，如正常固结土与超固结土由于所受的应力历史不同，其性质上也有很多不同。正是由于土的组成成分和加载条件的不同，土体的物理、力学性质有很多特有的性质，如等压屈服、剪胀(缩)、硬化、软化、超固结性、应力路径相关性、各向异性、结构性、蠕变性等。为了合理描述土的应力-应变关系，国内外学者针对不同的岩土材料提出了相应的本构模型，但这些本构模型只能针对某一类的土或者是某一变形阶段的土，很难全面反映土的各种特性。例如，修正剑桥模型主要适用于正常固结黏土，不能反映土的剪胀，不适用于超固结黏土与砂土；Lade-Duncan 模型主要适用于砂土，主要反映剪切屈服，但没有充分反映体积屈服。多年来，很多学者一直致力于寻找能够反映土的各种性质的本构模型。近年来，姚仰平等[12~15]以修正剑桥模型为基本框架，建立了能够反映土的多种基本力学特性的统一硬化模型。

土的统一硬化模型是以修正剑桥模型为理论基础，通过引入与应力路径无关的统一硬化参数，并针对不同类型土的特性进行适当调整，来建立与各种土相适应的本构模型。这种模型能描述土的剪缩、剪胀、硬化、软化、超固结性、初始应力各向异性、材料各向异性、结构性、蠕变性和渐进状态等特性，以及高应力条件下颗粒破碎和循环加载条件下土的变形特性。目前已经建立了黏土和砂土的统一硬化模型、超固结土统一硬化模型、K_0 固结土统一硬化模型、考虑砂土软化的模型、考虑土各向异性的模型等十余种模型。

土的统一硬化模型是在修正剑桥模型的基础上，通过引入与应力路径无关的统一硬化参数来建立土的本构模型的。下面介绍与应力路径无关的统一硬化参数是如何构造的。

7.3.1　与应力路径无关的统一硬化参数

1. 硬化与硬化参数

岩土塑性力学的核心是要建立岩土的应力-应变关系。研究塑性应变需要解决三个问题，即什么时候发生塑性应变、塑性应变的方向和塑性应变的大小。为了解决这些问题就产生了三个对应的理论，即屈服条件、流动法则和硬化规律。屈服条件是确定开始产生塑性变形的应力条件，它是由屈服面 F 确定，应力状态点位于屈服面内即为弹性状态，超出屈服面即产生塑性应变。流动法则是确定塑性应变增量方向的法则，对于相关联流动法则，塑性势面与屈服面是相同的，即 $Q=F$，塑性应变增量方向与屈服面法向一致；对于非相关联流动法则，塑性势面与屈服面是不相同的，即 $Q\neq F$，塑性应变增量方向由塑性势面法线方向决定。硬化规律是研究屈服面演化的规律，它可以用来确定塑性应变增量大小。土体在加载应力超过了原来的屈服面后，产生塑性应变，土体结构发生改变，屈服面的形状、大小和中心位置等都可能发生变化，也就是产生了新的屈服面，这种特性称为土的硬化。那么新的屈服面也叫加载面，它与应力状态 σ 和应变历史有关。因此，为了反映由塑性变形引起土体内部微观结构变化的情况，而引入一个参量称为硬化参数 H_α，它是反映应变历史的参数，于是加载面就表示为

$$F(\boldsymbol{\sigma},H_\alpha)=0$$

式中，$H_\alpha=H_\alpha(\boldsymbol{\varepsilon}^{\mathrm{p}})$为硬化参数。

硬化参数 H_α 是反映土塑性应变历史的一个变量，这个概念很抽象，没有实实在在的表达式。不像其他的参数要么是可以直接测量的，要么有明确的公式定义。因此，要对硬化参数 H_α 做一些限制，以满足要求。硬化参数 H_α 是描述加载面 $F(\boldsymbol{\sigma},H_\alpha)=0$ 变化规律的一个变量，它要满足两个基本条件：

(1) 能够充分反映材料硬化的历史。

(2) 满足与应力路径无关，即从同一应力点出发沿着不同应力路径加

载到另一屈服面上的同一点的硬化参数 H_α 应该是相同的；或者从同一应力点出发沿着不同应力路径加载到另一屈服面上的不同点的硬化参数 H_α 也应该是相同的。也就是说，在同一个屈服面（加载面）上，硬化参数 H_α 应该是等值的。

这两个条件即是寻找硬化参数的依据，同时也是验证硬化参数是否合理的标准。

当前岩土塑性力学中，硬化参数的选择还不统一。例如，剑桥模型和修正剑桥模型选用塑性体应变 ε_v^p 作为硬化参数，Lade-Duncan 模型则选用塑性功 W_p 作为硬化参数，还有的选用塑性体应变 ε_v^p 与塑性剪应变 ε_s^p 的函数作为硬化参数。由于土的硬化参数是与塑性应变历史相关的，人们往往就容易选择塑性体应变 ε_v^p、塑性剪应变 ε_s^p 或者是它们的函数作为土的硬化参数，但还不能全面反映不同类型岩土材料的硬化过程，因此如何恰当地选取或构造硬化参数一直都是各国学者研究的重点和前沿。

2. 当前硬化参数构成存在的问题

如图 7.3.1 所示，在 p-q 坐标系下，f_1 和 f_2 为修正剑桥模型的体积屈服面，当应力点位于屈服面内时，其应力-应变关系是线弹性的，当应力组合超出屈服面时，将会产生塑性应变，同时屈服面将会扩大成新的屈服面，弹性域也将相应扩大。选两条典型的应力路径进行研究，即等 p 应力路径和等 q 应力路径。当沿着等 p 应力路径加卸载时，就相当于静水压力不变，广义剪应力变化，即沿着应力路径 abc 加载。点 b 位于初始屈服面 f_1 上，当应力超出点 b 时，在 bc 段便会产生新的塑性应变。到达点 c 后进行卸载，那么将形成通过点 c 的新的屈服面 f_2。当卸载至点 a'，即 $q=0$ 时，与原应力点 a 相比，产生塑性体应变增量 $\mathrm{d}\varepsilon_v^p$ 和塑性剪应变增量 $\mathrm{d}\varepsilon_s^p$，如图 7.3.2 所示。当沿着等 q 应力路径加载时，就相当于广义剪应力不变，静水压力增加，即沿着应力路径 $aded'a'$ 加载，也同样会得到相类似的应力-应变曲线，如图 7.3.3 所示。其中点 d 位于原屈服面 f_1 上，点 e 位于新屈服面 f_2 上，卸载至点 a' 时，也产生了塑性体应变增量 $\mathrm{d}\varepsilon_v^p$。这里应该注意的是，点 $b(b')$ 与点 $d(d')$ 同位于初始屈服面 f_1 上，点 c 与点 e 同位于新的屈服面 f_2 上。对于正常固结黏土，在加卸载路径 $abcb'a'$ 与 $aded'a'$ 上会产生大小相同的塑性体应变增量 $\mathrm{d}\varepsilon_v^p=c$。因此，对于正常固结黏性土，塑性体应变可作为硬化参数，因为它具备了作为硬化参数的应力路径无关条件。但塑性剪应变却不能作为硬化参数,沿应力路径 abc 和 ade 所产生的塑性剪应变增量 $\mathrm{d}\varepsilon_s^p$ 不相等,其中沿应力路径 ade 所产生的塑性剪应变增量 $\mathrm{d}\varepsilon_s^p$ 为 0,即塑性剪应变是与应力路径相关的。

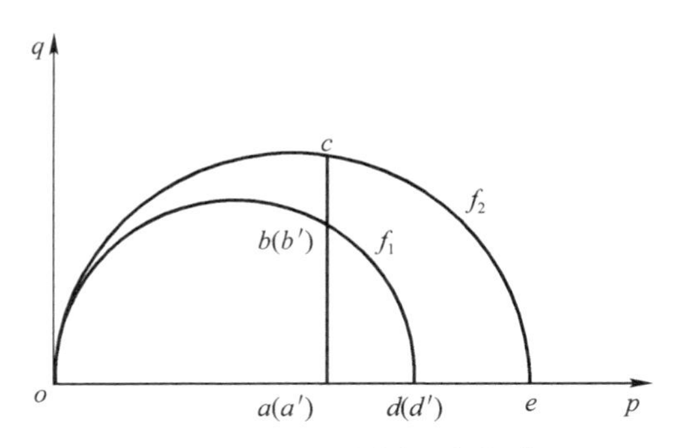

图 7.3.1　沿不同路径加卸载

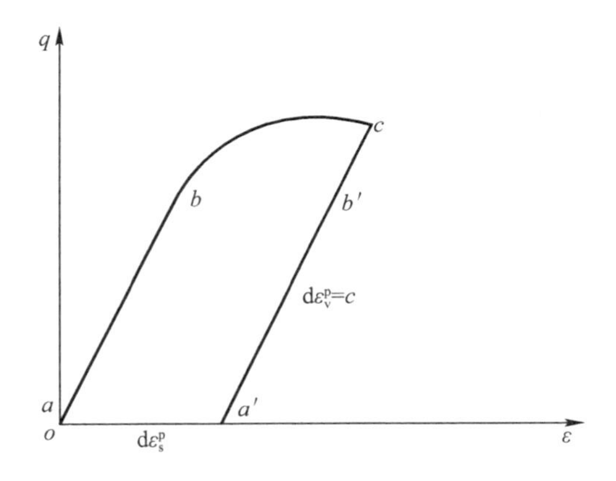

图 7.3.2　剪应力-应变关系

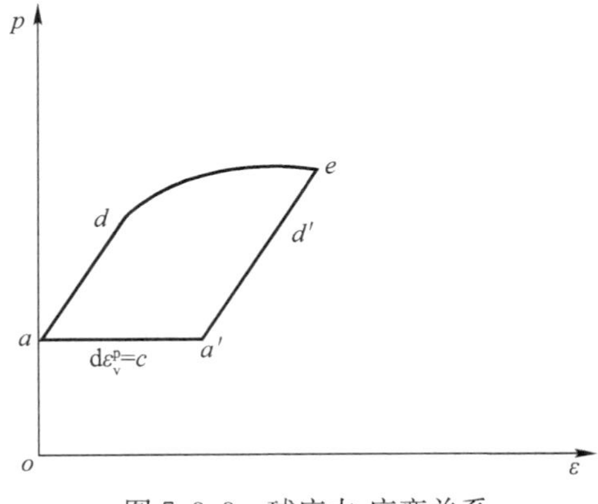

图 7.3.3　球应力-应变关系

再来看一下有剪胀特性的砂土塑性体应变和塑性剪应变应力路径相关性的试验结果。图 7.3.4 表示砂土在三轴压缩试验中采用不同的应力路径进行加载，试验分别选择了 $ADEF$、$ABCF$、AF 和 $ABEF$ 四条不同的应力路径。图 7.3.5 和图 7.3.6 分别给出了沿着以上四种应力路径加载时塑性体应变 ε_v^p 和塑性剪应变 ε_s^p 与平均应力 p 的关系。从图 7.3.5 和图 7.3.6 可以看出，当沿着不同的路径分别加荷至点 F 时，其 ε_v^p 及 ε_s^p 的值均相差较大。说明对于砂土，ε_v^p 及 ε_s^p 的值除了与加载起点、终点的应力状态有关外，还与应力路径有很大关系，即 ε_v^p 及 ε_s^p 均具有很强的应力路径相关性，因此不适合直接用作硬化参数。

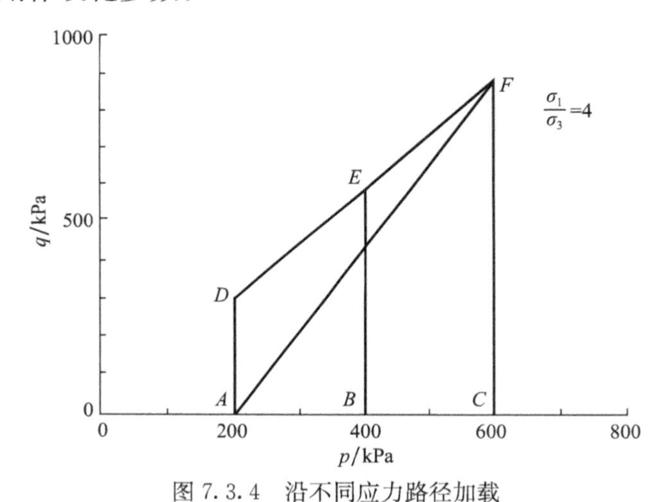

图 7.3.4　沿不同应力路径加载

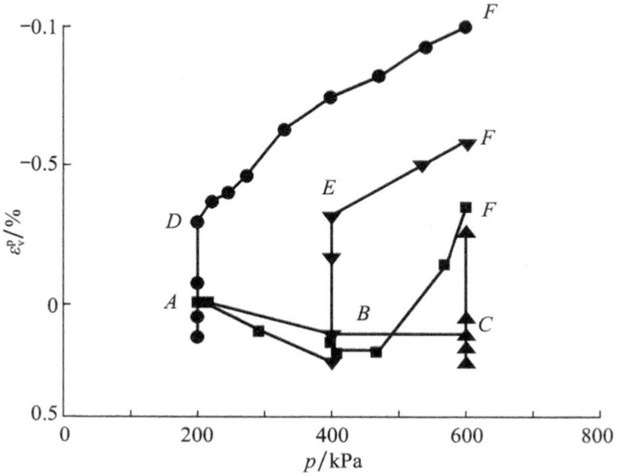

图 7.3.5　塑性体应变与平均应力的关系

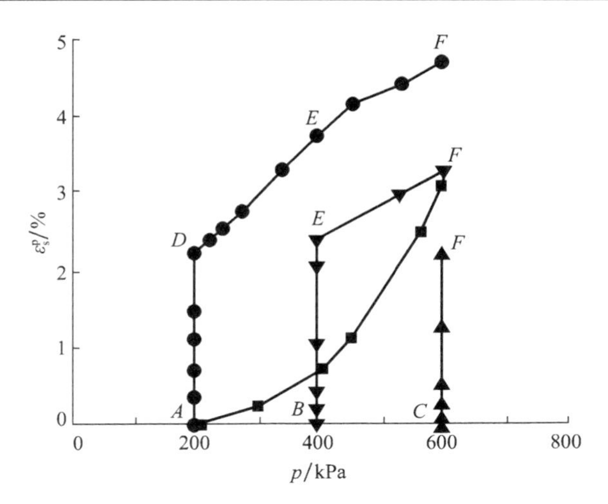

图 7.3.6　塑性剪应变与平均应力的关系

3. 岩土材料应力路径无关硬化参数的构成方法

进一步分析上面的试验结果，可以发现在应力路径 AD 和 CF 段，尽管 p、q 变化不同，但产生的塑性体应变增量和塑性剪应变增量基本相同，这是由于在 D 点和 F 点处应力比 $\eta\left(\eta=\dfrac{q}{p}\right)$ 的值相同。而在应力路径 AC 和 DF 段，p 的变化幅值相同，但对应着不同的应力比 η，所以在路径 AC 和 DF 上产生了大小不等的塑性应变增量。从前面分析可知，造成塑性体应变和塑性剪应变不同的根本原因在于不同的路径对应着大小不同的应力比 η，大应力比经历过的路径越长，则产生的塑性应变也越大。如果能用一个与应力路径有关的修正系数 R 去除塑性应变增量中与应力路径有关的成分，即相当于对应力路径 AC 与 DF 段所产生的塑性应变增量用修正系数进行归一化处理，再进行积分，则可能构造出满足与应力路径无关的硬化参数。当然，这个修正系数 R 一定与应力比 η 密切相关。

因为塑性应变增量与应力路径相关，不能直接选作与应力路径无关的硬化参数。很多学者就放弃塑性应变增量，去寻找其他与应力路径无关的参数。但是这里是寻找一个修正系数 R，消除塑性应变增量中与应力路径有关的成分，从而实现与应力路径无关。认识到塑性应变增量是部分与应力路径相关，就需要考虑哪部分与应力路径相关，哪部分与应力路径无关。应该考虑如何消除应力路径的影响。这就像变形分析，变形可以分为两个部分:一部分是弹性变形,是可恢复的;另一部分是塑性变形,是不可恢复的。塑性应变增量也是一部分与应力路径有关,一部分与应力路径无关。

土是有剪胀特性的,通过剪胀方程能建立塑性体应变增量 $d\varepsilon_v^p$ 和塑性剪应变增量 $d\varepsilon_s^p$ 的关系,即

$$\frac{d\varepsilon_v^p}{d\varepsilon_s^p}=f(\eta)$$

例如,修正剑桥模型的剪胀方程为

$$\frac{d\varepsilon_v^p}{d\varepsilon_s^p}=\frac{M^2-\eta^2}{2\eta}$$

式中,M 为正常固结黏土时的临界状态应力比$\left(\frac{q}{p}\right)_{cs}$、砂土时的特征状态应力比$\left(\frac{q}{p}\right)_{pt}$。

可见,$d\varepsilon_v^p$ 与 $d\varepsilon_s^p$ 并不是两个独立的变量,所以在构造硬化参数时只含其中一个塑性应变增量即可。例如,只含塑性体应变增量 $d\varepsilon_v^p$,使问题进一步简单。这样构造硬化参数的思路就简化为:寻找一个与应力路径相关的因子 $R(\eta)$去除塑性体应变增量 $d\varepsilon_v^p$ 中和应力路径相关的成分,使$\frac{d\varepsilon_v^p}{R(\eta)}$与应力路径无关;再沿着应力路径进行积分即得到与应力路径无关的硬化参数,即该积分结果只与起点和终点的应力水平有关。因此,与应力路径无关的硬化参数的一般表达式为

$$H_\alpha=\int dH_\alpha=\int\frac{d\varepsilon_v^p}{R(\eta)} \tag{7.3.1a}$$

或

$$dH_\alpha=\frac{d\varepsilon_v^p}{R(\eta)} \tag{7.3.1b}$$

根据这个想法,问题的焦点就变成了如何去构造这个修正系数 $R(\eta)$。对于正常固结黏土,$d\varepsilon_v^p$ 与应力路径无关,这时应力路径相关因子$R(\eta)$应退化为 1。姚仰平等[15]在试验和理论研究基础上推导出了适用于不同类型土且与应力路径无关的统一硬化参数 H_α。

7.3.2 修正剑桥模型分析

弹塑性模型一般包括屈服面、塑性势面和硬化参数三个基本要素,统一

硬化模型的塑性势面和屈服面均采用修正剑桥模型的椭圆形屈服面形式，以统一硬化参数作为硬化参数，采用相关联流动法则。

修正剑桥模型是当前土力学领域内应用较广的模型，主要适用于正常固结土和弱超固结土。其主要特点是基本概念明确，模型简单，参数较少，而且都可以通过常规三轴试验求得，并且考虑了岩土材料静水压力屈服、剪缩和压硬性。如图 7.3.7 所示，修正剑桥模型的屈服面或塑性势面表示为

$$f=g=\ln\frac{p}{p_0}+\ln\left(1+\frac{q^2}{M^2p^2}\right)-\frac{1}{c_p}\varepsilon_v^p=0 \tag{7.3.2}$$

式中，$c_p=\dfrac{\lambda-k}{1+e_0}$；$f$ 为屈服面函数；g 为塑性势面函数；M 为临界状态应力比或特征状态应力比；p 为静水压力，即平均主应力；q 为广义剪应力；p_0 为初始平均主应力；λ 为等向压缩线的斜率；k 为等向压缩回弹线的斜率；e_0 为初始孔隙比。

临界状态线(CSL)：破坏点在 p-q-v_r 坐标空间的运动轨迹。土体的应力状态达到此线时，平均主应力 p、广义剪应力 q、体积均不发生变化，剪切变形继续增大直至破坏，此时土体只发生剪切破坏。

临界状态应力比(特征状态应力比)M：临界状态线的斜率，即广义剪应力 q 与平均主应力 p 的比值，也称正常强度。

Roscoe 面：从正常固结状态线到临界状态线所经过路径组成的曲面，不排水情况下是体积屈服面。

由图 7.3.7 可以看出，修正剑桥模型的弹性区域由屈服面方程 $f(p, q, H_\alpha)=0$(Roscoe 面)、临界状态线 CSL、等向固结线 $q=0$ 三条曲线围成。应该说，修正剑桥模型在用于描述正常固结土的应力-应变关系时是比较准确的(见图 7.3.8)，但修正剑桥模型也有它的局限性：

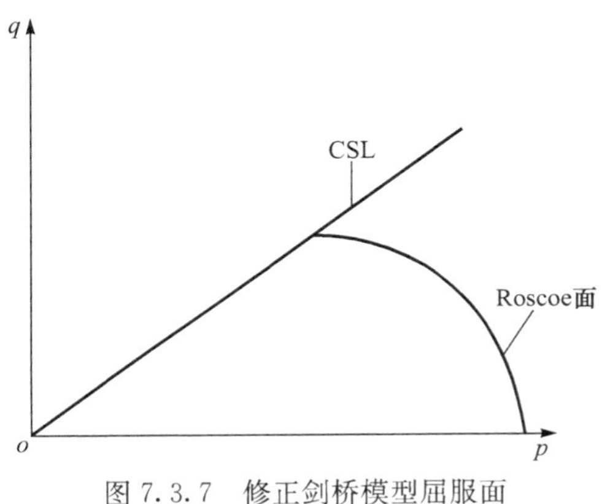

图 7.3.7 修正剑桥模型屈服面

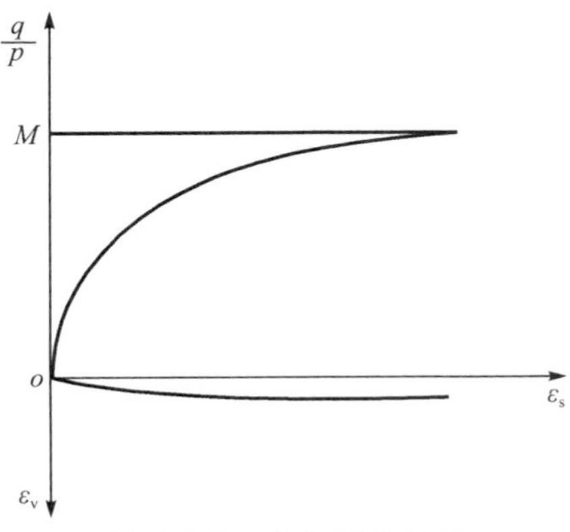

图 7.3.8 应力-应变关系

(1) 受制于经典塑性位势理论,采用相关联流动法则,与实际状态不符。

(2) 以塑性体应变作为硬化参数,没有充分考虑剪切变形,只能反映土体剪缩硬化,不能反映土的剪胀和软化,适用范围受到限制。

(3) 剑桥模型是从重塑土的概念出发建立的,没有考虑天然黏土的结构性,也不能描述土体固有的各向异性。

(4) 没有计及中主应力对强度和变形的影响。

(5) 没有考虑黏性土由黏性所引起的与时间相关的应力-应变关系。

下面看一下具有剪胀特性的密砂(见图 7.3.9),密砂的变形有一个从剪缩到剪胀的变化过程,所以它的临界状态和峰值状态是不一样的。临界状态是指密砂由剪缩向剪胀过渡的临界状态,其对应的应力比为 M。峰值状态是指密砂发生破坏的状态,其对应的应力比 M_f 表示破坏时广义剪应力 q 与平均主应力 p 的比值,也称峰值强度。弹性区域(见图 7.3.10)是由屈服方程 $f(p,\ q,\ H_\alpha)=0$、破坏线$\dfrac{q}{p}=M_f$、等向固结线 $q=0$ 三条曲线所围成的,应力状态在区域内变化将产生弹性变形。对于黏性土,$M=M_f$;对于密砂,一般 $M\neq M_f$。

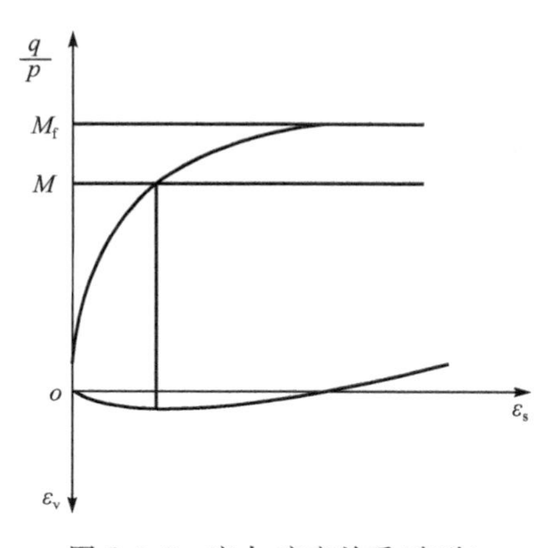

图 7.3.9 应力-应变关系(密砂)

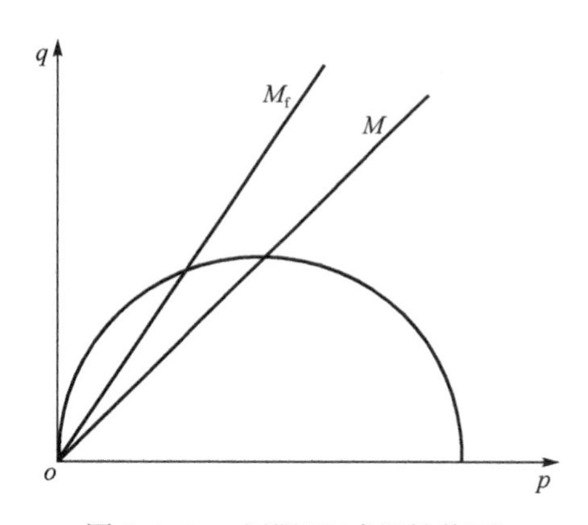

图 7.3.10 屈服面(或塑性势面)

7.3.3 统一硬化模型在正常固结土中的应用

正常固结黏土统一硬化模型的屈服面与塑性势面一致,表示为

$$f=g=\ln\frac{p}{p_0}+\ln\left(1+\frac{q^2}{M^2p^2}\right)-\frac{1}{c_p}H=0 \tag{7.3.3}$$

它与修正剑桥模型的区别是硬化参数 H_α 不再是 ε_v^p，而表示为

$$H_\alpha = \int \frac{d\varepsilon_v^p}{R(\eta)}$$

1. $R(\eta)$的推导过程

求解依据是利用硬化参数 H_α 在同一个屈服面上是等值的基本要求。
由式(7.3.3)可得

$$df = \frac{\partial f}{\partial p}dp + \frac{\partial f}{\partial q}dq - \frac{1}{c_p}dH_\alpha = 0$$

即

$$df = \frac{\partial f}{\partial p}dp + \frac{\partial f}{\partial q}dq - \frac{1}{c_p}\frac{d\varepsilon_v^p}{R(\eta)} = 0 \tag{7.3.4}$$

根据相关联流动法则，有

$$d\varepsilon_v^p = d\lambda\frac{\partial g}{\partial p} = d\lambda\frac{\partial f}{\partial p}$$

将式(7.3.4)代入式(7.3.3)，可得

$$df = \frac{\partial f}{\partial p}dp + \frac{\partial f}{\partial q}dq - \frac{1}{c_p}\frac{1}{R(\eta)}d\lambda\frac{\partial f}{\partial p} = 0 \tag{7.3.5}$$

整理式(7.3.5)可得

$$d\lambda = \frac{\dfrac{\partial f}{\partial p}dp + \dfrac{\partial f}{\partial q}dq}{\dfrac{1}{c_p}\dfrac{1}{R(\eta)}\dfrac{\partial f}{\partial p}}$$

$$d\varepsilon_v^p = d\lambda\frac{\partial f}{\partial p} = c_p R(\eta)\left(\frac{\partial f}{\partial p}dp + \frac{\partial f}{\partial q}dq\right) \tag{7.3.6}$$

$$d\varepsilon_s^p = d\lambda\frac{\partial f}{\partial q} = c_p R(\eta)\left[\frac{\partial f}{\partial q}dp + \frac{\left(\dfrac{\partial f}{\partial q}\right)^2}{\dfrac{\partial f}{\partial p}}dq\right] \tag{7.3.7}$$

由式(7.3.3)可以得到

$$\begin{cases}\dfrac{\partial f}{\partial p} = \dfrac{1}{p}\dfrac{M^2-\eta^2}{M^2+\eta^2}\\[2ex] \dfrac{\partial f}{\partial q} = \dfrac{1}{p}\dfrac{2\eta}{M^2+\eta^2}\end{cases}$$

如图 7.3.11 所示，选择两条典型的应力路径进行分析，等 p 应力路径 $AB(dp=0)$ 和等 q 应力路径 $AC(\mathrm{d}q=0)$，求应力路径相关因子 $R(\eta)$。

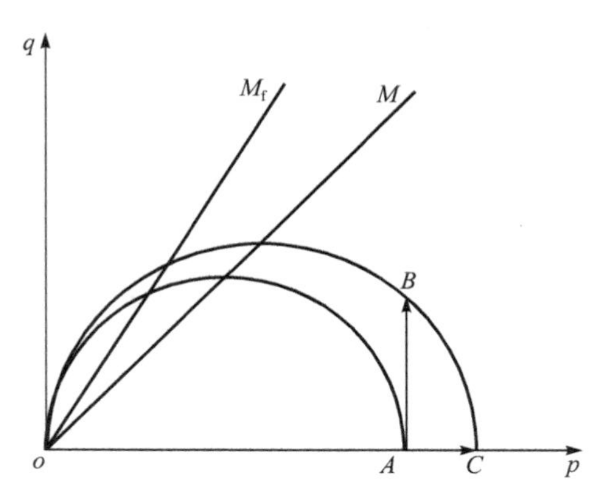

图 7.3.11 不同加载路径确定硬化参数

1) 等 p 应力路径($\mathrm{d}p=0$)分析

由式(7.3.7)可得

$$\mathrm{d}\varepsilon_s^p=c_pR(\eta)\frac{4\eta^2}{M^4-\eta^4}\frac{1}{p}\mathrm{d}q$$

当 p=常数时，有

$$\mathrm{d}\varepsilon_s^p=c_pR(\eta)\frac{4\eta^2}{M^4-\eta^4}\mathrm{d}\eta \tag{7.3.8}$$

对于正常固结黏土，$R(\eta)=1$，则有

$$\mathrm{d}\varepsilon_s^p=c_p\frac{4\eta^2}{M^4-\eta^4}\mathrm{d}\eta$$

由于在 ε_s^p-η 坐标系中(见图 7.3.12)，正常固结砂土与正常固结黏土曲线形状相似，对于正常固结砂土有

$$\mathrm{d}\varepsilon_s^p=\rho c_p\frac{4\eta^2}{M_f^4-\eta^4}\mathrm{d}\eta \tag{7.3.9}$$

式中，ρ 表示正常固结砂土与正常固结黏土之间塑性剪应变增量的比例关系；M_f 为正常固结砂土的破坏强度应力比。

联立式(7.3.8)和式(7.3.9)，可得

$$R(\eta)=\rho\frac{M^4-\eta^4}{M_f^4-\eta^4}$$

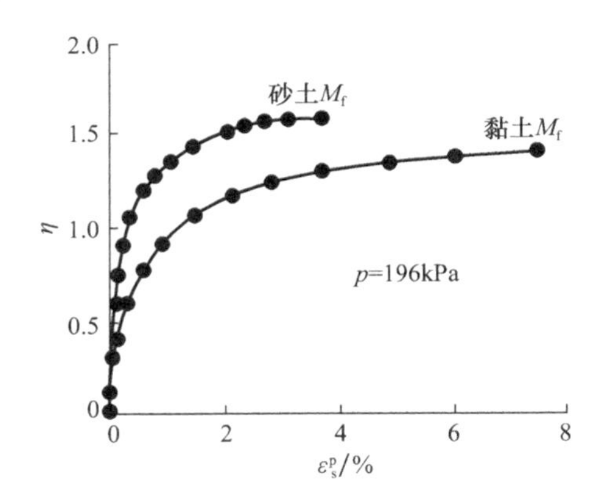

图 7.3.12　ε_s^p-η 关系曲线

可求得

$$H_\alpha=\int\frac{1}{\rho}\frac{M_f^4-\eta^4}{M^4-\eta^4}\mathrm{d}\varepsilon_v^p \tag{7.3.10}$$

2）等 q 应力路径（$\mathrm{d}q=0$ 且 $q=0$）分析

当 $\eta=0$ 时，由式(7.3.10)可得

$$H_\alpha=\int\frac{1}{\rho}\frac{M_f^4}{M^4}\mathrm{d}\varepsilon_v^p \tag{7.3.11}$$

另当 $\eta=0$ 时，由修正剑桥模型可得

$$H_\alpha=\int\mathrm{d}\varepsilon_v^p \tag{7.3.12}$$

由式(7.3.11)和式(7.3.12)可以求得

$$\rho=\frac{M_f^4}{M^4}$$

因此，正常固结土统一硬化参数表示为

$$H_\alpha=\int\mathrm{d}H_\alpha=\int\frac{M^4}{M_f^4}\frac{M_f^4-\eta^4}{M^4-\eta^4}\mathrm{d}\varepsilon_v^p \tag{7.3.13}$$

式中，M 为临界状态应力比；M_f 为破坏强度应力比；η 为应力比；$\mathrm{d}\varepsilon_v^p$ 为塑性体应变增量。

3）正常固结土统一硬化参数基本特征分析

（1）与应力路径无关，图 7.3.13 是在前面不同应力路径加载条件下，统一硬化参数 H_α 与平均应力的关系，从点 A 开始沿着四条不同的应力路径加载至 F 点，硬化参量 H_α 等值。

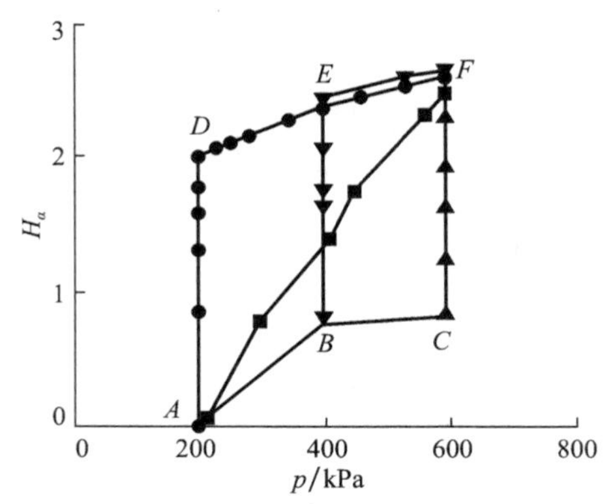

图 7.3.13　统一硬化参数 H_α 与平均应力的关系

(2) 对于正常固结黏土，$M_f=M$，所以统一硬化参数与修正剑桥模型的硬化参数相同，即

$$H_\alpha=\int \mathrm{d}H_\alpha=\int \mathrm{d}\varepsilon_v^p=\varepsilon_v^p$$

对于正常固结砂土，$M_f\neq M$，所以统一硬化参数选用式(7.3.13)。

(3) 能够反映砂土的剪胀特性。

式(7.3.13)可变换为

$$\begin{cases}\mathrm{d}\varepsilon_v^p=\dfrac{M_f^4}{M^4}\dfrac{M^4-\eta^4}{M_f^4-\eta^4}\mathrm{d}H_\alpha\\[2ex]\mathrm{d}\varepsilon_s^p=\dfrac{2\eta}{M^2-\eta^2}\mathrm{d}\varepsilon_v^p\end{cases}$$

① $\eta=0$(等向压缩条件)，$\mathrm{d}H_\alpha=\mathrm{d}\varepsilon_v^p>0$，$\mathrm{d}\varepsilon_v^p>0$，$\mathrm{d}\varepsilon_s^p=0$，表现为等向固结。

② $0<\eta<M$(剪缩硬化阶段)，$\mathrm{d}H_\alpha>0$，$\mathrm{d}\varepsilon_v^p>0$，$\mathrm{d}\varepsilon_s^p>0$，表现为剪缩变形。

③ $\eta=M$(临界状态)，$\mathrm{d}H_\alpha>0$，$\mathrm{d}\varepsilon_v^p=0$，$\mathrm{d}\varepsilon_s^p>0$，此时为剪缩变形变为剪胀变形的分界状态。

④ $M<\eta<M_f$(剪胀硬化阶段)，$\mathrm{d}H_\alpha>0$，$\mathrm{d}\varepsilon_v^p<0$，$\mathrm{d}\varepsilon_s^p>0$，表现为剪胀变形。

(4) 塑性体应变增量修正系数与应力比的关系。

由式(7.3.13)可得

$$\mathrm{d}H_\alpha=\frac{M^4}{M_f^4}\frac{M_f^4-\eta^4}{M^4-\eta^4}\mathrm{d}\varepsilon_v^p$$

记塑性体应变增量修正系数 Ω 为

$$\Omega=\frac{M^4}{M_f^4}\frac{M_f^4-\eta^4}{M^4-\eta^4}$$

图7.3.14为塑性体应变增量修正系数Ω与应力比η的关系曲线。可以看出，当$\eta=0$时，$\Omega=1$，说明塑性体应变增量与应力路径无关，不需要修正；当$\eta=M$时，$\Omega=0$，此时为临界状态；当$\eta=M_f$时，$\Omega\to-\infty$，即η以M_f为渐近线。

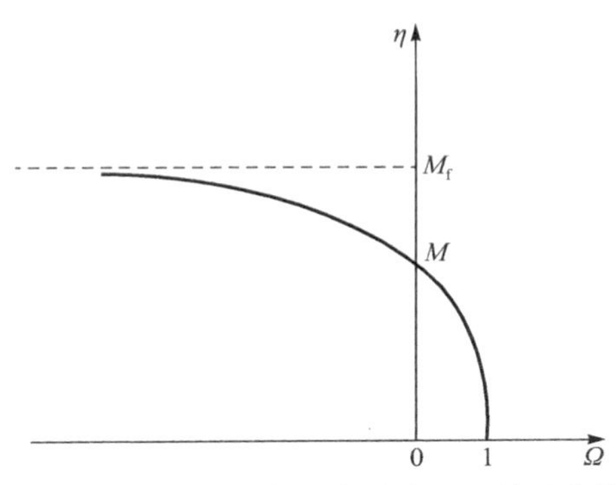

图7.3.14 修正系数Ω与应力比η关系曲线

7.3.4 应力-应变关系

1. 弹性应力-应变关系

根据广义胡克定律可得

$$d\varepsilon_{ij}^{e}=\frac{1+\nu}{E}d\sigma_{ij}-\frac{\nu}{E}d\sigma_{kk}\delta_{ij}$$

弹性应变的相应分量为

$$d\varepsilon_{v}^{e}=d\varepsilon_{11}^{e}+d\varepsilon_{22}^{e}+d\varepsilon_{33}^{e}=\frac{3(1-2\nu)}{E}dp$$

$$d\varepsilon_{s}^{e}=\frac{\sqrt{2}}{3}\sqrt{(d\varepsilon_{11}^{e}-d\varepsilon_{22}^{e})^{2}+(d\varepsilon_{22}^{e}-d\varepsilon_{33}^{e})^{2}+(d\varepsilon_{33}^{e}-d\varepsilon_{11}^{e})^{2}}=\frac{2(1+\nu)}{3E}dq$$

由$E=\dfrac{3(1-2\nu)(1+e_0)}{k}p$，可得

$$d\varepsilon_{v}^{e}=c_{k}\frac{1}{p}dp$$

$$d\varepsilon_{s}^{e}=\frac{2}{9}\frac{1+\nu}{1-2\nu}c_{k}\frac{1}{p}dq$$

式中，$c_k=\dfrac{k}{1+e_0}$，k为等压固结e-$\ln p$卸载直线的斜率。

2. 塑性应力-应变关系

统一硬化模型屈服函数表示为

$$f=c_{\mathrm{p}}\ln\frac{p}{p_0}+c_{\mathrm{p}}\ln\left(1+\frac{q^2}{M^2p^2}\right)-H_\alpha=0 \tag{7.3.14}$$

式中，$c_{\mathrm{p}}=\dfrac{\lambda}{1+e_0}$，$\lambda$ 为等压固结 e-$\ln p$ 加载直线的斜率。

将式(7.3.13)代入式(7.3.14)，可得

$$f=c_{\mathrm{p}}\ln\frac{p}{p_0}+c_{\mathrm{p}}\ln\left(1+\frac{q^2}{M^2p^2}\right)-\int\frac{M^4}{M_{\mathrm{f}}^4}\frac{M_{\mathrm{f}}^4-\eta^4}{M^4-\eta^4}\mathrm{d}\varepsilon_{\mathrm{v}}^{\mathrm{p}}=0 \tag{7.3.15}$$

即

$$\mathrm{d}f=\frac{\partial f}{\partial p}\mathrm{d}p+\frac{\partial f}{\partial q}\mathrm{d}q+\frac{\partial f}{\partial\varepsilon_{\mathrm{v}}^{\mathrm{p}}}\mathrm{d}\varepsilon_{\mathrm{v}}^{\mathrm{p}}=0$$

又由式(7.3.15)可得

$$\begin{cases}\dfrac{\partial f}{\partial p}=c_{\mathrm{p}}\dfrac{1}{p}\dfrac{M^2p^2-q^2}{M^2p^2+q_2}\\[2ex]\dfrac{\partial f}{\partial q}=c_{\mathrm{p}}\dfrac{2q}{M^2p^2+q^2}\\[2ex]\dfrac{\partial f}{\partial\varepsilon_{\mathrm{v}}^{\mathrm{p}}}=-\dfrac{M^4}{M_{\mathrm{f}}^4}\dfrac{M_{\mathrm{f}}^4-\eta^4}{M^4-\eta^4}\mathrm{d}\varepsilon_{\mathrm{v}}^{\mathrm{p}}\end{cases}$$

因此，

$$\mathrm{d}\varepsilon_{\mathrm{v}}^{\mathrm{p}}=c_{\mathrm{p}}\frac{M_{\mathrm{f}}^4}{M^4}\frac{M^4-\eta^4}{M_{\mathrm{f}}^4-\eta^4}\frac{1}{p}\left(\frac{M^2-\eta^2}{M^2+\eta^2}\mathrm{d}p+\frac{2\eta}{M^2+\eta^2}\mathrm{d}q\right)$$

代入剪胀方程

$$\frac{\mathrm{d}\varepsilon_{\mathrm{v}}^{\mathrm{p}}}{\mathrm{d}\varepsilon_{\mathrm{s}}^{\mathrm{p}}}=\frac{M^2-\eta^2}{2\eta}$$

可得

$$\mathrm{d}\varepsilon_{\mathrm{s}}^{\mathrm{p}}=c_{\mathrm{p}}\frac{M_{\mathrm{f}}^4}{M^4}\frac{M^4-\eta^4}{M_{\mathrm{f}}^4-\eta^4}\frac{1}{p}\left(\frac{2\eta}{M^2+\eta^2}\mathrm{d}p+\frac{4\eta^2}{M^4-\eta^4}\mathrm{d}q\right)$$

3. 总应力-应变关系

$$\begin{bmatrix}\mathrm{d}\varepsilon_{\mathrm{v}}\\\mathrm{d}\varepsilon_{\mathrm{s}}\end{bmatrix}=\boldsymbol{D}^{\mathrm{ep}}\begin{bmatrix}\mathrm{d}p\\\mathrm{d}q\end{bmatrix}=\frac{1}{p}\begin{bmatrix}D_{\mathrm{pp}}&D_{\mathrm{pq}}\\D_{\mathrm{qp}}&D_{\mathrm{qq}}\end{bmatrix}\begin{bmatrix}\mathrm{d}p\\\mathrm{d}q\end{bmatrix}$$

式中，

$$D_{\mathrm{pp}}=c_{\mathrm{k}}+c_{\mathrm{p}}\frac{M_{\mathrm{f}}^4}{M^4}\frac{(M^2-\eta^2)^2}{M_{\mathrm{f}}^4-\eta^4}$$

$$D_{pq}=c_p\frac{M_f^4}{M^4}\frac{(M^2-\eta^2)2\eta}{M_f^4-\eta^4}$$

$$D_{qp}=c_p\frac{M_f^4}{M^4}\frac{(M^2-\eta^2)2\eta}{M_f^4-\eta^4}$$

$$D_{qq}=\frac{2}{9}c_k\frac{1+\nu}{1-2\nu}+c_p\frac{M_f^4}{M^4}\frac{4\eta^2}{M_f^4-\eta^4}$$

4. 试验验证

图 7.3.15 为三轴压缩预测曲线与试验结果比较。可以看出,统一硬化参数能够较好地反映正常固结土的变形特性。对于正常固结黏土,$M=M_f$,$R(\eta)=1$,硬化参数 H_α 即为塑性体应变,统一硬化模型退化为修正剑桥模型。对于砂土,使用统一硬化模型能够较好地反映其剪胀性和临界状态特性。

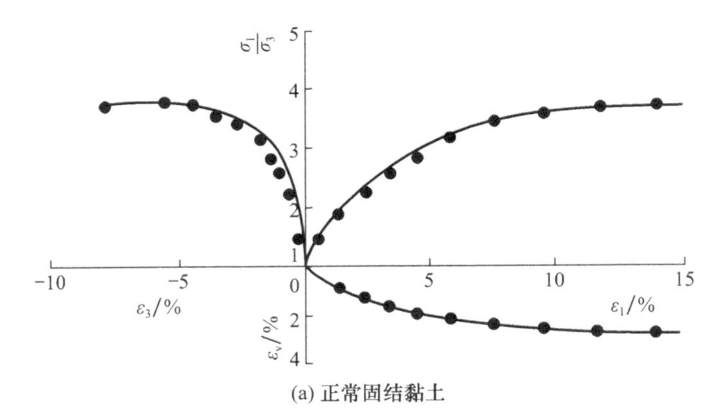

(a) 正常固结黏土

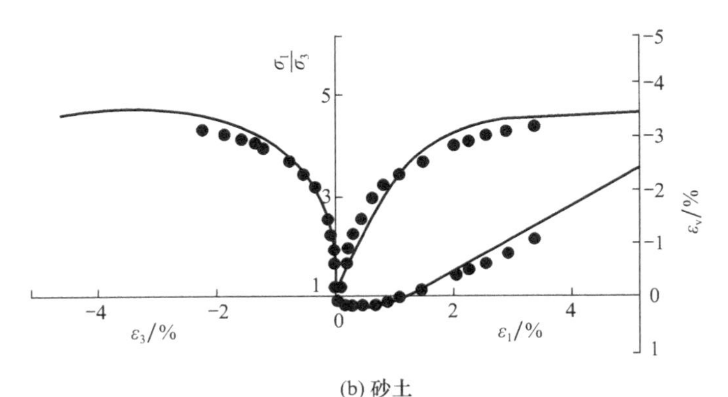

(b) 砂土

图 7.3.15　三轴压缩预测曲线与试验结果比较

7.3.5 模型评论

岩土本构关系对应力路径的依赖性是岩土的一个重要力学特性，也是本构模型描述的难点。统一硬化模型在应力路径影响模拟上大大推动了一步。统一硬化参数采用依赖于应力路径的塑性变形去除同样依赖应力路径的应力参量来消除应力路径的影响，从而得到与应力路径无关的硬化参数。针对不同岩土类型特性，建立相应的屈服面，形成了系列岩土模型。如果能进一步统一岩土屈服面，建立统一岩土本构模型，则理论意义更大。

思 考 题

（1）剑桥模型的理论基础是什么？

（2）给出一般应力空间的修正剑桥模型弹塑性变形计算。

（3）Lade 模型的理论基础是什么？

（4）给出主应力空间的 Lade 模型弹塑性变形计算。

（5）如何理解塑性应变增量和应力路径的相关性，以及如何消除塑性应变增量的应力路径相关性？

参 考 文 献

[1] Schofield A,Wroth P. Critical State Soil Mechanics. London:McGraw-Hill,1968.

[2] Roscoe K H,Schofield A N,Thurairajah A. Yielding of clays in states wetter than critical. Geotechnique,1963,13(3):211-240.

[3] Roscoe K H,Burland J B. On the generalized stress strain behavior of 'wet' clay//Heyman J,Lekie F A. Engineering Plasticity. Cambridge:Cambridge University Press,1968:535-609.

[4] Kim M K,Lade,P V. Single hardening constitutive model for frictional materials, Ⅰ. Plastic potential function. Computers and Geotechnics,1988,5(4):307-324.

[5] Lade P V,Kim M K. Single hardening constitutive model for frictional materials, Ⅱ. Yield criterion and plastic work contours. Computers and Geotechnics,1988,6(1):13-29.

[6] LadeP V,Kim M K. Single hardening constitutive model for frictional materials, Ⅲ. Comparisons with experimental data. Computers and Geotechnics,1988,6(1):31-47.

[7] Lade P V. Single hardening model with application to NC clay. Journal of Geotechnical Engineering,1990,116(3):394-414.

[8] Lade P V, Kim M K. Single hardening constitutive model for soil, rock and concrete. International Journal of Solids and Structure, 1995, 32(14): 1963-1978.

[9] Lade P V, Inel S. Rotational kinematic hardening model for sand, part Ⅰ. Concept of rotating yield and plastic potential surfaces. Computers and Geotechnics, 1997, 21(3): 183-216.

[10] Lade P V, Jakobsen K P. Incremental realization of a single hardening constitutive model for frictional materials. International Journal for Numerical and Analytical Method in Geomechanics, 2002, 26: 647-659.

[11] Lade P V. Calibration of the single hardening model for clays//Proceeding of the 11th International Conference of the International Association for Computer Methods and Advances in Geomechanics, Turin, 2005: 45-68.

[12] 姚仰平,侯伟,周安楠. 基于 Hvorslev 面的超固结土本构模型. 中国科学(E 辑), 2007, 37(11): 1417-1429.

[13] 姚仰平,侯伟. K_0 超固结土的统一硬化模型. 岩土工程学报, 2008, 30(3): 316-322.

[14] 姚仰平. 土的统一硬化模型及其发展. 工业建筑, 2008, 38(8): 1-5.

[15] 姚仰平,侯伟,罗汀. 土的统一硬化模型. 岩石力学与工程学报, 2009, 28(10): 2135-2151.

第 8 章　含主应力轴旋转的土体一般应力-应变关系

传统塑性力学中假设应力主轴不发生偏转，即硬化过程中应力主轴方向不变。而实际上，地震、波浪等会导致应力主轴方向发生旋转，并同时引起塑性变形。

传统塑性力学不能反映主应力旋转产生塑性变形的原因[1]在于，它假定屈服面只是应力不变量的函数[1,2]。当纯主应力轴旋转时，土体的主应力值是不变的，故从传统塑性力学来看，土体主应力轴旋转属于中性变载，不会产生塑性变形。

为了反映主应力轴旋转所产生的塑性变形，国内外学者在下述两个方面做了不少工作：

(1) 直接建立一般应力增量分量与一般应变增量分量之间的关系模式[3,4]。主应力轴旋转实质上是应力增量中存在剪切分量，这在传统塑性力学中是无法反映的。Matsouka 等[3,4]将主应力轴旋转转化为一般应力增量分量的变化，并通过试验建立一般坐标系下应力增量与应变增量之间的关系，由此即能算出主应力轴旋转产生的塑性变形。但是这样做太复杂，尤其是三维情况。

(2) 采用运动硬化模型，屈服面随主应力轴旋转而运动，但当应力路径复杂时，很难给出屈服面运动规律[5,6]。

本章旨在建立能考虑应力增量对塑性应变增量方向的影响及主应力轴旋转影响的广义塑性位势理论，并给出基于广义塑性位势理论的应力-应变关系，从而提出一种简单实用的能考虑主应力轴旋转的弹塑性变形计算方法[7~10]。

8.1　应力增量分解

岩土塑性力学一般局限于应力主轴旋转可忽略的情况，即认为只有应力主值大小的变化，而无应力主轴方向的变化。在这种情况下，应力增量、应变增量、应力及应变的方向与主轴方向是一致的，这与传统塑性力学一致。实际上,应力增量中存在使应力主轴旋转的一部分应力增量。本节利用矩阵理论,将一般应力增量分解为两部分:一部分与应力共主轴,称为共轴分量;另一部分使主应力轴产生旋转,称为旋转分量。由此,在应力增量分解的基础上,将一个复杂的三维含主应力轴旋转的问题简化为三维应力-应变共主轴问题和纯绕某一个或三个主应力轴旋转问题,大大减小了计算难度。

8.1.1　二维应力增量分解

如图 8.1.1 所示,xoy 平面上,设主应力为 σ_1 与 σ_2,对应的主应力方向为 $\boldsymbol{N}_1$、$\boldsymbol{N}_2$,则应力为

$$\boldsymbol{\sigma}=[\boldsymbol{N}_1 \quad \boldsymbol{N}_2]\begin{bmatrix}\sigma_1 & 0\\ 0 & \sigma_2\end{bmatrix}\begin{bmatrix}\boldsymbol{N}_1\\ \boldsymbol{N}_2\end{bmatrix}=\boldsymbol{T}_1\boldsymbol{\Lambda}\boldsymbol{T}_1^{\mathrm{T}} \tag{8.1.1}$$

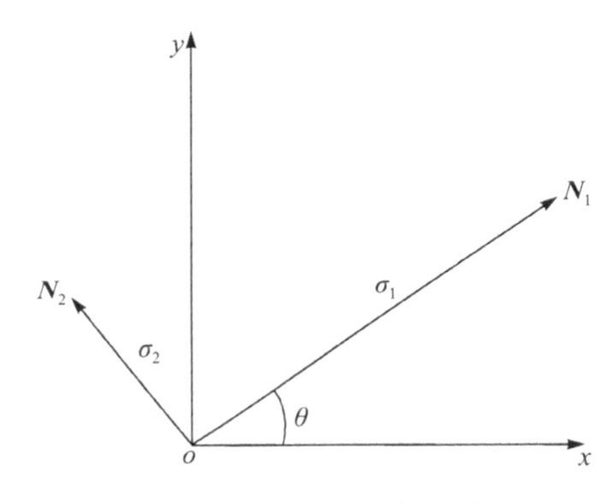

图 8.1.1　二维一般应力

若令 $\boldsymbol{N}_1$ 与 x 轴的夹角为 θ,则有

$$\boldsymbol{T}_1=\begin{bmatrix}\cos\theta & -\sin\theta\\ \sin\theta & \cos\theta\end{bmatrix},\quad \boldsymbol{T}_1^{\mathrm{T}}=\begin{bmatrix}\cos\theta & \sin\theta\\ -\sin\theta & \cos\theta\end{bmatrix} \tag{8.1.2}$$

1. 共轴部分应力增量

共轴部分应力增量 $\mathrm{d}\boldsymbol{\sigma}_{\mathrm{c}}$,即指应力主轴方向不变、主值大小变化的应力增量。这种情况下,式(8.1.1)中矩阵 $\boldsymbol{T}_1$、$\boldsymbol{T}_1^{\mathrm{T}}$ 为常数阵,只是对角阵 $\boldsymbol{\Lambda}$ 中 σ_1、σ_2 变化,即有

$$\mathrm{d}\boldsymbol{\sigma}_{\mathrm{c}}=\mathrm{d}(\boldsymbol{T}_1\boldsymbol{\Lambda}\boldsymbol{T}_1^{\mathrm{T}})=\boldsymbol{T}_1(\mathrm{d}\boldsymbol{\Lambda})\boldsymbol{T}_1^{\mathrm{T}}=\boldsymbol{T}_1\begin{bmatrix}\mathrm{d}\sigma_1 & 0\\ 0 & \mathrm{d}\sigma_2\end{bmatrix}\boldsymbol{T}_1^{\mathrm{T}} \tag{8.1.3}$$

式(8.1.3)表明,在主应力坐标系下,它的正对角线元素不为零,而副对

角线元素为零。这就是不含应力主轴旋转，只有主值变化($\mathrm{d}\sigma_1$、$\mathrm{d}\sigma_2$)的共轴部分应力增量。

2. 旋转部分应力增量

旋转部分应力增量 $\mathrm{d}\boldsymbol{\sigma}_{\mathrm{r}}$，即指应力主值大小不变、应力主轴方向变化的应力增量。这种情况下，式(8.1.1)中对角阵为常数阵，$\boldsymbol{T}_1$、$\boldsymbol{T}_1^{\mathrm{T}}$ 发生变化，则有

$$\mathrm{d}\boldsymbol{\sigma}_{\mathrm{r}}=\mathrm{d}(\boldsymbol{T}_1\boldsymbol{\Lambda}\boldsymbol{T}_1^{\mathrm{T}})=\mathrm{d}\boldsymbol{T}_1\boldsymbol{\Lambda}\boldsymbol{T}_1^{\mathrm{T}}+\boldsymbol{T}_1\boldsymbol{\Lambda}\mathrm{d}\boldsymbol{T}_1^{\mathrm{T}} \tag{8.1.4}$$

式中，$\mathrm{d}\boldsymbol{\sigma}_{\mathrm{r}}$ 为对称张量。

分别对式(8.1.2)中的两式微分，可得

$$\begin{cases}\mathrm{d}\boldsymbol{T}_1=\begin{bmatrix}-\sin\theta & -\cos\theta\\ \cos\theta & -\sin\theta\end{bmatrix}\mathrm{d}\theta\\ \mathrm{d}\boldsymbol{T}_1^{\mathrm{T}}=\begin{bmatrix}-\sin\theta & \cos\theta\\ -\cos\theta & -\sin\theta\end{bmatrix}\mathrm{d}\theta\end{cases} \tag{8.1.5}$$

结合式(8.1.2)与式(8.1.5)，有

$$\begin{cases}\boldsymbol{T}_1^{\mathrm{T}}\mathrm{d}\boldsymbol{T}_1=\begin{bmatrix}0 & -1\\ 1 & 0\end{bmatrix}\mathrm{d}\theta\\ \mathrm{d}\boldsymbol{T}_1^{\mathrm{T}}\boldsymbol{T}_1=\begin{bmatrix}0 & 1\\ -1 & 0\end{bmatrix}\mathrm{d}\theta\end{cases} \tag{8.1.6}$$

上述 $\mathrm{d}\boldsymbol{\sigma}_{\mathrm{r}}$ 是在一般应力空间表述的，若将 $\mathrm{d}\boldsymbol{\sigma}_{\mathrm{r}}$ 从一般应力空间转换至主应力空间，并考虑 $\boldsymbol{T}_1^{\mathrm{T}}\boldsymbol{T}_1=\boldsymbol{I}$，即有

$$\begin{aligned}\boldsymbol{T}_1^{\mathrm{T}}\mathrm{d}\boldsymbol{\sigma}_{\mathrm{r}}\boldsymbol{T}_1&=\boldsymbol{T}_1^{\mathrm{T}}(\mathrm{d}\boldsymbol{T}_1\boldsymbol{\Lambda}\boldsymbol{T}_1^{\mathrm{T}}+\boldsymbol{T}_1\boldsymbol{\Lambda}\mathrm{d}\boldsymbol{T}_1^{\mathrm{T}})\boldsymbol{T}_1\\ &=(\boldsymbol{T}_1^{\mathrm{T}}\mathrm{d}\boldsymbol{T}_1)\boldsymbol{\Lambda}(\boldsymbol{T}_1^{\mathrm{T}}\boldsymbol{T}_1)+(\boldsymbol{T}_1^{\mathrm{T}}\boldsymbol{T}_1)\boldsymbol{\Lambda}(\mathrm{d}\boldsymbol{T}_1^{\mathrm{T}}\boldsymbol{T}_1)\\ &=\begin{bmatrix}0 & -1\\ 1 & 0\end{bmatrix}\mathrm{d}\theta\begin{bmatrix}\sigma_1 & 0\\ 0 & \sigma_2\end{bmatrix}\boldsymbol{I}+\boldsymbol{I}\begin{bmatrix}\sigma_1 & 0\\ 0 & \sigma_2\end{bmatrix}\begin{bmatrix}0 & 1\\ -1 & 0\end{bmatrix}\mathrm{d}\theta\\ &=\begin{bmatrix}0 & \mathrm{d}\theta(\sigma_1-\sigma_2)\\ \mathrm{d}\theta(\sigma_1-\sigma_2) & 0\end{bmatrix}\end{aligned} \tag{8.1.7}$$

式(8.1.7)表明，旋转部分应力增量 $\mathrm{d}\boldsymbol{\sigma}_{\mathrm{r}}$ 是由主应力轴旋转角增量 $\mathrm{d}\theta$ 所产生的，即主应力轴旋转所产生的，它建立了旋转部分应力增量与主应力轴旋转角增量之间的关系。在主应力空间中，其正对角线元素为零，副对角线元素相等，并等于 $\mathrm{d}\theta$ 乘以两主应力之差。可见，副对角线元素表示应力主轴旋转引起的应力增量分量。

3. 应力增量分解

由上述可见，应力增量可分成共轴分量 $\mathrm{d}\boldsymbol{\sigma}_{\mathrm{c}}$ 与旋转分量 $\mathrm{d}\boldsymbol{\sigma}_{\mathrm{r}}$，即

$$\mathrm{d}\boldsymbol{\sigma}=\mathrm{d}\boldsymbol{\sigma}_{\mathrm{c}}+\mathrm{d}\boldsymbol{\sigma}_{\mathrm{r}}=\boldsymbol{T}_1\begin{bmatrix}K_1 & 0\\ 0 & K_3\end{bmatrix}\boldsymbol{T}_1^{\mathrm{T}}+\boldsymbol{T}_1\begin{bmatrix}0 & K_2\\ K_2 & 0\end{bmatrix}\boldsymbol{T}_1^{\mathrm{T}} \tag{8.1.8}$$

式中，$K_1=\mathrm{d}\sigma_1$，$K_2=\mathrm{d}\sigma_2$，$K_3=\mathrm{d}\theta(\sigma_1-\sigma_2)$。

8.1.2　三维应力增量分解

令应力 $\boldsymbol{\sigma}$ 的三个主值为 σ_1、σ_2、σ_3，对应的单位主方向为 $\boldsymbol{N}_1$、$\boldsymbol{N}_2$、$\boldsymbol{N}_3$，则有

$$\boldsymbol{\sigma}=[\boldsymbol{N}_1\quad \boldsymbol{N}_2\quad \boldsymbol{N}_3]\begin{bmatrix}\sigma_1 & 0 & 0\\ 0 & \sigma_2 & 0\\ 0 & 0 & \sigma_3\end{bmatrix}\begin{bmatrix}\boldsymbol{N}_1\\ \boldsymbol{N}_2\\ \boldsymbol{N}_3\end{bmatrix}=\boldsymbol{T\Lambda T}^{\mathrm{T}} \tag{8.1.9}$$

将应力增量 $\mathrm{d}\boldsymbol{\sigma}$ 转换至主应力空间，则有

$$\boldsymbol{T}^{\mathrm{T}}\mathrm{d}\boldsymbol{\sigma}\boldsymbol{T}=\begin{bmatrix}M_1 & A_1 & C_1\\ A_1 & M_2 & B_1\\ C_1 & B_1 & M_3\end{bmatrix} \tag{8.1.10}$$

共轴应力增量 $\mathrm{d}\boldsymbol{\sigma}_{\mathrm{c}}$ 与旋转应力增量 $\mathrm{d}\boldsymbol{\sigma}_{\mathrm{r}}$ 分别为

$$\mathrm{d}\boldsymbol{\sigma}_{\mathrm{c}}=\boldsymbol{T}\begin{bmatrix}M_1 & 0 & 0\\ 0 & M_2 & 0\\ 0 & 0 & M_3\end{bmatrix}\boldsymbol{T}^{\mathrm{T}} \tag{8.1.11}$$

式中，$M_1=\mathrm{d}\sigma_1$，$M_2=\mathrm{d}\sigma_2$，$M_3=\mathrm{d}\sigma_3$。

$$\begin{aligned}\mathrm{d}\boldsymbol{\sigma}_{\mathrm{r}}&=\mathrm{d}\boldsymbol{\sigma}_{\mathrm{r}1}+\mathrm{d}\boldsymbol{\sigma}_{\mathrm{r}2}+\mathrm{d}\boldsymbol{\sigma}_{\mathrm{r}3}\\ &=\boldsymbol{T}\begin{bmatrix}0 & A_1 & 0\\ A_1 & 0 & 0\\ 0 & 0 & 0\end{bmatrix}\boldsymbol{T}^{\mathrm{T}}+\boldsymbol{T}\begin{bmatrix}0 & 0 & 0\\ 0 & 0 & B_1\\ 0 & B_1 & 0\end{bmatrix}\boldsymbol{T}^{\mathrm{T}}+\boldsymbol{T}\begin{bmatrix}0 & 0 & C_1\\ 0 & 0 & 0\\ C_1 & 0 & 0\end{bmatrix}\boldsymbol{T}^{\mathrm{T}}\end{aligned} \tag{8.1.12}$$

式中，

$$\mathrm{d}\boldsymbol{\sigma}_{\mathrm{r}1}=\boldsymbol{T}\begin{bmatrix}0 & A_1 & 0\\ A_1 & 0 & 0\\ 0 & 0 & 0\end{bmatrix}\boldsymbol{T}^{\mathrm{T}},\quad A_1=\mathrm{d}\theta_1(\sigma_1-\sigma_2)=\mathrm{d}\sigma_{12}$$

$$\mathrm{d}\boldsymbol{\sigma}_{\mathrm{r}2}=\boldsymbol{T}\begin{bmatrix}0 & 0 & 0\\ 0 & 0 & B_1\\ 0 & B_1 & 0\end{bmatrix}\boldsymbol{T}^{\mathrm{T}},\quad B_1=\mathrm{d}\theta_2(\sigma_2-\sigma_3)=\mathrm{d}\sigma_{23}$$

$$\mathrm{d}\boldsymbol{\sigma}_{\mathrm{r}3}=\boldsymbol{T}\begin{bmatrix}0 & 0 & C_1\\ 0 & 0 & 0\\ C_1 & 0 & 0\end{bmatrix}\boldsymbol{T}^{\mathrm{T}},\quad C_1=\mathrm{d}\theta_3(\sigma_1-\sigma_3)=\mathrm{d}\sigma_{13}$$

式中，$\mathrm{d}\theta_1$、$\mathrm{d}\theta_2$、$\mathrm{d}\theta_3$ 分别表示旋转应力增量 $\mathrm{d}\boldsymbol{\sigma}_{\mathrm{r}1}$、$\mathrm{d}\boldsymbol{\sigma}_{\mathrm{r}2}$、$\mathrm{d}\boldsymbol{\sigma}_{\mathrm{r}3}$ 引起的绕第三、第一、第二主应力轴旋转的旋转角增量。

则总的应力增量可表示为

$$\begin{aligned}\mathrm{d}\boldsymbol{\sigma}&=\mathrm{d}\boldsymbol{\sigma}_{\mathrm{c}}+\mathrm{d}\boldsymbol{\sigma}_{\mathrm{r}}=\mathrm{d}\boldsymbol{\sigma}_{\mathrm{c}}+\mathrm{d}\boldsymbol{\sigma}_{\mathrm{r}1}+\mathrm{d}\boldsymbol{\sigma}_{\mathrm{r}2}+\mathrm{d}\boldsymbol{\sigma}_{\mathrm{r}3}\\&=\boldsymbol{T}\begin{bmatrix}\mathrm{d}\sigma_1 & \mathrm{d}\theta_1(\sigma_1-\sigma_2) & \mathrm{d}\theta_3(\sigma_1-\sigma_3)\\ \mathrm{d}\theta_1(\sigma_1-\sigma_2) & \mathrm{d}\sigma_2 & \mathrm{d}\theta_2(\sigma_2-\sigma_3)\\ \mathrm{d}\theta_3(\sigma_1-\sigma_3) & \mathrm{d}\theta_2(\sigma_2-\sigma_3) & \mathrm{d}\sigma_3\end{bmatrix}\boldsymbol{T}^{\mathrm{T}}\end{aligned}\tag{8.1.13}$$

8.2 考虑应力主轴旋转的广义塑性位势理论

由 8.1 节可知，应力增量可分解为两部分，而这两部分应力增量都会引起塑性变形，因而总应变增量与塑性应变增量可写成

$$\mathrm{d}\boldsymbol{\varepsilon}=\mathrm{d}\boldsymbol{\varepsilon}^{\mathrm{e}}+\mathrm{d}\boldsymbol{\varepsilon}^{\mathrm{p}}\tag{8.2.1}$$

$$\mathrm{d}\boldsymbol{\varepsilon}^{\mathrm{p}}=\mathrm{d}\boldsymbol{\varepsilon}_{\mathrm{c}}^{\mathrm{p}}+\mathrm{d}\boldsymbol{\varepsilon}_{\mathrm{r}}^{\mathrm{p}}=\mathrm{d}\boldsymbol{\varepsilon}_{\mathrm{c}}^{\mathrm{p}}+\mathrm{d}\boldsymbol{\varepsilon}_{\mathrm{r}1}^{\mathrm{p}}+\mathrm{d}\boldsymbol{\varepsilon}_{\mathrm{r}2}^{\mathrm{p}}+\mathrm{d}\boldsymbol{\varepsilon}_{\mathrm{r}3}^{\mathrm{p}}\tag{8.2.2}$$

式中，$\mathrm{d}\boldsymbol{\varepsilon}_{\mathrm{c}}^{\mathrm{p}}$ 为共轴应力增量 $\mathrm{d}\boldsymbol{\sigma}_{\mathrm{c}}$ 引起的塑性应变增量；$\mathrm{d}\boldsymbol{\varepsilon}_{\mathrm{r}}^{\mathrm{p}}$ 为旋转应力增量 $\mathrm{d}\boldsymbol{\sigma}_{\mathrm{r}}$ 引起的塑性应变增量；$\mathrm{d}\boldsymbol{\varepsilon}_{\mathrm{r}1}^{\mathrm{p}}$、$\mathrm{d}\boldsymbol{\varepsilon}_{\mathrm{r}2}^{\mathrm{p}}$、$\mathrm{d}\boldsymbol{\varepsilon}_{\mathrm{r}3}^{\mathrm{p}}$ 分别为旋转应力增量 $\mathrm{d}\boldsymbol{\sigma}_{\mathrm{r}1}$、$\mathrm{d}\boldsymbol{\sigma}_{\mathrm{r}2}$、$\mathrm{d}\boldsymbol{\sigma}_{\mathrm{r}3}$ 引起的塑性应变增量。

共轴塑性应变增量采用不考虑应力主轴旋转的广义塑性理论求解。

$$\mathrm{d}\boldsymbol{\varepsilon}_{\mathrm{c}}^{\mathrm{p}}=\sum_{k=1}^{3}\mathrm{d}\lambda_k\frac{\partial Q_k}{\partial\boldsymbol{\sigma}}\tag{8.2.3}$$

式中，Q_k、$\mathrm{d}\lambda_k$ 分别为 3 个线性无关的塑性势与对应的塑性系数。

由土工试验可知，在主应力空间内，旋转应力增量 $\mathrm{d}\boldsymbol{\sigma}_{\mathrm{r}}$ 引起 6 个应变方向的塑性应变，因而需引用 6 个塑性势函数。与不考虑应力主轴旋转的塑性势函数一样，势函数的选择可以任意，但必须保持势函数的线性无关。一般可把 6 个应力分量写成 6 个势函数，6 个应力分量的方向就是 6 个势面的法线方向。因此，考虑旋转应力增量的广义流动法则可写成

$$\mathrm{d}\varepsilon_{ij\mathrm{r}}^{\mathrm{p}}=\sum_{k=1}^{6}\mathrm{d}\lambda_{k\mathrm{r}}\frac{\partial Q_{k\mathrm{r}}}{\partial\sigma_{ij}}\tag{8.2.4}$$

式中，$d\lambda_{kr}$为 6 个塑性系数；Q_{kr}为 6 个塑性势面，如 $Q_{1r}=\sigma_1$，$Q_{2r}=\sigma_2$，$Q_{3r}=\sigma_3$，$Q_{4r}=\sigma_{12}$，$Q_{5r}=\sigma_{13}$，$Q_{6r}=\sigma_{23}$。

由于 $d\boldsymbol{\sigma}_r$可写成 $d\boldsymbol{\sigma}_{r1}+d\boldsymbol{\sigma}_{r2}+d\boldsymbol{\sigma}_{r3}$，旋转应力增量可写成分别绕 3 个主轴旋转的 3 个旋转应力增量分量，即 $d\boldsymbol{\sigma}_{r1}$、$d\boldsymbol{\sigma}_{r2}$、$d\boldsymbol{\sigma}_{r3}$，它们将各自引起 4 个方向上的塑性应变增量。因此，考虑旋转应力增量的广义流动法则，还可写成如下形式：

$$\begin{cases} d\varepsilon_{ijr1}^{p}=d\lambda_{11r1}\dfrac{\partial Q_{1r}}{\partial\sigma_{ij}}+d\lambda_{22r1}\dfrac{\partial Q_{2r}}{\partial\sigma_{ij}}+d\lambda_{33r1}\dfrac{\partial Q_{3r}}{\partial\sigma_{ij}}+d\lambda_{12r1}\dfrac{\partial Q_{4r}}{\partial\sigma_{ij}} \\ d\varepsilon_{ijr2}^{p}=d\lambda_{11r2}\dfrac{\partial Q_{1r}}{\partial\sigma_{ij}}+d\lambda_{22r2}\dfrac{\partial Q_{2r}}{\partial\sigma_{ij}}+d\lambda_{33r2}\dfrac{\partial Q_{3r}}{\partial\sigma_{ij}}+d\lambda_{23r2}\dfrac{\partial Q_{6r}}{\partial\sigma_{ij}} \\ d\varepsilon_{ijr3}^{p}=d\lambda_{11r3}\dfrac{\partial Q_{1r}}{\partial\sigma_{ij}}+d\lambda_{22r3}\dfrac{\partial Q_{2r}}{\partial\sigma_{ij}}+d\lambda_{33r3}\dfrac{\partial Q_{3r}}{\partial\sigma_{ij}}+d\lambda_{13r3}\dfrac{\partial Q_{5r}}{\partial\sigma_{ij}} \end{cases} \tag{8.2.5}$$

式(8.2.4)与式(8.2.5)称为应力旋转部分的广义塑性位势理论或流动法则。如果与式(8.2.3)组合，即得含主应力轴旋转在内的广义塑性位势理论。

$$d\varepsilon_{ij}^{p}=\sum_{k=1}^{3}d\lambda_k\frac{\partial Q_k}{\partial\sigma_{ij}}+\sum_{k=1}^{6}d\lambda_{kr}\frac{\partial Q_{kr}}{\partial\sigma_{ij}} \tag{8.2.6}$$

8.3 岩土塑性应力-应变关系的完全应力增量表述

为了求得塑性变形，在常用的岩土弹塑性模型中，一般要引用塑性应变增量 $d\varepsilon_v^p$、$d\varepsilon_s^p$ 与应力增量 dp、dq 的关系，即

$$\begin{cases} d\varepsilon_v^p=A\,dp+B\,dq \\ d\varepsilon_s^p=C\,dp+D\,dq \end{cases} \tag{8.3.1}$$

然而，式(8.3.1)中应力增量表述是不全面的，因为剪应力增量中不仅有 dp、dq，还有应力洛德角增量 $d\theta_\sigma$ 与主轴旋转分量增量 $d\theta$。如果把式(8.3.1)中的塑性应变增量与应力增量都写成应变增量的不变量 $d\varepsilon_v^{p'}$、$d\varepsilon_s^{p'}$与应力增量的不变量 dp'、dq'，则有

$$\begin{cases} d\varepsilon_v^{p'}=A\,dp'+B\,dq' \\ d\varepsilon_s^{p'}=C\,dp'+D\,dq' \end{cases} \tag{8.3.2}$$

式中，dq'不仅含有 dq，还含有 $d\theta_\sigma$ 与 $d\theta$，而成为完全的应力增量表述。

在一般应力空间，应变增量不变量与应力增量不变量为

$$
\begin{cases}
d\varepsilon_v^{p'} = d\varepsilon_{11}^p + d\varepsilon_{22}^p + d\varepsilon_{33}^p \\
d\varepsilon_s^{p'} = \dfrac{\sqrt{2}}{3}\Big[(d\varepsilon_{11}^p - d\varepsilon_{22}^p)^2 + (d\varepsilon_{22}^p - d\varepsilon_{33}^p)^2 + (d\varepsilon_{11}^p - d\varepsilon_{33}^p)^2 \\
\qquad + \dfrac{3}{2}(d\varepsilon_{12}^{p2} + d\varepsilon_{13}^{p2} + d\varepsilon_{23}^{p2})\Big]^{\frac{1}{2}} \\
\quad = \dfrac{\sqrt{2}}{3}\sqrt{3[(d\varepsilon_{11}^p)^2 + (d\varepsilon_{22}^p)^2 + (d\varepsilon_{33}^p)^2] - (d\varepsilon_v^p)^2 + \dfrac{3}{2}[(d\varepsilon_{12}^p)^2 + (d\varepsilon_{13}^p)^2 + (d\varepsilon_{23}^p)^2]}
\end{cases}
\tag{8.3.3a}
$$

$$
\begin{cases}
dp' = \dfrac{1}{3}(d\sigma_{11} + d\sigma_{22} + d\sigma_{33}) \\
dq' = \dfrac{1}{\sqrt{2}}\Big[(d\sigma_{11} - d\sigma_{22})^2 + (d\sigma_{22} - d\sigma_{33})^2 + (d\sigma_{11} - d\sigma_{33})^2 + 6(d\sigma_{12}^2 + d\sigma_{13}^2 + d\sigma_{23}^2)\Big]^{\frac{1}{2}}
\end{cases}
\tag{8.3.3b}
$$

在主应力空间，有

$$
\begin{cases}
dp' = \dfrac{1}{3}(d\sigma_1 + d\sigma_2 + d\sigma_3) \\
dq' = \dfrac{1}{\sqrt{2}}\Big[(d\sigma_1 - d\sigma_2)^2 + (d\sigma_2 - d\sigma_3)^2 + (d\sigma_1 - d\sigma_3)^2 \\
\qquad + 6(d\sigma_{12}^2 + d\sigma_{13}^2 + d\sigma_{23}^2)\Big]^{\frac{1}{2}}
\end{cases}
\tag{8.3.4}
$$

当不考虑应力主轴旋转时，有 $d\sigma_{12} = d\sigma_{13} = d\sigma_{23} = 0$，当不考虑应力洛德角变化时，有 $d\sigma_2 = d\sigma_3$，即为普通三轴试验情况，此时有

$$
\begin{cases}
dp' = \dfrac{1}{3}(d\sigma_1 + d\sigma_2 + d\sigma_3) = \dfrac{1}{3}(d\sigma_1 + 2d\sigma_3) = dp \\
dq' = \dfrac{1}{\sqrt{2}}\sqrt{(d\sigma_1 - d\sigma_2)^2 + (d\sigma_2 - d\sigma_3)^2 + (d\sigma_1 - d\sigma_3)^2 + 6(0^2 + 0^2 + 0^2)} \\
\quad = \dfrac{1}{\sqrt{2}}\sqrt{2(d\sigma_1 - d\sigma_3)^2} = d\sigma_1 - d\sigma_3 = dq
\end{cases}
\tag{8.3.5}
$$

同理，普通三轴试验情况下，有

$$
d\varepsilon_v^{p'} = d\varepsilon_v^p, \quad d\varepsilon_s^{p'} = d\varepsilon_s^p \tag{8.3.6}
$$

则式(8.3.2)即退化为式(8.3.1)。

当只考虑应力洛德角变化时，此时有 $d\sigma_{12}=d\sigma_{13}=d\sigma_{23}=0$，$dp=0$，$dq=0$。主应力空间中三个主应力值 σ_1、σ_2、σ_3 与 p、q、θ_σ 的关系为

$$\begin{bmatrix}\sigma_1\\\sigma_2\\\sigma_3\end{bmatrix}=\frac{2}{3}q\begin{bmatrix}\sin\left(\theta_\sigma+\frac{2}{3}\pi\right)\\\sin\theta_\sigma\\\sin\left(\theta_\sigma-\frac{2}{3}\pi\right)\end{bmatrix}+\begin{bmatrix}p\\p\\p\end{bmatrix}\tag{8.3.7}$$

纯应力洛德角变化时，对式(8.3.7)微分得

$$\begin{bmatrix}d\sigma_1\\d\sigma_2\\d\sigma_3\end{bmatrix}=\frac{2}{3}q\begin{bmatrix}\cos\left(\theta_\sigma+\frac{2}{3}\pi\right)\\\cos\theta_\sigma\\\cos\left(\theta_\sigma-\frac{2}{3}\pi\right)\end{bmatrix}d\theta_\sigma\tag{8.3.8}$$

纯应力洛德角变化时，dp'、dq' 为

$$\begin{aligned}dp'&=\frac{1}{3}(d\sigma_1+d\sigma_2+d\sigma_3)\\&=\frac{1}{3}\cdot\frac{2}{3}q\,d\theta_\sigma\left[\cos\left(\theta_\sigma+\frac{2}{3}\pi\right)+\cos\theta_\sigma+\cos\left(\theta_\sigma-\frac{2}{3}\pi\right)\right]\\&=0\end{aligned}\tag{8.3.9a}$$

$$\begin{aligned}dq'=&\frac{1}{\sqrt{2}}\sqrt{(d\sigma_1-d\sigma_2)^2+(d\sigma_2-d\sigma_3)^2+(d\sigma_1-d\sigma_3)^2}\\=&\frac{1}{\sqrt{2}}\cdot\frac{2}{3}q|d\theta_\sigma|\left\{\left[\cos\left(\theta_\sigma+\frac{2}{3}\pi\right)-\cos\theta_\sigma\right]^2+\left[\cos\theta_\sigma-\cos\left(\theta_\sigma-\frac{2}{3}\pi\right)\right]^2\right.\\&\left.+\left[\cos\left(\theta_\sigma+\frac{2}{3}\pi\right)-\cos\left(\theta_\sigma-\frac{2}{3}\pi\right)\right]^2\right\}^{\frac{1}{2}}\end{aligned}\tag{8.3.9b}$$

式中，

$$\left[\cos\left(\theta_\sigma+\frac{2}{3}\pi\right)-\cos\theta_\sigma\right]^2=\frac{3}{4}\left[1+2\cos^2\theta_\sigma+\sqrt{3}\sin(2\theta_\sigma)\right]$$

$$\left[\cos\theta_\sigma-\cos\left(\theta_\sigma-\frac{2}{3}\pi\right)\right]^2=\frac{3}{4}\left[1+2\cos^2\theta_\sigma-\sqrt{3}\sin(2\theta_\sigma)\right]$$

$$\left[\cos\left(\theta_\sigma+\frac{2}{3}\pi\right)-\cos\left(\theta_\sigma-\frac{2}{3}\pi\right)\right]^2=3\sin^2\theta_\sigma$$

则有

$$\mathrm{d}q' = \frac{\sqrt{2}}{3} q \left| \mathrm{d}\theta_\sigma \right| \cdot \sqrt{\frac{3}{4}\left[1+2\cos^2\theta_\sigma+\sqrt{3}\sin(2\theta_\sigma)+1+2\cos^2\theta_\sigma-\sqrt{3}\sin(2\theta_\sigma)+4\sin^2\theta_\sigma\right]} = q\left|\mathrm{d}\theta_\sigma\right| \tag{8.3.10}$$

显然，式(8.3.10)中 $\mathrm{d}q'$方向与 $\mathrm{d}q$ 不同，$\mathrm{d}q$ 在 q 的方向，$q\left|\mathrm{d}\theta_\sigma\right|$在 q 的垂直方向。

当只考虑绕第三主应力轴旋转的应力增量 $\mathrm{d}\boldsymbol{\sigma}_{\mathrm{r1}}$时，有 $\mathrm{d}\boldsymbol{\sigma}_{\mathrm{r2}}=\mathrm{d}\boldsymbol{\sigma}_{\mathrm{r3}}=\mathrm{d}\boldsymbol{\sigma}_{\mathrm{c}}=0$，它对应的应力增量不变量为

$$\begin{cases}\mathrm{d}p' = \dfrac{1}{3}(\mathrm{d}\boldsymbol{\sigma}_{\mathrm{r1}}+\mathrm{d}\boldsymbol{\sigma}_{\mathrm{r2}}+\mathrm{d}\boldsymbol{\sigma}_{\mathrm{r3}})=0 \\ \mathrm{d}q' = \dfrac{1}{\sqrt{2}}\sqrt{6\mathrm{d}\theta_1^2\,(\sigma_1-\sigma_2)^2} = \sqrt{3}\left|\sigma_1-\sigma_2\right|\left|\mathrm{d}\theta_1\right|\end{cases} \tag{8.3.11}$$

同理，当只考虑 $\mathrm{d}\sigma_{\mathrm{r2}}$与 $\mathrm{d}\sigma_{\mathrm{r3}}$时，分别有

$$\begin{cases}\mathrm{d}p'=0 \\ \mathrm{d}q'=\sqrt{3}\left|\sigma_2-\sigma_3\right|\left|\mathrm{d}\theta_2\right|\end{cases} \tag{8.3.12}$$

$$\begin{cases}\mathrm{d}p'=0 \\ \mathrm{d}q'=\sqrt{3}\left|\sigma_1-\sigma_3\right|\left|\mathrm{d}\theta_3\right|\end{cases} \tag{8.3.13}$$

将它们代入式(8.3.2)，可得应力洛德角变化与主应力轴旋转所导致的塑性变形。

应力洛德角变化所导致的塑性变形为

$$\begin{cases}\mathrm{d}\varepsilon_{\mathrm{v}}^{\mathrm{p}'} = A\mathrm{d}p' + B\mathrm{d}q' = A\cdot 0 + B\mathrm{d}q' = Bq\left|\mathrm{d}\theta_\sigma\right| \\ \mathrm{d}\varepsilon_{\mathrm{s}}^{\mathrm{p}'} = C\mathrm{d}p' + D\mathrm{d}q' = C\cdot 0 + D\mathrm{d}q' = Dq\left|\mathrm{d}\theta_\sigma\right|\end{cases} \tag{8.3.14}$$

绕第三主应力轴旋转($\mathrm{d}\boldsymbol{\sigma}_{\mathrm{r1}}$)所导致的塑性变形为

$$\begin{cases}\mathrm{d}\varepsilon_{\mathrm{v}}^{\mathrm{p}'} = A\mathrm{d}p' + B\mathrm{d}q' = A\cdot 0 + B\mathrm{d}q' = B\sqrt{3}\left|\sigma_1-\sigma_2\right|\left|\mathrm{d}\theta_1\right| \\ \mathrm{d}\varepsilon_{\mathrm{s}}^{\mathrm{p}'} = C\mathrm{d}p' + D\mathrm{d}q' = C\cdot 0 + D\mathrm{d}q' = D\sqrt{3}\left|\sigma_1-\sigma_3\right|\left|\mathrm{d}\theta_1\right|\end{cases} \tag{8.3.15}$$

绕第一主应力轴旋转($\mathrm{d}\boldsymbol{\sigma}_{\mathrm{r2}}$)所导致的塑性变形为

$$\begin{cases}\mathrm{d}\varepsilon_{\mathrm{v}}^{\mathrm{p}'} = B\sqrt{3}\left|\sigma_2-\sigma_3\right|\left|\mathrm{d}\theta_2\right| \\ \mathrm{d}\varepsilon_{\mathrm{s}}^{\mathrm{p}'} = D\sqrt{3}\left|\sigma_2-\sigma_3\right|\left|\mathrm{d}\theta_2\right|\end{cases} \tag{8.3.16}$$

绕第二主应力轴旋转($\mathrm{d}\boldsymbol{\sigma}_{r3}$)所导致的塑性变形为

$$\begin{cases}\mathrm{d}\varepsilon_{v}^{p'}=B\sqrt{3}\mid\sigma_1-\sigma_3\mid\mid\mathrm{d}\theta_3\mid\\ \mathrm{d}\varepsilon_{s}^{p'}=D\sqrt{3}\mid\sigma_1-\sigma_3\mid\mid\mathrm{d}\theta_3\mid\end{cases}\tag{8.3.17}$$

从式(8.3.14)～式(8.3.17)可以看出,应力洛德角变化与主应力轴旋转所导致的塑性变形的实质是应力增量广义剪应力分量所导致的剪切变形与剪胀。

8.4　共轴应力增量引起的塑性变形

目前可以计算 p-q 平面上的塑性体应变与广义剪应变的弹塑性本构模型比较多。也就是说,可以较容易地根据所研究的对象,选择合适的本构模型来确定式(8.3.1)中的塑性系数 A、B、C、D。关键是共轴分量中应力洛德角变化所导致塑性变形的塑性系数的确定。

上面已经提到应力洛德角变化所导致的 $\mathrm{d}q'$方向是与 $\mathrm{d}q$ 方向垂直的,因此,不能直接取 B、D 来计算应力洛德角变化所导致的塑性变形。

π 平面上的屈服轨迹是 6 个 60°扇形区域的组合,每个扇形的屈服轨迹是一样的。下面以−30°～30°这一区域为代表来讨论纯应力洛德角变化所对应的塑性系数,如图 8.4.1 所示。

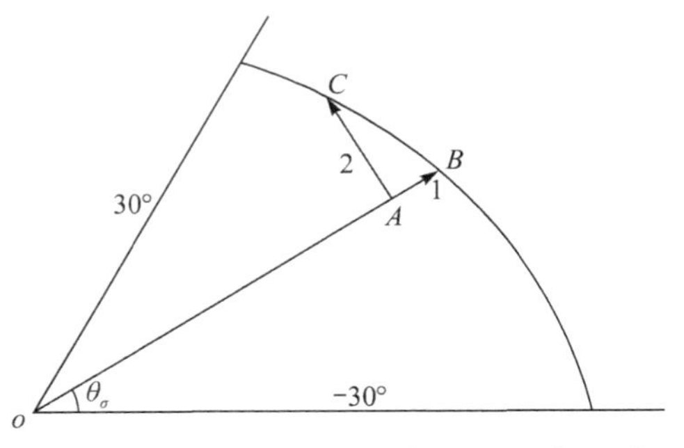

图 8.4.1　π 平面上的屈服轨迹(−30°～30°)

从同一应力状态点 A 出发沿应力路径 1(纯 q 变化应力路径)或应力路径 2(纯应力洛德角变化应力路径)分别到达同一屈服面的两点 B、C。根据屈服面概念,$A\rightarrow B$ 与 $A\rightarrow C$ 所产生的塑性变形应该一样,即

$$\mathrm{d}\varepsilon_{s1}^{p}=B\mathrm{d}q=\mathrm{d}\varepsilon_{s2}^{p}=n_1B\mathrm{d}q'=n_1Bq\mathrm{d}\theta_\sigma\tag{8.4.1}$$

从图 8.4.1 可以看出,$\mathrm{d}q$ 为屈服面沿应力洛德角增大方向,每增大一单位应力洛德角时 q 的减小量,π 平面上的屈服面形函数为 $g(\theta_\sigma)$,即

$$q = q_0 g(\theta_\sigma) \tag{8.4.2}$$

式中，q_0 为 $\theta_\sigma=30°$时的 q 值。

则

$$\mathrm{d}q = q_0 g'(\theta_\sigma)\mathrm{d}\theta_\sigma \tag{8.4.3}$$

结合式(8.4.1)与式(8.4.3)可得

$$\mathrm{d}\varepsilon_{s1}^{p} = B\mathrm{d}q = Bq_0 g'(\theta_\sigma)\mathrm{d}\theta_\sigma = \mathrm{d}\varepsilon_{s2}^{p} = n_1 Bq\mathrm{d}\theta_\sigma = n_1 Bq_0 g(\theta_\sigma)\mathrm{d}\theta_\sigma$$

式中，n_1 为应力洛德角变化所导致塑性变形的塑性系数的修正系数。

$$n_1 = \frac{g'(\theta_\sigma)}{g(\theta_\sigma)} \tag{8.4.4}$$

根据式(8.3.2)可以计算应力洛德角变化所导致的塑性变形为

$$\begin{cases} \mathrm{d}\varepsilon_v^{p'} = n_1 Bq\,|\,\mathrm{d}\theta_\sigma\,| \\ \mathrm{d}\varepsilon_s^{p'} = n_1 Dq\,|\,\mathrm{d}\theta_\sigma\,| \end{cases} \tag{8.4.5}$$

从而可以根据式(8.3.2)计算共轴应力增量中所有因素变化($\mathrm{d}p$、$\mathrm{d}q$、$\mathrm{d}\theta_\sigma$)所导致的塑性变形为

$$\begin{cases} \mathrm{d}\varepsilon_v^{p'} = A\mathrm{d}p + B\mathrm{d}q + n_1 Bq\,|\,\mathrm{d}\theta_\sigma\,| \\ \mathrm{d}\varepsilon_s^{p'} = C\mathrm{d}p + D\mathrm{d}q + n_1 Dq\,|\,\mathrm{d}\theta_\sigma\,| \end{cases} \tag{8.4.6}$$

常规三轴情况下，有

$$\begin{cases} \mathrm{d}\varepsilon_v^{p'} = \mathrm{d}\varepsilon_v^{p} \\ \mathrm{d}\varepsilon_s^{p'} = \mathrm{d}\varepsilon_s^{p} \end{cases}$$

如果能确定此时的塑性应变增量洛德角，就可以得到主应力空间分量，再转化到一般应力空间中去。

取塑性应变增量洛德角为

$$\theta_{\varepsilon_c^p} = w\theta_\sigma + (1-w)\theta_{\mathrm{d}\sigma} \tag{8.4.7}$$

式中，$\theta_{\varepsilon_c^p}$、θ_σ、$\theta_{\mathrm{d}\sigma}$分别为共轴塑性应变增量洛德角、应力洛德角与应力增量洛德角；w 为比例系数，取为

$$w = \frac{q}{Mp}$$

主应力空间的塑性应变增量为

$$\mathrm{d}\boldsymbol{\varepsilon}_c^p = \begin{bmatrix} \mathrm{d}\varepsilon_1^p \\ \mathrm{d}\varepsilon_2^p \\ \mathrm{d}\varepsilon_3^p \end{bmatrix} = \begin{bmatrix} \frac{1}{3}\sin\left(\theta_{\varepsilon_c^p} + \frac{2}{3}\pi\right) \\ \frac{1}{3}\sin\theta_{\varepsilon_c^p} \\ \frac{1}{3}\sin\left(\theta_{\varepsilon_c^p} - \frac{2}{3}\pi\right) \end{bmatrix} \begin{bmatrix} \mathrm{d}\varepsilon_v^p \\ \mathrm{d}\varepsilon_s^p \end{bmatrix} \tag{8.4.8}$$

在主应力空间的张量表述为

$$
\mathrm{d}\boldsymbol{\varepsilon}_{\mathrm{c}}^{\mathrm{p}}=\begin{bmatrix}\mathrm{d}\varepsilon_1^{\mathrm{p}} & 0 & 0\\ 0 & \mathrm{d}\varepsilon_2^{\mathrm{p}} & 0\\ 0 & 0 & \mathrm{d}\varepsilon_3^{\mathrm{p}}\end{bmatrix} \tag{8.4.9}
$$

一般应力空间的共轴塑性变形可采用式(8.1.1)类似的变换得到。

8.5 旋转应力增量引起的塑性变形

同样，主应力轴旋转时 $\mathrm{d}q'$ 与 $\mathrm{d}q$ 正交，因此也需要计算主应力轴旋转时的塑性系数的修正系数 n_2。

要求得旋转应力增量引起的塑性应变，必须知道 $\mathrm{d}\lambda_{k\mathrm{r}}$ 或 $\mathrm{d}\lambda_{11\mathrm{r}1}$、$\mathrm{d}\lambda_{22\mathrm{r}1}$、$\mathrm{d}\lambda_{33\mathrm{r}1}$、$\mathrm{d}\lambda_{12\mathrm{r}1}$ 等塑性系数。为求得这些系数，一般需先求得 $\mathrm{d}\varepsilon_{\mathrm{v}}^{\mathrm{p}'}$ 和 $\mathrm{d}\varepsilon_{\mathrm{s}}^{\mathrm{p}'}$，式(8.3.15)～式(8.3.17)给出了相应公式，但必须知道 B、D 两个塑性系数。下面给出求 B、D 的方法。

一般来说，求塑性系数采用建立屈服面的方法。关于应力主轴旋转的屈服面研究还不太成熟。但可采用试验拟合方法，或试验得到的经验公式来求塑性系数。

8.5.1 绕第三主应力轴旋转的应力增量 $\mathrm{d}\boldsymbol{\sigma}_{\mathrm{r}1}$ 引起的塑性变形

绕第三主应力轴旋转的应力增量 $\mathrm{d}\boldsymbol{\sigma}_{\mathrm{r}1}$ 引起的塑性变形基于 Matsouka 等[3]的试验结果开展分析。

Matsouka 等[3]提出剪主应力比$\left(\dfrac{\tau_{xy}}{\sigma_x}\text{或}\dfrac{\tau_{xy}}{\sigma_y}\right)$与剪应变($\gamma_{xy}$)之间具有双曲线关系(见图 8.5.1 和图 8.5.2)，即

$$
\gamma_{xy}=\frac{1}{G_0}\,\frac{\left(\dfrac{\tau_{xy}}{\sigma_x}\right)_{\mathrm{f}}\dfrac{\tau_{xy}}{\sigma_x}}{\left(\dfrac{\tau_{xy}}{\sigma_x}\right)_{\mathrm{f}}-\dfrac{\tau_{xy}}{\sigma_x}} \tag{8.5.1}
$$

或

$$
\gamma_{xy}=\frac{1}{G_0}\,\frac{\left(\dfrac{\tau_{xy}}{\sigma_y}\right)_{\mathrm{f}}\dfrac{\tau_{xy}}{\sigma_y}}{\left(\dfrac{\tau_{xy}}{\sigma_y}\right)_{\mathrm{f}}-\dfrac{\tau_{xy}}{\sigma_y}} \tag{8.5.2}
$$

式中，$\left(\frac{\tau_{xy}}{\sigma_x}\right)_f$、$\left(\frac{\tau_{xy}}{\sigma_y}\right)_f$ 为破坏时的剪应力与正应力比；G_0 为$\frac{\tau_{xy}}{\sigma_x}$$\left(\text{或}\frac{\tau_{xy}}{\sigma_y}\right)$与 γ_{xy} 曲线的初始点的正切(见图 8.5.1)。

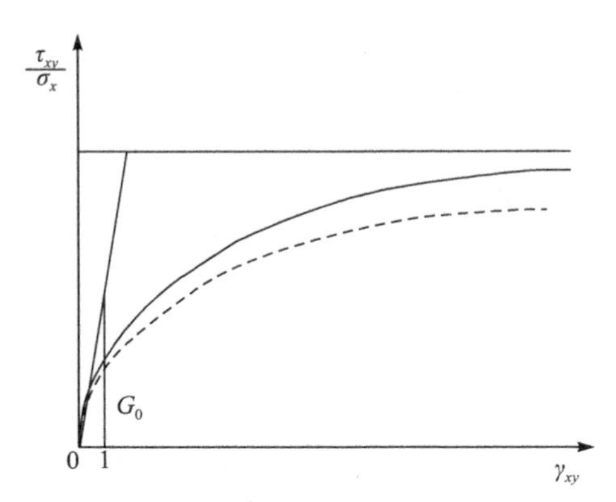

图 8.5.1　剪应力与正应力比和剪应变的双曲线关系

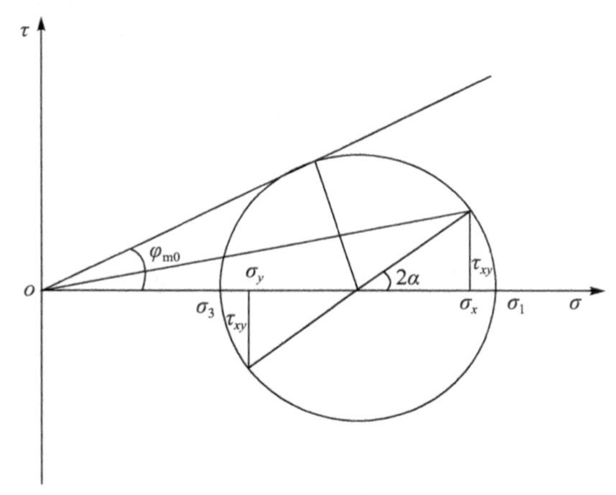

图 8.5.2　莫尔圆中表示的剪应力与正应力

由图 8.5.2 可以得到

$$\sin\varphi_{m0}=\frac{R}{\frac{\sigma_x+\sigma_y}{2}}$$

$$\sin(2\alpha)=\frac{\tau_{xy}}{R}$$

$$\cos(2\alpha)=\frac{\frac{\sigma_x-\sigma_y}{2}}{R}$$

由上述容易得出

$$\left(\frac{\tau_{xy}}{\sigma_x}\right)_f = \frac{\sin\varphi_{m0}\sin(2\theta)}{1+\sin\varphi_{m0}\cos(2\theta)} \tag{8.5.3}$$

$$\left(\frac{\tau_{xy}}{\sigma_y}\right)_f = \frac{\sin\varphi_{m0}\sin(2\theta)}{1-\sin\varphi_{m0}\cos(2\theta)} \tag{8.5.4}$$

式中，φ_{m0} 为内摩擦角；θ 为任意平面与主应力平面的夹角。

$$\sin\varphi_{m0} = \frac{\dfrac{\sigma_1-\sigma_3}{2}}{\dfrac{\sigma_1+\sigma_3}{2}} = \frac{\sigma_1-\sigma_3}{\sigma_1+\sigma_3} = \frac{\sqrt{3}q\cos\theta_\sigma}{3p-q\sin\theta_\sigma}$$

将式(8.5.3)和式(8.5.4)代入式(8.5.1)，可得

$$\gamma_{xy} = \frac{1}{G_0}\frac{\sin\varphi\sin\varphi_{m0}\sin(2\theta)}{\sin\varphi-\sin\varphi_{m0}} \tag{8.5.5}$$

将式(8.5.5)两边微分，并只视作 θ 变化，由此即得主应力轴旋转引起的剪应变增量为

$$d\gamma_{xy} = \frac{2}{G_0}\frac{\sin\varphi\sin\varphi_{m0}\sin(2\theta)}{\sin\varphi-\sin\varphi_{m0}}d\theta \tag{8.5.6}$$

主应力轴旋转会导致应力、应变不共主轴。令 σ_1 轴与 $d\varepsilon_1$ 轴的夹角为 δ，应变增量莫尔圆与应力增量莫尔圆的 θ 角相差 $90°-2\delta$，这样式(8.5.6)中的 2θ 应用 $[2\theta-(90°-2\delta)]$ 代替，则式(8.5.6)变为

$$d\gamma_{xy} = \frac{2}{G_0}\frac{\sin\varphi\sin\varphi_{m0}\sin[2(\theta+\delta)]}{\sin\varphi-\sin\varphi_{m0}}d\theta \tag{8.5.7}$$

Rowe[11] 从微观角度，利用最小比能原理提出了应力比-剪胀关系式：

$$R_1 = \frac{\sigma_1}{\sigma_3} = K\left(-\frac{d\varepsilon_3}{d\varepsilon_1}\right) \tag{8.5.8}$$

式中，$K=\tan^2\left(45°+\dfrac{\varphi_f}{2}\right)$，$\varphi_f$ 为等效内摩擦角。

由式(8.5.7)可得

$$d\gamma_{xy} = (d\varepsilon_1-d\varepsilon_3)\sin[2(\theta+\delta)] = \left(1+\frac{R_1}{K}\right)\sin[2(\theta+\delta)]d\varepsilon_1 \tag{8.5.9}$$

$$d\varepsilon_x = \frac{d\varepsilon_1+d\varepsilon_3}{2} + \frac{d\varepsilon_1-d\varepsilon_3}{2}\cos[2(\theta+\delta)]$$

$$=\left\{\frac{1-\frac{R_1}{K}}{2}+\frac{1+\frac{R_1}{K}}{2}\cos[2(\theta+\delta)]\right\}\mathrm{d}\varepsilon_1 \tag{8.5.10a}$$

$$\mathrm{d}\varepsilon_y=\frac{\mathrm{d}\varepsilon_1+\mathrm{d}\varepsilon_3}{2}-\frac{\mathrm{d}\varepsilon_1-\mathrm{d}\varepsilon_3}{2}\cos[2(\theta+\delta)]$$

$$=\left\{\frac{1-\frac{R_1}{K}}{2}-\frac{1+\frac{R_1}{K}}{2}\cos[2(\theta+\delta)]\right\}\mathrm{d}\varepsilon_1 \tag{8.5.10b}$$

由式(8.5.8)和式(8.5.9)可得主应变增量表达式为

$$\mathrm{d}\varepsilon_1=\frac{K}{K+R_1}\frac{2}{G_0}\frac{\sin\varphi\sin\varphi_{\mathrm{m}0}\sin[2(\theta+\delta)]}{\sin\varphi-\sin\varphi_{\mathrm{m}0}}\mathrm{d}\theta \tag{8.5.11}$$

$$\mathrm{d}\varepsilon_3=\frac{K-R_1}{K+R_1}\frac{2}{G_0}\frac{\sin\varphi\sin\varphi_{\mathrm{m}0}}{\sin\varphi-\sin\varphi_{\mathrm{m}0}}\mathrm{d}\theta \tag{8.5.12}$$

将上述两式相加，即得塑性体应变增量 $\mathrm{d}\varepsilon_{\mathrm{v}}^{\mathrm{p}}$（忽略弹性体应变）为

$$\begin{aligned}\mathrm{d}\varepsilon_{\mathrm{v}}^{\mathrm{p}}&=\frac{K-R_1}{K+R_1}\frac{2}{G_0}\frac{\sin\varphi\sin\varphi_{\mathrm{m}0}}{\sin\varphi-\sin\varphi_{\mathrm{m}0}}\mathrm{d}\theta\\&=\frac{K-R_1}{K+R_1}\frac{2}{G_0}\frac{\sin\varphi\sin\varphi_{\mathrm{m}0}}{\sin\varphi-\sin\varphi_{\mathrm{m}0}}\frac{\mathrm{d}q'}{\sqrt{3}(\sigma_1-\sigma_3)}\\&=n_2B\mathrm{d}q'\end{aligned} \tag{8.5.13}$$

同样，根据该模型，可得纯广义剪应力变化引起的塑性体应变增量为

$$\mathrm{d}\varepsilon_{\mathrm{vs}}^{\mathrm{p}}=\frac{K-R_1}{K+R_1}\frac{1}{G_0}\frac{\sin^2\varphi\sin\varphi_{\mathrm{m}0}}{(\sin\varphi-\sin\varphi_{\mathrm{m}0})^2}\frac{3p}{(3p-q\sin\theta_\sigma)q}\mathrm{d}q=B\mathrm{d}q \tag{8.5.14}$$

取 $\mathrm{d}q'=\mathrm{d}q$，可得

$$n_2=\frac{\mathrm{d}\varepsilon_{\mathrm{v}}^{\mathrm{p}}}{\mathrm{d}\varepsilon_{\mathrm{vs}}^{\mathrm{p}}}=\frac{2(\sin\varphi-\sin\varphi_{\mathrm{m}0})(3p-q\sin\theta_\sigma)q}{3p\sin\varphi\sqrt{3}(\sigma_1-\sigma_3)} \tag{8.5.15}$$

绕第三主应力轴旋转的应力增量 $\mathrm{d}\boldsymbol{\sigma}_{\mathrm{r}1}$ 引起的塑性变形计算如下：

$$\begin{cases}\mathrm{d}\varepsilon_{\mathrm{v}}^{\mathrm{p}'}=A\mathrm{d}p'+B\mathrm{d}q'=A\cdot 0+B\mathrm{d}q'=n_2B\sqrt{3}\,|\sigma_1-\sigma_2|\,|\mathrm{d}\theta_1|\\\mathrm{d}\varepsilon_{\mathrm{s}}^{\mathrm{p}'}=C\mathrm{d}p'+D\mathrm{d}q'=C\cdot 0+D\mathrm{d}q'=n_2D\sqrt{3}\,|\sigma_1-\sigma_2|\,|\mathrm{d}\theta_1|\end{cases} \tag{8.5.16}$$

由式(8.2.5)可知，只知道 $d\boldsymbol{\sigma}_{r1}$ 引起的塑性体积变形与剪切变形是不够的，还需要知道由 $d\boldsymbol{\sigma}_{r1}$ 引起的在 ε_1、ε_2、ε_3 与 ε_{12} 方向上的塑性变形增量 $d\varepsilon^p_{11r1}$、$d\varepsilon^p_{22r1}$、$d\varepsilon^p_{33r1}$、$d\varepsilon^p_{12r1}$，由此才能求得 $d\lambda_{11r1}$、$d\lambda_{22r1}$、$d\lambda_{33r1}$、$d\lambda_{12r1}$。因此，还需引入其他假设条件。

由式(8.3.15)和式(8.3.16)可知，主应力轴旋转时土体应变关系的影响可归因于应力增量不变量中广义剪切分量 dq' 引起的剪切变形与剪胀，也是土体剪胀特性的一种表现形式。因此，可假设土体发生主应力轴旋转时应力主轴方向的塑性流动类似于 Rowe 应力比-剪胀关系式[11]。

$$\begin{cases}\dfrac{d\varepsilon^p_{11r1}}{d\varepsilon^p_{22r1}}=R_1\dfrac{\sigma_1}{\sigma_2}\\[2ex]\dfrac{d\varepsilon^p_{33r1}}{d\varepsilon^p_{11r1}}=\dfrac{0.3\sigma_3}{R_1\sigma_2}\end{cases}\tag{8.5.17}$$

式中，$R_1=\tan^2\left(45°+\dfrac{\varphi}{2}\right)$。

空心扭剪试验表明，垂直于旋转平面主轴方向的塑性应变增量明显要小于旋转平面两主轴方向的塑性流动，通过对试验结果的拟合，认为式(8.5.17)中的比例系数取 0.3 是较合理的。

并有

$$d\varepsilon^p_{vr1}=d\varepsilon^p_{11r1}+d\varepsilon^p_{22r1}+d\varepsilon^p_{33r1}\tag{8.5.18}$$

式中，$d\varepsilon^p_{11r1}$、$d\varepsilon^p_{22r1}$、$d\varepsilon^p_{33r1}$ 为 $d\boldsymbol{\sigma}_{r1}$ 引起的三个主应力轴方向的塑性应变增量。

由式(8.5.17)和(8.5.18)可得

$$\begin{cases}d\varepsilon^p_{11r1}=E^1_{r1}\,|d\theta_1|,\quad d\varepsilon^p_{22r1}=E^2_{r2}\,|d\theta_1|,\quad d\varepsilon^p_{33r1}=E^3_{r3}\,|d\theta_1|\\[1ex] E^1_{r1}=R_1\sigma_1K_{f1},\quad E^2_{r1}=\sigma_2K_{f1},\quad E^3_{r1}=0.3\sigma_3K_{f1}\\[1ex] K_{f1}=\dfrac{n_2B\sqrt{3}\,|\sigma_1-\sigma_2|}{R_1\sigma_1+\sigma_2+0.3\sigma_3}\end{cases}\tag{8.5.19}$$

根据式(8.5.19)得到 3 个塑性正应变增量。由式(8.5.16)的第二式得到广义塑性剪应变增量，它是 3 个塑性正应变分量与塑性剪应变增量的函数，结合式(8.3.3a)，计算得到塑性剪应变增量：

$$d\varepsilon^p_{12r1}=\sqrt{(9D^2+2B^2)n_2^2(\sigma_1-\sigma_2)^2-2\left[(E^1_{r1})^2+(E^2_{r1})^2+(E^3_{r1})^2\right]}\,d\theta_1=E^4_{r1}d\theta_1\tag{8.5.20}$$

在主应力空间绕第三主应力轴旋转的应力增量 $d\boldsymbol{\sigma}_{r1}$ 引起的塑性变形可以表述为

$$\mathrm{d}\boldsymbol{\varepsilon}_{\mathrm{r1}}^{\mathrm{p}}=\begin{bmatrix}\mathrm{d}\varepsilon_{11\mathrm{r1}}^{\mathrm{p}} & \mathrm{d}\varepsilon_{12\mathrm{r1}}^{\mathrm{p}} & 0\\ \mathrm{d}\varepsilon_{12\mathrm{r1}}^{\mathrm{p}} & \mathrm{d}\varepsilon_{22\mathrm{r1}}^{\mathrm{p}} & 0\\ 0 & 0 & \mathrm{d}\varepsilon_{33\mathrm{r1}}^{\mathrm{p}}\end{bmatrix} \tag{8.5.21}$$

8.5.2　绕第一、二主应力轴旋转的应力增量 $\mathrm{d}\boldsymbol{\sigma}_{\mathrm{r2}}$、$\mathrm{d}\boldsymbol{\sigma}_{\mathrm{r3}}$ 引起的塑性变形

同理，可以求得 $\mathrm{d}\boldsymbol{\sigma}_{\mathrm{r2}}$ 与 $\mathrm{d}\boldsymbol{\sigma}_{\mathrm{r3}}$ 引起的塑性变形分别为

$$\begin{cases}\mathrm{d}\varepsilon_{11\mathrm{r2}}^{\mathrm{p}}=E_{\mathrm{r2}}^{1}\mathrm{d}\theta_2, \quad \mathrm{d}\varepsilon_{22\mathrm{r2}}^{\mathrm{p}}=E_{\mathrm{r2}}^{2}\mathrm{d}\theta_2, \quad \mathrm{d}\varepsilon_{33\mathrm{r2}}^{\mathrm{p}}=E_{\mathrm{r2}}^{3}\mathrm{d}\theta_2\\ \mathrm{d}\varepsilon_{23\mathrm{r2}}^{\mathrm{p}}=E_{\mathrm{r2}}^{4}\mathrm{d}\theta_2\\ E_{\mathrm{r2}}^{1}=0.3\sigma_1 K_{\mathrm{f2}}, \quad E_{\mathrm{r2}}^{2}=R_1\sigma_2 K_{\mathrm{f2}}, \quad E_{\mathrm{r2}}^{3}=\sigma_3 K_{\mathrm{f2}}\\ E_{\mathrm{r2}}^{4}=\sqrt{(9D^2+2B^2)n_2^2(\sigma_2-\sigma_3)^2-2[(E_{\mathrm{r2}}^{1})^2+(E_{\mathrm{r2}}^{2})^2+(E_{\mathrm{r2}}^{3})^2]}\\ K_{\mathrm{f2}}=\dfrac{n_2 B\sqrt{3}\,|\sigma_2-\sigma_3|}{0.3\sigma_1+R_1\sigma_2+\sigma_3}\end{cases} \tag{8.5.22}$$

$$\begin{cases}\mathrm{d}\varepsilon_{11\mathrm{r3}}^{\mathrm{p}}=E_{\mathrm{r3}}^{1}\mathrm{d}\theta_3, \quad \mathrm{d}\varepsilon_{22\mathrm{r3}}^{\mathrm{p}}=E_{\mathrm{r3}}^{2}\mathrm{d}\theta_3, \quad \mathrm{d}\varepsilon_{33\mathrm{r3}}^{\mathrm{p}}=E_{\mathrm{r3}}^{3}\mathrm{d}\theta_3\\ \mathrm{d}\varepsilon_{13\mathrm{r3}}^{\mathrm{p}}=E_{\mathrm{r3}}^{4}\mathrm{d}\theta_3\\ E_{\mathrm{r3}}^{1}=R_1\sigma_1 K_{\mathrm{f3}}, \quad E_{\mathrm{r3}}^{2}=0.3\sigma_2 K_{\mathrm{f3}}, \quad E_{\mathrm{r3}}^{3}=\sigma_3 K_{\mathrm{f3}}\\ E_{\mathrm{r4}}^{3}=\sqrt{(9D^2+2B^2)n_2^2(\sigma_1-\sigma_3)^2-2[(E_{\mathrm{r3}}^{1})^2+(E_{\mathrm{r3}}^{2})^2+(E_{\mathrm{r3}}^{3})^2]}\\ K_{\mathrm{f3}}=\dfrac{n_2 B\sqrt{3}\,|\sigma_1-\sigma_3|}{R_1\sigma_1+0.3\sigma_2+\sigma_3}\end{cases} \tag{8.5.23}$$

由式(8.5.19)～式(8.5.23)可得式(8.2.5)与式(8.2.6)中的主应力轴旋转所对应的塑性系数为

$$\begin{cases}\mathrm{d}\lambda_{11\mathrm{r1}}=\mathrm{d}\varepsilon_{11\mathrm{r1}}^{\mathrm{p}}, \quad \mathrm{d}\lambda_{22\mathrm{r1}}=\mathrm{d}\varepsilon_{22\mathrm{r1}}^{\mathrm{p}}, \quad \mathrm{d}\lambda_{33\mathrm{r1}}=\mathrm{d}\varepsilon_{33\mathrm{r1}}^{\mathrm{p}}, \quad \mathrm{d}\lambda_{12\mathrm{r1}}=\mathrm{d}\varepsilon_{12\mathrm{r1}}^{\mathrm{p}}\\ \mathrm{d}\lambda_{11\mathrm{r2}}=\mathrm{d}\varepsilon_{11\mathrm{r2}}^{\mathrm{p}}, \quad \mathrm{d}\lambda_{22\mathrm{r2}}=\mathrm{d}\varepsilon_{22\mathrm{r2}}^{\mathrm{p}}, \quad \mathrm{d}\lambda_{33\mathrm{r2}}=\mathrm{d}\varepsilon_{33\mathrm{r2}}^{\mathrm{p}}, \quad \mathrm{d}\lambda_{23\mathrm{r2}}=\mathrm{d}\varepsilon_{23\mathrm{r2}}^{\mathrm{p}}\\ \mathrm{d}\lambda_{11\mathrm{r3}}=\mathrm{d}\varepsilon_{11\mathrm{r3}}^{\mathrm{p}}, \quad \mathrm{d}\lambda_{22\mathrm{r3}}=\mathrm{d}\varepsilon_{22\mathrm{r3}}^{\mathrm{p}}, \quad \mathrm{d}\lambda_{33\mathrm{r3}}=\mathrm{d}\varepsilon_{33\mathrm{r3}}^{\mathrm{p}}, \quad \mathrm{d}\lambda_{13\mathrm{r3}}=\mathrm{d}\varepsilon_{13\mathrm{r3}}^{\mathrm{p}}\end{cases} \tag{8.5.24}$$

$$\begin{cases}\mathrm{d}\lambda_{1\mathrm{r}}=\mathrm{d}\varepsilon_{11\mathrm{r1}}^{\mathrm{p}}+\mathrm{d}\varepsilon_{11\mathrm{r2}}^{\mathrm{p}}+\mathrm{d}\varepsilon_{11\mathrm{r3}}^{\mathrm{p}}\\ \mathrm{d}\lambda_{2\mathrm{r}}=\mathrm{d}\varepsilon_{22\mathrm{r1}}^{\mathrm{p}}+\mathrm{d}\varepsilon_{22\mathrm{r2}}^{\mathrm{p}}+\mathrm{d}\varepsilon_{22\mathrm{r3}}^{\mathrm{p}}\\ \mathrm{d}\lambda_{3\mathrm{r}}=\mathrm{d}\varepsilon_{33\mathrm{r1}}^{\mathrm{p}}+\mathrm{d}\varepsilon_{33\mathrm{r2}}^{\mathrm{p}}+\mathrm{d}\varepsilon_{33\mathrm{r3}}^{\mathrm{p}}\\ \mathrm{d}\lambda_{4\mathrm{r}}=\mathrm{d}\varepsilon_{12\mathrm{r1}}^{\mathrm{p}}\\ \mathrm{d}\lambda_{5\mathrm{r}}=\mathrm{d}\varepsilon_{13\mathrm{r3}}^{\mathrm{p}}\\ \mathrm{d}\lambda_{6\mathrm{r}}=\mathrm{d}\varepsilon_{23\mathrm{r2}}^{\mathrm{p}}\end{cases} \tag{8.5.25}$$

在主应力空间，绕第一、二主应力轴旋转的应力增量 $\mathrm{d}\boldsymbol{\sigma}_{r2}$、$\mathrm{d}\boldsymbol{\sigma}_{r3}$ 引起的塑性变形为

$$\mathrm{d}\boldsymbol{\varepsilon}_{r2}^{p}=\begin{bmatrix}\mathrm{d}\varepsilon_{11r2}^{p} & 0 & 0\\ 0 & \mathrm{d}\varepsilon_{22r2}^{p} & \mathrm{d}\varepsilon_{23r2}^{p}\\ 0 & \mathrm{d}\varepsilon_{23r2}^{p} & \mathrm{d}\varepsilon_{33r2}^{p}\end{bmatrix} \tag{8.5.26}$$

$$\mathrm{d}\boldsymbol{\varepsilon}_{r3}^{p}=\begin{bmatrix}\mathrm{d}\varepsilon_{11r3}^{p} & 0 & \mathrm{d}\varepsilon_{13r3}^{p}\\ 0 & \mathrm{d}\varepsilon_{22r3}^{p} & 0\\ \mathrm{d}\varepsilon_{13r3}^{p} & 0 & \mathrm{d}\varepsilon_{33r3}^{p}\end{bmatrix} \tag{8.5.27}$$

8.6　考虑应力主轴旋转时的弹塑性应力-应变关系

下面采用先求弹塑性柔度矩阵，再求逆获得弹塑性刚度矩阵的办法，确定考虑应力主轴旋转时的应力-应变关系。

8.6.1　弹性柔度矩阵

基于广义胡克定律确定弹性柔度矩阵，即

$$\begin{bmatrix}\mathrm{d}\varepsilon_{1}^{e}\\ \mathrm{d}\varepsilon_{2}^{e}\\ \mathrm{d}\varepsilon_{3}^{e}\\ \mathrm{d}\varepsilon_{12}^{e}\\ \mathrm{d}\varepsilon_{23}^{e}\\ \mathrm{d}\varepsilon_{13}^{e}\end{bmatrix}=\frac{1}{E}\begin{bmatrix}1 & -\nu & -\nu & 0 & 0 & 0\\ -\nu & 1 & -\nu & 0 & 0 & 0\\ -\nu & -\nu & 1 & 0 & 0 & 0\\ 0 & 0 & 0 & A & 0 & 0\\ 0 & 0 & 0 & 0 & A & 0\\ 0 & 0 & 0 & 0 & 0 & A\end{bmatrix}\begin{bmatrix}\mathrm{d}\sigma_{1}\\ \mathrm{d}\sigma_{2}\\ \mathrm{d}\sigma_{3}\\ \mathrm{d}\sigma_{12}\\ \mathrm{d}\sigma_{23}\\ \mathrm{d}\sigma_{13}\end{bmatrix}$$

$$=\boldsymbol{C}_{e}\left[\mathrm{d}\sigma_{1}\quad \mathrm{d}\sigma_{2}\quad \mathrm{d}\sigma_{3}\quad \mathrm{d}\sigma_{12}\quad \mathrm{d}\sigma_{23}\quad \mathrm{d}\sigma_{13}\right]^{\mathrm{T}} \tag{8.6.1}$$

式中，$A=2(1+\nu)$。

8.6.2　共轴塑性柔度矩阵

结合式(8.4.6)与式(8.4.8)可得共轴塑性柔度矩阵，即

$$\mathrm{d}\boldsymbol{\varepsilon}_{c}^{p}=\begin{bmatrix}\mathrm{d}\varepsilon_{1}^{p}\\ \mathrm{d}\varepsilon_{2}^{p}\\ \mathrm{d}\varepsilon_{3}^{p}\end{bmatrix}=\begin{bmatrix}\frac{1}{3}\sin\left(\theta_{\varepsilon_{c}^{p}}+\frac{2}{3}\pi\right)\\ \frac{1}{3}\sin\theta_{\varepsilon_{c}^{p}}\\ \frac{1}{3}\sin\left(\theta_{\varepsilon_{c}^{p}}-\frac{2}{3}\pi\right)\end{bmatrix}\begin{bmatrix}A & B & n_{1}B\\ C & D & n_{2}D\end{bmatrix}\begin{bmatrix}\mathrm{d}p\\ \mathrm{d}q\\ \mathrm{d}\theta_{\sigma}\end{bmatrix}$$

$$
=\begin{bmatrix} \frac{1}{3}\sin\left(\theta_{\varepsilon_c^p}+\frac{2}{3}\pi\right) \\ \frac{1}{3}\sin\theta_{\varepsilon_c^p} \\ \frac{1}{3}\sin\left(\theta_{\varepsilon_c^p}-\frac{2}{3}\pi\right) \end{bmatrix} \begin{bmatrix} A & B & n_1 B \\ C & D & n_2 D \end{bmatrix}
$$

$$
\cdot \begin{bmatrix} \frac{1}{3} & \frac{1}{3} & \frac{1}{3} \\ \frac{3(\sigma_1-p)}{2q} & \frac{3(\sigma_2-p)}{2q} & \frac{3(\sigma_3-p)}{2q} \\ K_e(\sigma_2-\sigma_3) & K_e(\sigma_1-\sigma_3) & K_e(\sigma_1-\sigma_2) \end{bmatrix} \begin{bmatrix} d\sigma_1 \\ d\sigma_2 \\ d\sigma_3 \end{bmatrix}
$$

$$
=\begin{bmatrix} C_{11} & C_{12} & C_{13} \\ C_{21} & C_{22} & C_{23} \\ C_{31} & C_{32} & C_{33} \end{bmatrix} \begin{bmatrix} d\sigma_1 \\ d\sigma_2 \\ d\sigma_3 \end{bmatrix}
$$

$$
=\boldsymbol{C}_{cp} \begin{bmatrix} d\sigma_1 \\ d\sigma_2 \\ d\sigma_3 \end{bmatrix} \tag{8.6.2}
$$

式中，

$$
K_e=\frac{2}{\sqrt{3}(\sigma_1-\sigma_3)^2(1+\tan^2\theta_\sigma)}
$$

共轴塑性柔度矩阵 $\boldsymbol{C}_{cp}$ 在主应力空间的完整形式为

$$
\boldsymbol{C}_{cp}=\begin{bmatrix} C_{11} & C_{12} & C_{13} & 0 & 0 & 0 \\ C_{21} & C_{22} & C_{23} & 0 & 0 & 0 \\ C_{31} & C_{32} & C_{33} & 0 & 0 & 0 \\ 0 & 0 & 0 & 0 & 0 & 0 \\ 0 & 0 & 0 & 0 & 0 & 0 \\ 0 & 0 & 0 & 0 & 0 & 0 \end{bmatrix} \tag{8.6.3}
$$

8.6.3　旋转塑性柔度矩阵

由 8.5 节可知，旋转塑性应力-应变关系为

$$
\begin{bmatrix} d\varepsilon_{11}^{p} \\ d\varepsilon_{22}^{p} \\ d\varepsilon_{33}^{p} \\ d\varepsilon_{12}^{p} \\ d\varepsilon_{23}^{p} \\ d\varepsilon_{13}^{p} \end{bmatrix} = \begin{bmatrix} 0 & 0 & 0 & \dfrac{E_{r1}^{1}}{|\sigma_1-\sigma_2|} & \dfrac{E_{r2}^{1}}{|\sigma_2-\sigma_3|} & \dfrac{E_{r3}^{1}}{|\sigma_1-\sigma_3|} \\ 0 & 0 & 0 & \dfrac{E_{r1}^{2}}{|\sigma_1-\sigma_2|} & \dfrac{E_{r2}^{2}}{|\sigma_2-\sigma_3|} & \dfrac{E_{r3}^{2}}{|\sigma_1-\sigma_3|} \\ 0 & 0 & 0 & \dfrac{E_{r1}^{3}}{|\sigma_1-\sigma_2|} & \dfrac{E_{r2}^{3}}{|\sigma_2-\sigma_3|} & \dfrac{E_{r3}^{3}}{|\sigma_1-\sigma_3|} \\ 0 & 0 & 0 & \dfrac{E_{r1}^{4}}{|\sigma_1-\sigma_2|} & 0 & 0 \\ 0 & 0 & 0 & 0 & \dfrac{E_{r2}^{4}}{|\sigma_2-\sigma_3|} & 0 \\ 0 & 0 & 0 & 0 & 0 & \dfrac{E_{r3}^{4}}{|\sigma_1-\sigma_3|} \end{bmatrix} \begin{bmatrix} d\sigma_1 \\ d\sigma_2 \\ d\sigma_3 \\ d\sigma_{12} \\ d\sigma_{23} \\ d\sigma_{13} \end{bmatrix}
$$

$$
= \boldsymbol{C}_{rp} \begin{bmatrix} d\sigma_1 & d\sigma_2 & d\sigma_3 & d\sigma_{12} & d\sigma_{23} & d\sigma_{13} \end{bmatrix}^{T} \tag{8.6.4}
$$

式中，$\boldsymbol{C}_{rp}$为旋转塑性柔度矩阵。

将式(8.6.1)、式(8.6.3)和式(8.6.4)中三个柔度矩阵叠加，即可得主应力空间中的弹塑性柔度矩阵为

$$
\boldsymbol{C}_{ep}' = \boldsymbol{C}_{e} + \boldsymbol{C}_{cp} + \boldsymbol{C}_{rp} \tag{8.6.5}
$$

令三个主应力轴对应的主向为

$$
\begin{cases} \boldsymbol{T}_1 = [L_1 \quad L_2 \quad L_3]^{T} \\ \boldsymbol{T}_2 = [M_1 \quad M_2 \quad M_3]^{T} \\ \boldsymbol{T}_3 = [N_1 \quad N_2 \quad N_3]^{T} \end{cases}
$$

则一般应力空间中含主应力轴旋转的弹塑性柔度矩阵为

$$
\boldsymbol{C}_{ep} = \boldsymbol{T}_{A} \boldsymbol{C}_{ep}' \boldsymbol{T}_{A}^{T} \tag{8.6.6}
$$

式中，

$$
\boldsymbol{T}_{A} = \begin{bmatrix} L_1^2 & M_1^2 & N_1^2 & 2L_1M_1 & 2M_1N_1 & 2L_1N_1 \\ L_2^2 & M_2^2 & N_2^2 & 2L_2M_2 & 2M_2N_2 & 2L_2N_2 \\ L_3^2 & M_3^2 & N_3^2 & 2L_3M_3 & 2M_3N_3 & 2L_3N_3 \\ L_1L_2 & M_1M_3 & N_1N_3 & L_1M_2+L_2M_1 & M_1N_2+M_2N_1 & L_1N_2+L_2N_1 \\ L_2L_3 & M_2M_3 & N_2N_3 & L_2M_3+L_3M_2 & M_2N_3+M_3N_2 & L_2N_3+L_3N_2 \\ L_1L_3 & M_1M_3 & N_1N_3 & L_1M_3+L_3M_1 & M_1N_3+M_3N_1 & L_1N_3+L_3N_1 \end{bmatrix}
$$

对 $\boldsymbol{C}_{ep}$求逆即可得一般应力空间中含主应力轴旋转的弹塑性刚度矩阵 $\boldsymbol{D}_{ep}$。

8.7 算　　例

本节算例为一个两侧及底部约束，顶部施加均布荷载 q_0、偏荷载 q_1 的平面应变问题(见图 8.7.1)，计算均布荷载(含自重)作用下和偏荷载与均载(含自重)共同作用下的应力与弹塑性变形。

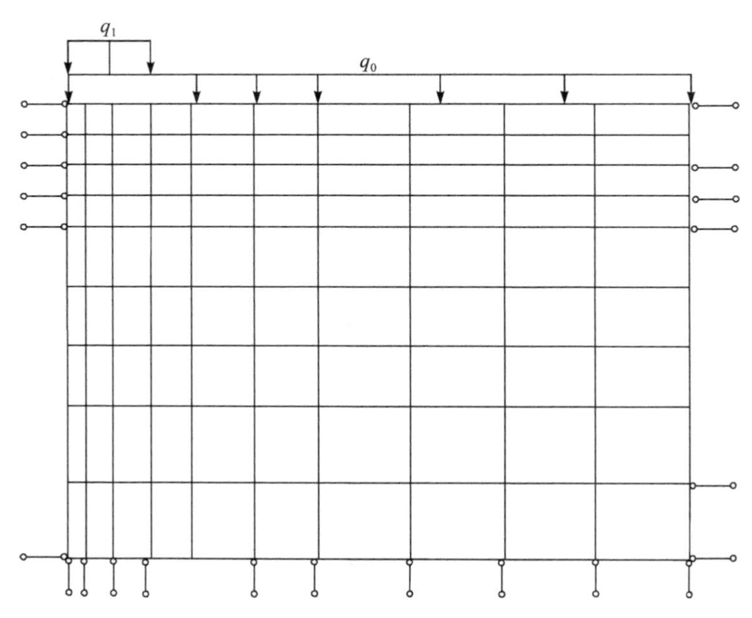

图 8.7.1　算例单元剖分、边界条件示意图

均布荷载作用下是否考虑主应力轴旋转的纵向位移计算结果分别如图 8.7.2 和图 8.7.3 所示。偏载与均布荷载共同作用下是否考虑应力主轴旋转的纵向位移计算结果分别如图 8.7.4 和图 8.7.5 所示。计算得出如下结论：

(1) 在均布荷载作用下(含自重)，土体变形为均匀沉降，主应力轴旋转的影响极小，考虑主应力轴旋转与不考虑应力主轴旋转的计算结果基本一样，因此可忽略主轴旋转的影响。

(2) 在偏载与均载共同作用下，应力主轴出现明显旋转，最大旋转角可达 31.9°，对纵向位移与主应力 σ_1 有较大影响，以最大纵向位移值做参考量时，主应力轴旋转的影响可达 20%，因此在非均布荷载作用时应考虑主应力轴旋转的影响。

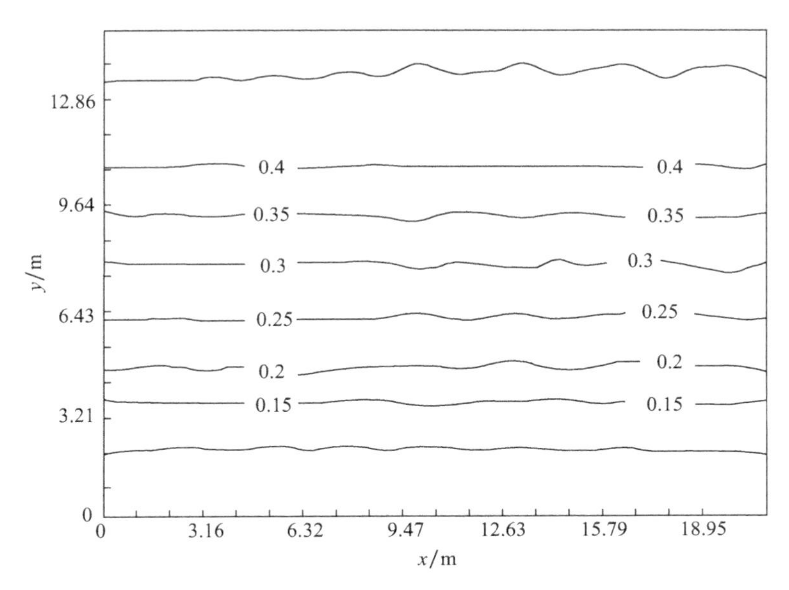

图 8.7.2　均布荷载作用下考虑主应力轴旋转的纵向位移等值线图(单位:m)

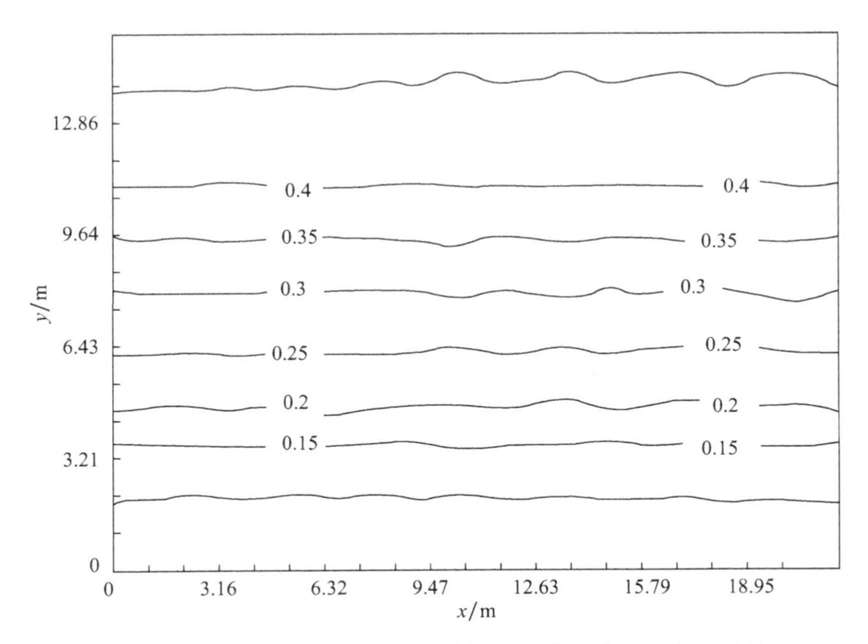

图 8.7.3　均布荷载作用下不考虑主应力轴旋转的纵向位移等值线图(单位:m)

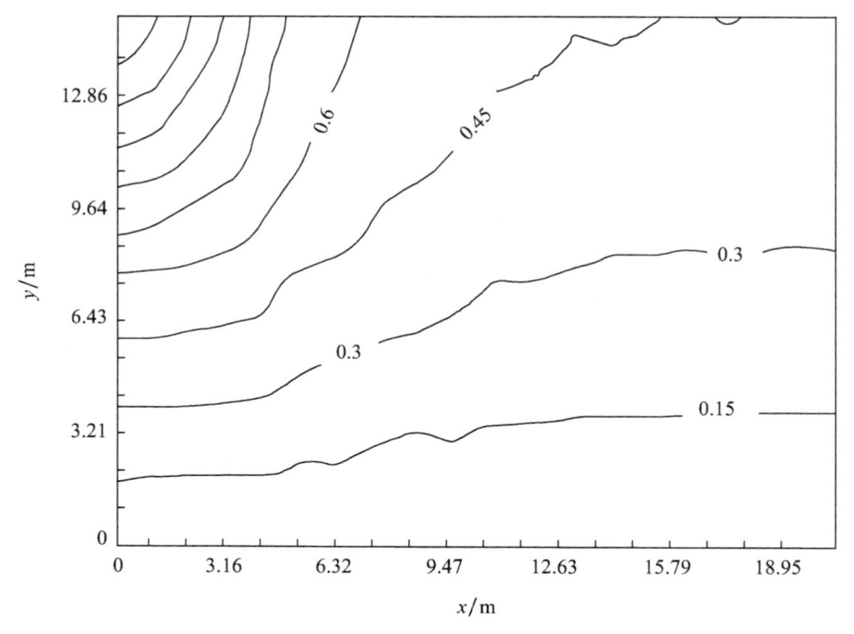

图 8.7.4　偏载与均布荷载共同作用下考虑应力主轴旋转的纵向位移等值线图(单位:m)

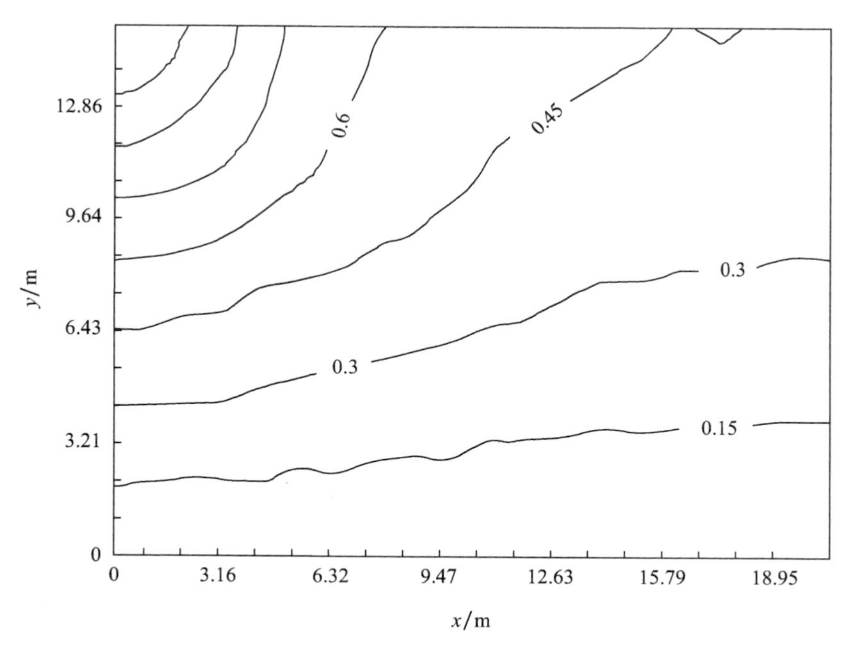

图 8.7.5　偏载与均布荷载共同作用下不考虑应力主轴旋转的纵向位移等值线图(单位:m)

思　考　题

（1）主应力旋转的应力增量特征是什么？

（2）应力洛德角变化与主应力轴旋转的影响机理是什么？

（3）什么条件下需要考虑主应力轴旋转？

参考文献

[1] 刘元雪. 含主应力轴旋转的土体一般应力-应变关系[博士学位论文]. 重庆：后勤工程学院，1997.

[2] 刘元雪，郑颖人. 含主应力轴旋转的土体本构关系研究进展. 力学进展，2000，30(4)：597-604.

[3] Matsuoka H，Sakakihara K. A constitutive model for sands and clays evaluating principal stress rotation. Soils and Foundations，1987，27(4)：73-88.

[4] Matsuoka H，Suzuki Y. A constitutive model for soils evaluating principal stress rotation and its application to some deformation problems. Soils and Foundations，1990，30(1)：142-154.

[5] Nakai T，Fujii J，Taki H. Kinematic expression of an isotropic hardening model for sand//Proceeding of the 3rd International Conference on Constitutive Laws for Engineering Materials，London，1991：36-45.

[6] Nakai T，Hoshikawa T. Kinematic hardening models for clay in three-dimensional stresses. Computer Methods and Advances in Geomechanics，1991，(1)：655-660.

[7] 刘元雪，郑颖人，陈正汉. 含主应力轴旋转的土体一般应力应变关系. 应用数学与力学，1998，19(5)：407-413.

[8] 刘元雪，郑颖人. 考虑主应力轴旋转对土体应力应变关系影响的一种新方法. 岩土工程学报，1998，20(2)：45-47.

[9] 刘元雪，郑颖人. 应力洛德角变化影响的研究. 水利学报，1999，30(8)：6-10.

[10] 刘元雪，郑颖人. 含主应力轴旋转的广义塑性位势理论. 力学季刊，2000，21(1)：129-133.

[11] Rowe P W. The stress dilatancy relation for static equilibrium of an assembly of particles in contact. Proceedings of the Royal Society of London (Series A)：Mathematical and Physical Sciences，1962，269：500-527.

第 9 章　岩土动力本构模型

岩土动力本构模型(或动力应力-应变关系)是分析动力作用(地震、波浪、交通、风等)下岩土、岩土-结构共同作用的基础,也是动力稳定分析数值计算(有限元、边界元)的前提。本章首先介绍岩土的动力应力-应变特性,然后详细介绍代表性的岩土动力本构模型。

9.1　岩土动力应力-应变特性

动力荷载作用下的岩土变形可分成两部分:弹性变形与塑性变形。当动力荷载较小时,主要是弹性变形。随着动力荷载的增加,塑性变形开始出现,并不断发展。因此,在小应变幅值时,岩土表现出弹性行为。这种小应变弹性动力学行为是分析基础动力响应的主要方面。然而,动应变幅值增加,会导致岩土材料结构的变化,产生残余变形与土体强度丧失。此时的动力特性显著不同于小应变幅值,岩土的强度与变形规律需要重新发掘,孔隙水压力的快速增长与结构破坏导致的土体强度突然丧失等都值得研究。因此,动力荷载作用下岩土的动力响应,需要根据不同应变幅值分成小应变与大应变。

对于小应变(轴向应变或剪切应变幅值小于 10^{-4}),建筑物地基或大坝动力分析的必要力学参数是剪切模量与阻尼比。但对于大应变环境下的动力分析,不仅需要知道剪切模量与阻尼比,还需要知道强度与塑性变形参数。

动应力-应变行为具有四个基本特性:滞后性、非线性、塑性变形的累积性与高应变率效应。

1. 滞后性

岩土材料动力作用的滞后性可用动力荷载作用下的滞后性应变响应曲线来表示。

如图 9.1.1 所示,在一个剪应力循环中,岩土应力-应变曲线将形成一个滞回圈。可以看出，应变响应是滞后于作用应力的，最大应变不是出现在最大应力的时候，而是出现在应力减小过程中。这就是岩土材料动力作用滞后性的一种反映。

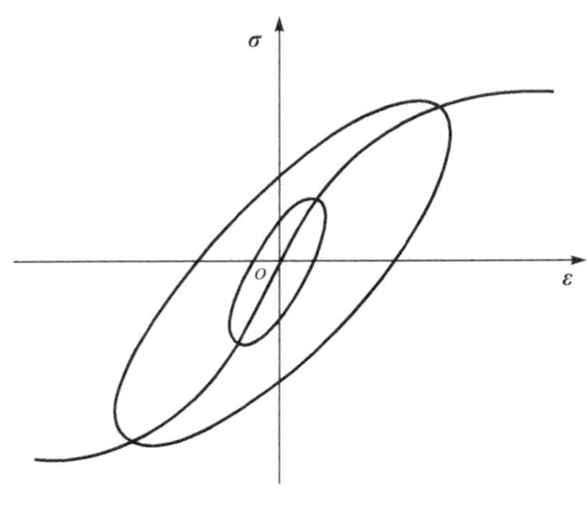

图 9.1.1　滞回曲线

2. 非线性

岩土的动应力-应变关系是非线性的，可以采用骨干曲线来表示，如图 9.1.2 所示。

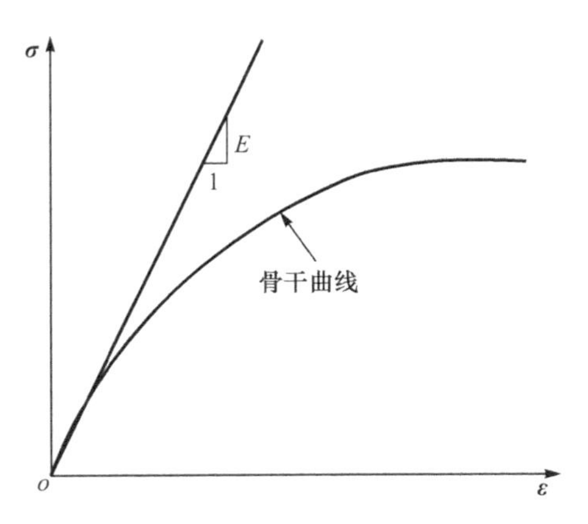

图 9.1.2　骨干曲线

不同幅值的剪应力循环将形成不同的滞回圈。每一个滞回圈的最大应力-最大应变的轨迹形成应力-应变关系的骨干曲线。骨干曲线表示最大剪应力-最大剪应变关系，能够反映非线性。

3. 塑性变形的累积性

由于卸载过程中会出现不可逆的岩土塑性变形，这部分变形在循环荷载作用下会不断累积。即使循环荷载幅值不变，塑性变形也会随循环次数的增加而增加，滞回圈中心将沿某一方向持续移动。滞回圈的变化反映了动力荷载作用的累积性，动力荷载导致了塑性变形，也就是导致了不可恢复的岩土结构变化，如图 9.1.3 所示。变形的累积效应包含了其对应力与应变的影响。

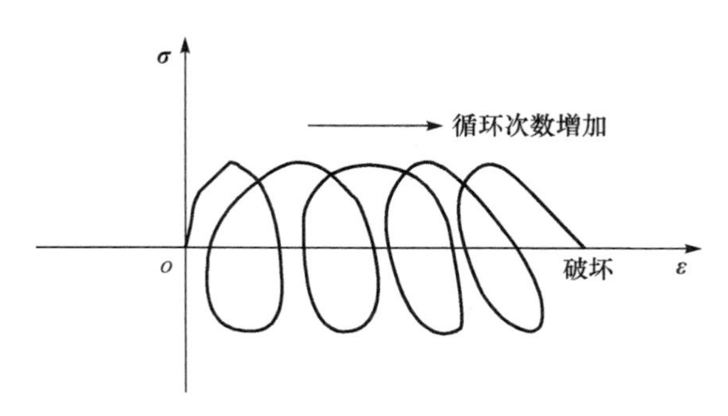

图 9.1.3　变形的累积性

4. 高应变率效应

高应变率荷载作用下岩土材料表现出明显不同的力学行为。霍普金森压杆试验结果揭示了土的高应变率效应[1,2]。三种不同应变率作用下的侧限单轴土样霍普金森压杆试验结果如图 9.1.4 所示[3]。岩土的刚度与强度都随应变率的增大而增大。

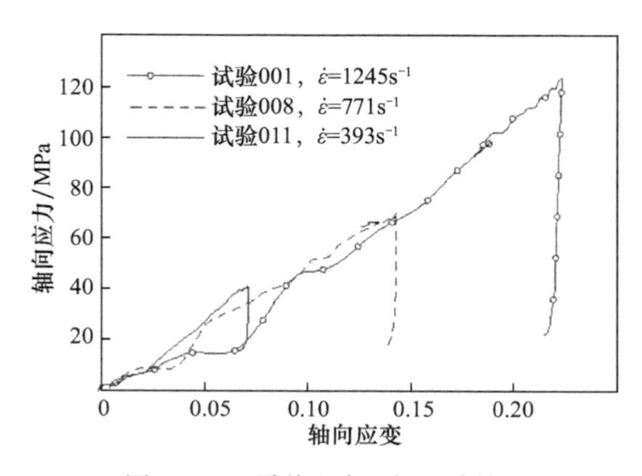

图 9.1.4　霍普金森压杆试验结果

9.2　动应力-应变关系的经验模型

基于大量的试验，用一个经验模型来描述岩土材料的动应力-应变关系。如图 9.2.1 所示，骨干曲线形状一般采用双曲线来描述，即

$$\tau = f(\gamma) = \frac{\gamma}{a + b\gamma} \tag{9.2.1}$$

式中，τ、γ、a、b 表征剪应力、剪应变、初始剪切模量与最大剪应力。

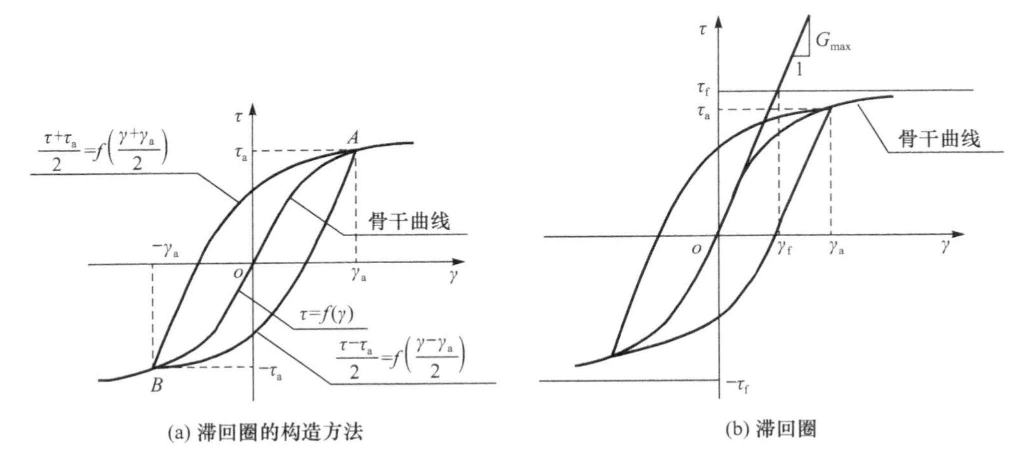

图 9.2.1　骨干曲线与滞回圈的构造方法

显然，$\frac{1}{a}$是原点处骨干曲线的斜率，记为

$$G_{max} = \frac{1}{a} \tag{9.2.2}$$

式中，G_{max}为初始剪切模量。

$\frac{1}{b}$是骨干曲线水平渐近线与纵轴交点的纵坐标，记为

$$\tau_f = \frac{1}{b} \tag{9.2.3}$$

式中，τ_f 为破坏剪应力。

$$\gamma_f = \frac{a}{b} = \frac{\tau_f}{G_{max}} \tag{9.2.4}$$

式中，γ_f 为参考剪应变。

则式(9.2.1)可以表述为

$$\tau=f(\gamma)=\frac{G_{\max}\gamma}{1+\dfrac{\gamma}{\gamma_{\mathrm{f}}}} \tag{9.2.5}$$

实际加卸载曲线采用 Masing 法则来构造。将骨干曲线坐标原点平移，旋转 180°，再缩小，从而构造加卸载曲线，形成滞回圈。

将骨干曲线坐标原点平移至$(\gamma_{\mathrm{a}},\tau_{\mathrm{a}})$，再缩小 50%，形成卸载曲线。

$$\frac{\tau-\tau_{\mathrm{a}}}{2}=f\left(\frac{\gamma-\gamma_{\mathrm{a}}}{2}\right) \tag{9.2.6}$$

式中，γ_{a}、τ_{a} 为峰值反转点坐标。

卸载曲线变为

$$\tau=\tau_{\mathrm{a}}+\frac{G_{\max}(\gamma-\gamma_{\mathrm{a}})}{1-\dfrac{\gamma-\gamma_{\mathrm{a}}}{2\gamma_{\mathrm{f}}}} \tag{9.2.7}$$

将骨干曲线坐标原点平移至$(-\gamma_{\mathrm{a}},-\tau_{\mathrm{a}})$，再缩小到一半，形成加载曲线。

$$\frac{\tau+\tau_{\mathrm{a}}}{2}=f\left(\frac{\gamma+\gamma_{\mathrm{a}}}{2}\right)$$

$$\tau=-\tau_{\mathrm{a}}+\frac{G_{\max}(\gamma+\gamma_{\mathrm{a}})}{1-\dfrac{\gamma+\gamma_{\mathrm{a}}}{2\gamma_{\mathrm{f}}}} \tag{9.2.8}$$

Matasovic 和 Vucetic[4]根据饱和砂土往复荷载试验结果，提出土的初始滞回圈和任意后继滞回圈之间的关系可用图 9.2.2 来表示。假设从第 2 周起的后继滞回圈用衰退骨干曲线和 Masing 法则来描述，土的往复衰退特性可以对初始骨干曲线的纵坐标加以折减来获得。初始骨干曲线表示为

$$\tau=\frac{G_{\max}\gamma}{1+\psi\left(\dfrac{\gamma}{\gamma_{\mathrm{f}}}\right)^{s}} \tag{9.2.9}$$

式中，ψ、s 为试验参数，对于砂土，可取 $\psi=1.0\sim2.0$，$s=0.65\sim1.0$。

对于无黏性土或少黏性土，其骨干曲线的衰退可以看成孔隙水压力增长所致[5]。骨干曲线的衰退表述为

$$G_{\max}^{*}=G_{\max}(1-u)^{n},\quad \tau_{\mathrm{ult}}^{*}=\tau_{\mathrm{ult}}(1-u^{\mu}) \tag{9.2.10}$$

土的动态参考剪应变可表示为

$$\gamma_{\mathrm{r}}^{*}=\frac{\tau_{\mathrm{ult}}^{*}}{G_{\max}^{*}}=\frac{\tau_{\mathrm{ult}}(1-u^{\mu})}{G_{\max}(1-u)^{n}}=\gamma_{\mathrm{r}}\,\frac{1-u^{\mu}}{(1-u)^{n}} \tag{9.2.11}$$

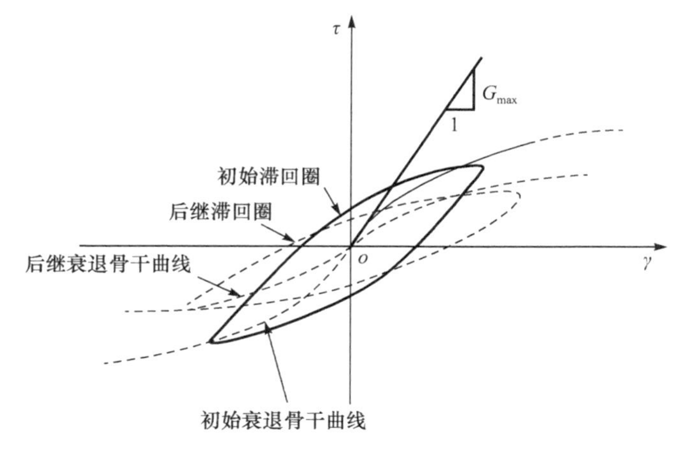

图 9.2.2　后继滞回圈与骨干曲线的构造方法

后继衰退骨干曲线可表示为

$$\tau = \frac{G_{max}^{*}\gamma}{1+\psi\left(\frac{\gamma}{\gamma_{r}^{*}}\right)^{s}} \tag{9.2.12}$$

采用 Masing 法则来构建瞬时加卸载曲线与滞回圈。

9.3　岩土等效动力黏弹性模型

土的等效动力黏弹性模型是将岩土体视为黏弹性体，采用等效剪切模量 G 和等效阻尼比 λ 来反映土动力本构关系的非线性与滞后性，并将等效剪切模量与阻尼比表示为动应变幅值的函数。这种模型概念明确、应用方便，缺点是不能反映土的变形累积效应。

9.3.1　黏弹性模型

如图 9.3.1 所示，黏弹性模型假设岩土材料是线弹性单元与黏性单元的并联。

$$\boldsymbol{\sigma} = \boldsymbol{\sigma}^{e} + \boldsymbol{\sigma}^{v} \tag{9.3.1}$$

式中，$\boldsymbol{\sigma}$、$\boldsymbol{\sigma}^{e}$、$\boldsymbol{\sigma}^{v}$ 分别为总应力、弹性应力(弹性单元应力)与黏性应力(黏性单元应力)。

弹性应力 $\boldsymbol{\sigma}^{e}$ 采用胡克定律进行计算：

$$\boldsymbol{\sigma}^{e} = \boldsymbol{D}_{e}\boldsymbol{\varepsilon} \tag{9.3.2}$$

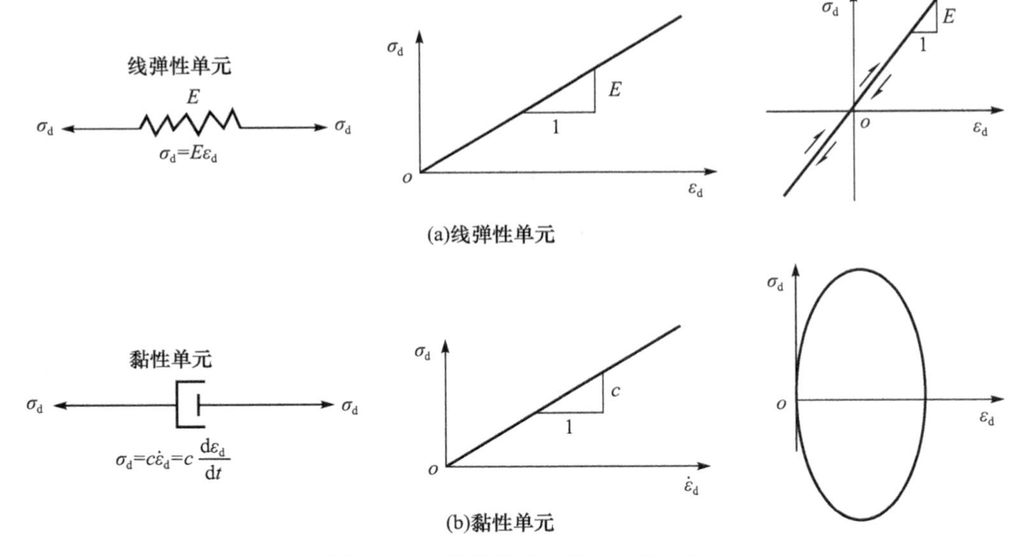

图 9.3.1　黏弹性单元及其力学响应

式中，

$$\boldsymbol{D}_{\mathrm{e}}=\frac{E}{(1+\nu)(1-2\nu)}\begin{bmatrix}1-\nu & \nu & \nu & 0 & 0 & 0\\ \nu & 1-\nu & \nu & 0 & 0 & 0\\ \nu & \nu & 1-\nu & 0 & 0 & 0\\ 0 & 0 & 0 & 1-2\nu & 0 & 0\\ 0 & 0 & 0 & 0 & 1-2\nu & 0\\ 0 & 0 & 0 & 0 & 0 & 1-2\nu\end{bmatrix}$$

式中，E 为弹性模量；ν 为泊松比。

黏性应力采用线性黏性假设进行计算：

$$\boldsymbol{\sigma}^{\mathrm{v}}=c\dot{\boldsymbol{\varepsilon}}=c_{\mathrm{n}}\frac{\mathrm{d}\boldsymbol{\varepsilon}}{\mathrm{d}t} \tag{9.3.3}$$

式中，c_{n} 为黏性系数。

总的应力可以表述为

$$\boldsymbol{\sigma}=\boldsymbol{\sigma}^{\mathrm{e}}+\boldsymbol{\sigma}^{\mathrm{v}}=\boldsymbol{D}_{\mathrm{e}}\boldsymbol{\varepsilon}+c_{\mathrm{n}}\frac{\mathrm{d}\boldsymbol{\varepsilon}}{\mathrm{d}t} \tag{9.3.4}$$

对于一维情况，有

$$\boldsymbol{\sigma}=E\boldsymbol{\varepsilon}+c_{\mathrm{n}}\frac{\mathrm{d}\boldsymbol{\varepsilon}}{\mathrm{d}t} \tag{9.3.5}$$

假设动应力按正弦函数变化，即

$$\boldsymbol{\sigma}=\sigma_a\sin(\omega t) \tag{9.3.6}$$

式中，σ_a、ω、t 分别为动应力幅值、角频率与时间。

求解该微分方程(9.3.5)，可以得到

$$\boldsymbol{\varepsilon}=\varepsilon_a\sin(\omega t-\delta) \tag{9.3.7a}$$

式中，ε_a、δ 分别为动应变幅值、相位角(应变滞后于应力的相位差)。

$$\varepsilon_a=\frac{\sigma_a}{\sqrt{E^2+(c_n\omega)^2}} \tag{9.3.7b}$$

$$\delta=\arctan\frac{c_n\omega}{E} \tag{9.3.7c}$$

如果动应力按余弦函数变化，即

$$\boldsymbol{\sigma}=\sigma_a\cos(\omega t) \tag{9.3.8}$$

则相应的动应变为

$$\boldsymbol{\varepsilon}=\varepsilon_a\cos(\omega t-\delta) \tag{9.3.9}$$

如果动应力采用复变函数形式变化，即

$$\boldsymbol{\sigma}=\sigma_a e^{i\omega t}=\sigma_a[\cos(\omega t)+i\sin(\omega t)] \tag{9.3.10}$$

则相应的动应变为

$$\boldsymbol{\varepsilon}=\varepsilon_a e^{i(\omega t-\delta)}=\sigma_a[\cos(\omega t-\delta)+i\sin(\omega t-\delta)] \tag{9.3.11}$$

显然，动应变的实部与虚部分别对应动应力的实部与虚部。动应力-应变关系可表述为

$$\frac{\boldsymbol{\sigma}}{\boldsymbol{\varepsilon}}=\frac{\sigma_a}{\varepsilon_a}e^{i\delta}=\frac{\sigma_a}{\varepsilon_a}(\cos\delta+i\sin\delta) \tag{9.3.12}$$

取

$$E^*=\frac{\boldsymbol{\sigma}}{\boldsymbol{\varepsilon}} \tag{9.3.13a}$$

$$E=\frac{\sigma_a}{\varepsilon_a}\cos\delta \tag{9.3.13b}$$

$$E'=\frac{\sigma_a}{\varepsilon_a}\sin\delta \tag{9.3.13c}$$

式中，E^*、E 与 E' 分别为复模量、动弹性模量和耗损模量。

$$E^*=E+iE' \tag{9.3.13d}$$

$$\tan\delta=\frac{E'}{E}=\eta_s \tag{9.3.14}$$

式中，η_s 为耗损系数，是一个表征能量损耗或阻尼特性的参数。

联立式(9.3.6)与式(9.3.7a)，消去 t，可得

$$\left(\frac{\boldsymbol{\sigma}}{\sigma_a}\right)^2-2\cos\delta\frac{\boldsymbol{\sigma}}{\sigma_a}\frac{\boldsymbol{\varepsilon}}{\varepsilon_a}+\left(\frac{\boldsymbol{\varepsilon}}{\varepsilon_a}\right)^2-\sin^2\delta=0 \tag{9.3.15}$$

也可以表示为

$$\begin{cases}\boldsymbol{\sigma}=E\boldsymbol{\varepsilon}+E'\sqrt{\varepsilon_a^2-\boldsymbol{\varepsilon}^2}, & \boldsymbol{\varepsilon}>0\\ \boldsymbol{\sigma}=E\boldsymbol{\varepsilon}-E'\sqrt{\varepsilon_a^2-\boldsymbol{\varepsilon}^2}, & \boldsymbol{\varepsilon}<0\end{cases} \tag{9.3.16}$$

式(9.3.16)可以分解成如下两部分：

$$\boldsymbol{\sigma}=\boldsymbol{\sigma}_1+\boldsymbol{\sigma}_2 \tag{9.3.17a}$$

$$\boldsymbol{\sigma}_1=E\boldsymbol{\varepsilon} \tag{9.3.17b}$$

$$\left(\frac{\boldsymbol{\sigma}_2}{E'\varepsilon_a}\right)^2+\left(\frac{\boldsymbol{\varepsilon}}{\varepsilon_a}\right)^2=1 \tag{9.3.17c}$$

式(9.3.17a)的 $\boldsymbol{\sigma}_1$ 可以表述为斜率为 E 的直线，$\boldsymbol{\sigma}_2$ 可以表述为半短轴为 $E'\varepsilon_a$、半长轴为 ε_a 的椭圆(见图 9.3.2(a))。总的应力-应变响应是一个倾斜的椭圆(见图 9.3.2(b))，它与纵轴的交点为$(0,\pm E'\varepsilon_a)$。耗损模量 E'可以描述倾斜椭圆的扁平程度。耗损模量越大，倾斜椭圆就越圆，加卸载循环中的能量损耗与阻尼就越大。耗损模量越小，倾斜椭圆就越扁平，加卸载循环中的能量损耗与阻尼就越小。

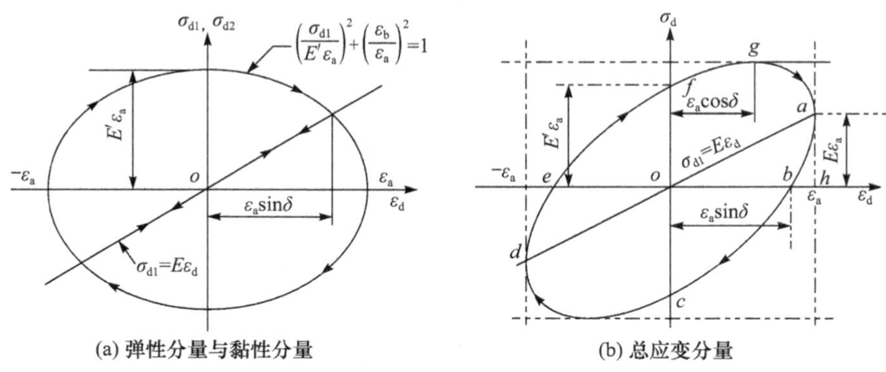

图 9.3.2 黏弹性模型的弹性分量与黏性分量分解

一个应力循环中的能量损耗被用于描述黏弹性的阻尼特征。一个循环的能量损失等于滞回圈的面积。

$$\Delta W=\oint\boldsymbol{\sigma}\mathrm{d}\boldsymbol{\varepsilon}=E'\pi\varepsilon_a^2 \tag{9.3.18a}$$

一个循环的能量损失 ΔW 可以用来表征材料的阻尼特性，但它是动应

变幅值 ε_a 的函数，不是一个合理的力学性能特征定量参数。一个循环的能量耗损与弹性能之比被作为阻尼特性的定量指数。

$$\frac{\Delta W}{W}=\frac{E'\pi\varepsilon_a^2}{\frac{1}{2}E\varepsilon_a^2}=2\pi\frac{E'}{E} \tag{9.3.18b}$$

结合耗损系数 η_s 的定义，可得

$$\eta_s=\frac{1}{2\pi}\frac{\Delta W}{W}=\frac{E'}{E}=\tan\delta \tag{9.3.18c}$$

式(9.3.18c)揭示了滞回圈面积表示的能量耗损与相位角表示的阻尼之间的关系。

从图 9.3.3 可以得到耗散系数的最简单计算方法，即使在黏-线弹性理论失效的情况下也是可用的。

$$\eta_s=\frac{\text{应变等于 0 时的应力}}{\text{最大应变时的应力}}$$

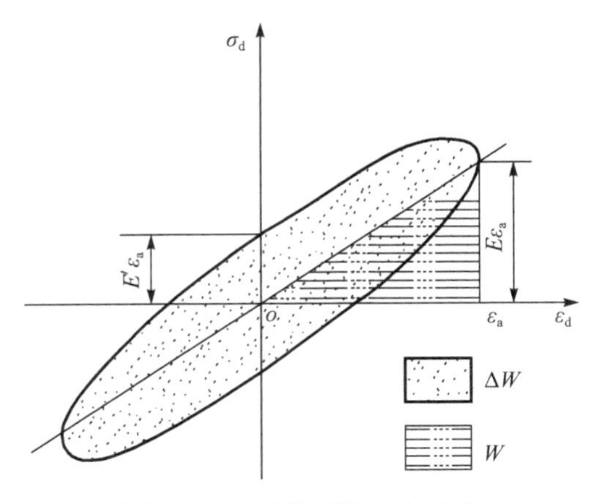

图 9.3.3　耗损系数 η_s 的定义

9.3.2　黏弹性模型参数

黏弹性模型的工程计算一般采用两个参数：剪切模量 G 与阻尼比 λ，它们的定义如图 9.3.4 所示。

骨干曲线的割线模量(剪切模量)被用于描述动力变形的非线性特征：

$$G=\frac{\tau_a}{\gamma_a}=\frac{f(\gamma_a)}{\gamma_a} \tag{9.3.19a}$$

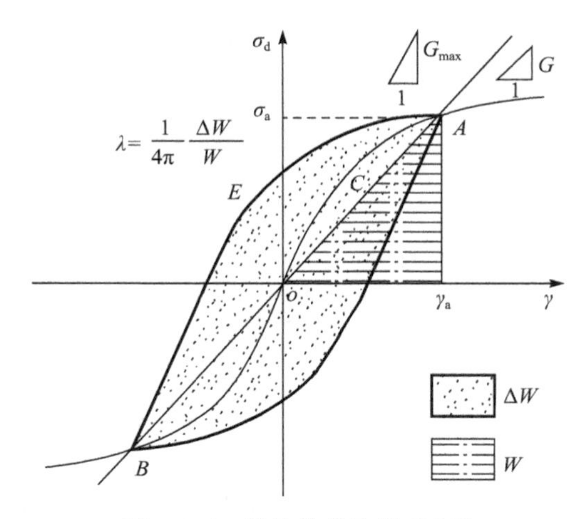

图 9.3.4　线性黏弹性模型参数

弹性模量为

$$E=2(1+\nu)G \tag{9.3.19b}$$

阻尼比 λ 为

$$\lambda=\frac{1}{4\pi}\frac{\Delta W}{W}=\frac{\eta_s}{2} \tag{9.3.20}$$

$$\lambda=\frac{\tan\delta}{2}=\frac{c\omega}{E} \tag{9.3.21}$$

$$c=\frac{E}{\omega}\lambda \tag{9.3.22}$$

然而，实际岩土动力特性是非线性的，应采用非线性模型，也可以采用力学参数随应变幅值变化而定。

9.4　岩土黏弹塑性动力本构模型

黏弹性模型可以较好地模拟岩土的滞后性，但不能反映非线性与塑性变形的累积性。一个比较好的方法是采用黏弹塑性本构模型来模拟这三个基本力学特性。

9.4.1　黏弹塑性模型框架

如图 9.4.1 所示，黏弹塑性模型将岩土材料看成弹塑性单元与黏性单元的并联。

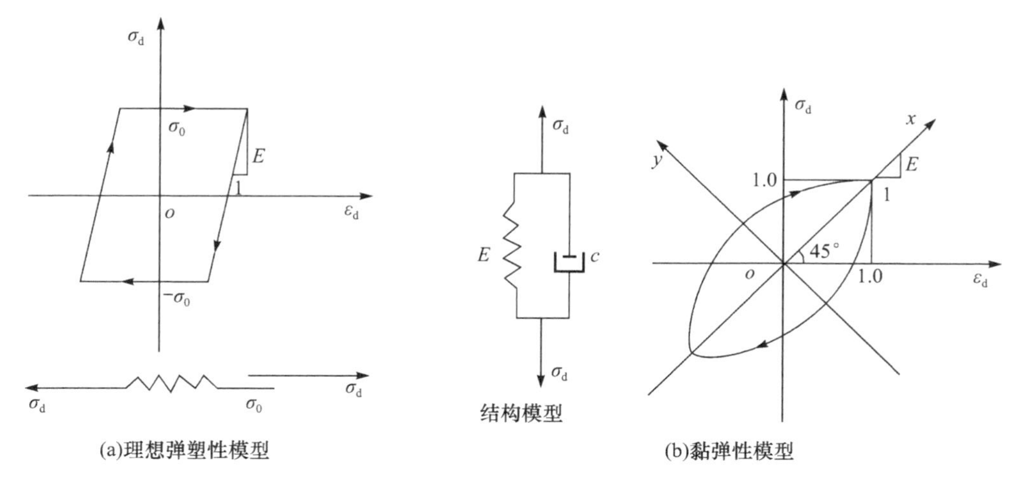

图 9.4.1　黏弹塑性元件模型及其力学响应

$$\boldsymbol{\sigma}=\boldsymbol{\sigma}^{\mathrm{ep}}+\boldsymbol{\sigma}^{\mathrm{v}} \tag{9.4.1}$$

式中，$\boldsymbol{\sigma}$、$\boldsymbol{\sigma}^{\mathrm{ep}}$、$\boldsymbol{\sigma}^{\mathrm{v}}$ 分别为总应力、弹塑性应力与黏性应力。

9.4.2　黏性部分计算

黏性部分计算基于牛顿黏性定律：

$$\boldsymbol{\sigma}^{\mathrm{v}}=\boldsymbol{C}\dot{\boldsymbol{\varepsilon}} \tag{9.4.2}$$

式中，$\boldsymbol{C}$ 为黏性矩阵，取决于不同的黏性本构模型，最简单的模型就是取其为一个标量。

9.4.3　弹塑性部分计算

弹塑性变形可表述为

$$\boldsymbol{\varepsilon}=\boldsymbol{\varepsilon}^{\mathrm{e}}+\boldsymbol{\varepsilon}^{\mathrm{p}} \tag{9.4.3}$$

式中，$\boldsymbol{\varepsilon}$、$\boldsymbol{\varepsilon}^{\mathrm{e}}$、$\boldsymbol{\varepsilon}^{\mathrm{p}}$ 分别为总应变、弹性应变与塑性应变。

弹性应变采用胡克定律计算：

$$\boldsymbol{\varepsilon}^{\mathrm{e}}=\boldsymbol{D}_{\mathrm{e}}^{-1}\boldsymbol{\sigma} \tag{9.4.4a}$$

式中，$\boldsymbol{D}_{\mathrm{e}}$ 为弹性刚度矩阵。

$$\mathrm{d}\boldsymbol{\varepsilon}^{\mathrm{e}}=\boldsymbol{D}_{\mathrm{e}}^{-1}\mathrm{d}\boldsymbol{\sigma} \tag{9.4.4b}$$

塑性变形基于塑性理论计算：

$$\boldsymbol{\varepsilon}^{\mathrm{p}}=\boldsymbol{D}_{\mathrm{p}}{}^{-1}\boldsymbol{\sigma} \tag{9.4.5}$$

式中，$\boldsymbol{D}_{\mathrm{p}}$ 为塑性刚度矩阵。

目前的动力塑性模型一般很复杂，有太多的参数，不利于计算与应用。对于岩土材料的动力变形机制还不太清晰，一般认为应该采用混合硬化理论来计算动力塑性变形。

$$\mathrm{d}\boldsymbol{\varepsilon}^{\mathrm{p}}=\mathrm{d}\lambda\frac{\partial f}{\partial\boldsymbol{\sigma}}=\frac{1}{A}\frac{\partial f}{\partial\boldsymbol{\sigma}}\mathrm{d}\boldsymbol{\sigma}\frac{\partial f}{\partial\boldsymbol{\sigma}}\tag{9.4.6}$$

混合硬化屈服函数定义为

$$f(\boldsymbol{\sigma},H_\alpha)=F[\boldsymbol{\sigma}-\boldsymbol{\alpha}(\boldsymbol{\varepsilon}^{\mathrm{p}})]-k(\boldsymbol{\varepsilon}^{\mathrm{p}})=0\tag{9.4.7}$$

式中，$\boldsymbol{\alpha}(\boldsymbol{\varepsilon}^{\mathrm{p}})$、$k(\boldsymbol{\varepsilon}^{\mathrm{p}})$分别描述屈服面中心与大小。

塑性模量计算如下：

$$\mathrm{d}f(\boldsymbol{\sigma},H_\alpha)=\mathrm{d}F[\boldsymbol{\sigma}-\boldsymbol{\alpha}(\boldsymbol{\varepsilon}^{\mathrm{p}})]-\mathrm{d}k(\boldsymbol{\varepsilon}^{\mathrm{p}})=0$$

即

$$\frac{\partial F[\boldsymbol{\sigma}-\boldsymbol{\alpha}(\boldsymbol{\varepsilon}^{\mathrm{p}})]}{\partial\boldsymbol{\sigma}}\mathrm{d}\boldsymbol{\sigma}+\frac{\partial F[\boldsymbol{\sigma}-\boldsymbol{\alpha}(\boldsymbol{\varepsilon}^{\mathrm{p}})]}{\partial\boldsymbol{\alpha}}\mathrm{d}\boldsymbol{\alpha}-\frac{\mathrm{d}k(\boldsymbol{\varepsilon}^{\mathrm{p}})}{\mathrm{d}\boldsymbol{\varepsilon}^{\mathrm{p}}}\mathrm{d}\boldsymbol{\varepsilon}^{\mathrm{p}}=0$$

整理得

$$\frac{\partial F}{\partial\boldsymbol{\sigma}}\mathrm{d}\boldsymbol{\sigma}-\frac{\partial F}{\partial\boldsymbol{\alpha}}\frac{\mathrm{d}\boldsymbol{\alpha}}{\mathrm{d}\boldsymbol{\varepsilon}^{\mathrm{p}}}\mathrm{d}\boldsymbol{\varepsilon}^{\mathrm{p}}-\frac{\mathrm{d}k}{\mathrm{d}\boldsymbol{\varepsilon}^{\mathrm{p}}}\mathrm{d}\boldsymbol{\varepsilon}^{\mathrm{p}}=0$$

将式(9.4.6)代入得

$$\frac{\partial F}{\partial\boldsymbol{\sigma}}\mathrm{d}\boldsymbol{\sigma}-\frac{\partial F}{\partial\boldsymbol{\alpha}}\frac{\mathrm{d}\boldsymbol{\alpha}}{\mathrm{d}\boldsymbol{\varepsilon}^{\mathrm{p}}}\frac{1}{A}\frac{\partial f}{\partial\boldsymbol{\sigma}}\mathrm{d}\boldsymbol{\sigma}\frac{\partial f}{\partial\boldsymbol{\sigma}}-\frac{\mathrm{d}k}{\mathrm{d}\boldsymbol{\varepsilon}^{\mathrm{p}}}\frac{1}{A}\frac{\partial f}{\partial\boldsymbol{\sigma}}\mathrm{d}\boldsymbol{\sigma}\frac{\partial f}{\partial\boldsymbol{\sigma}}=0$$

即

$$\frac{\partial F}{\partial\boldsymbol{\sigma}}\mathrm{d}\boldsymbol{\sigma}-\frac{\partial F}{\partial\boldsymbol{\alpha}}\frac{\mathrm{d}\boldsymbol{\alpha}}{\mathrm{d}\boldsymbol{\varepsilon}^{\mathrm{p}}}\frac{1}{A}\frac{\partial F}{\partial\boldsymbol{\sigma}}\mathrm{d}\boldsymbol{\sigma}\frac{\partial F}{\partial\boldsymbol{\sigma}}-\frac{\mathrm{d}k}{\mathrm{d}\boldsymbol{\varepsilon}^{\mathrm{p}}}\frac{1}{A}\frac{\partial F}{\partial\boldsymbol{\sigma}}\mathrm{d}\boldsymbol{\sigma}\frac{\partial F}{\partial\boldsymbol{\sigma}}=0$$

因此，

$$\frac{1}{A}=\frac{\dfrac{\partial F}{\partial\boldsymbol{\sigma}}\mathrm{d}\boldsymbol{\sigma}}{\dfrac{\partial F}{\partial\alpha}\dfrac{\mathrm{d}\boldsymbol{\alpha}}{\mathrm{d}\boldsymbol{\varepsilon}^{\mathrm{p}}}\dfrac{\partial F}{\partial\boldsymbol{\sigma}}\mathrm{d}\boldsymbol{\sigma}\dfrac{\partial F}{\partial\boldsymbol{\sigma}}+\dfrac{\mathrm{d}k}{\mathrm{d}\boldsymbol{\varepsilon}^{\mathrm{p}}}\dfrac{\partial F}{\partial\boldsymbol{\sigma}}\mathrm{d}\boldsymbol{\sigma}\dfrac{\partial F}{\partial\boldsymbol{\sigma}}}=\frac{1}{\dfrac{\partial F}{\partial\boldsymbol{\alpha}}\dfrac{\mathrm{d}\boldsymbol{\alpha}}{\mathrm{d}\boldsymbol{\varepsilon}^{\mathrm{p}}}\dfrac{\partial F}{\partial\boldsymbol{\sigma}}+\dfrac{\mathrm{d}k}{\mathrm{d}\boldsymbol{\varepsilon}^{\mathrm{p}}}\dfrac{\partial F}{\partial\boldsymbol{\sigma}}}\tag{9.4.8}$$

式中，A 为塑性模量。

塑性应变为

$$\mathrm{d}\boldsymbol{\varepsilon}^{\mathrm{p}}=\frac{1}{\dfrac{\partial F}{\partial\boldsymbol{\alpha}}\dfrac{\mathrm{d}\boldsymbol{\alpha}}{\mathrm{d}\boldsymbol{\varepsilon}^{\mathrm{p}}}\dfrac{\partial F}{\partial\boldsymbol{\sigma}}+\dfrac{\mathrm{d}k}{\mathrm{d}\boldsymbol{\varepsilon}^{\mathrm{p}}}\dfrac{\partial F}{\partial\boldsymbol{\sigma}}}\frac{\partial F}{\partial\boldsymbol{\sigma}}\mathrm{d}\boldsymbol{\sigma}\frac{\partial F}{\partial\boldsymbol{\sigma}}=\boldsymbol{D}_{\mathrm{p}}{}^{-1}\mathrm{d}\boldsymbol{\sigma}\tag{9.4.9}$$

9.4.4　全应力-应变增量计算

总的变形为

$$d\boldsymbol{\varepsilon}=d\boldsymbol{\varepsilon}^{e}+d\boldsymbol{\varepsilon}^{p}=(\boldsymbol{D}_{e}^{-1}+\boldsymbol{D}_{p}^{-1})d\boldsymbol{\sigma}=\boldsymbol{D}_{ep}^{-1}d\boldsymbol{\sigma} \tag{9.4.10}$$

$$d\boldsymbol{\sigma}=d\boldsymbol{\sigma}^{ep}+d\boldsymbol{\sigma}^{v}=\boldsymbol{D}_{ep}d\boldsymbol{\varepsilon}+\boldsymbol{C}\ddot{\boldsymbol{\varepsilon}} \tag{9.4.11}$$

式(9.4.11)中的计算参数根据相应的本构模型而定。

当应力位于屈服面内时，直接根据黏弹性理论进行计算。

$$f(\boldsymbol{\sigma},H_{\alpha})<0 \tag{9.4.12}$$

$$d\boldsymbol{\sigma}=d\boldsymbol{\sigma}^{e}+d\boldsymbol{\sigma}^{v}=\boldsymbol{D}_{e}d\boldsymbol{\varepsilon}+\boldsymbol{C}\ddot{\boldsymbol{\varepsilon}} \tag{9.4.13}$$

式(9.4.13)中的计算结果与时间有关，可以采用数值差分方法进行数值计算。

9.5　黏塑性帽子模型

黏塑性被称为是率相关(相反称为非黏性，率无关)，可以应用于岩土材料来模拟应变率效应。岩土黏塑性模型中影响较大的是基于 Perzyna 理论[7]的黏塑性表述。该理论将黏性行为模拟成率相关的流动法则，采用相关联流动法则，并假设黏塑性势与屈服面一致或成比例[8]。转化成率相关塑性后，这种一致性是必需的，虽然在黏塑性理论上没有什么特殊的意义。黏塑性表述具有如下优点：

(1) 黏性流动法则具有模拟较大应变率范围率相关材料行为的能力。

(2) 将非黏性的帽子模型扩展到黏塑性的帽子模型，是自然合理的[8]。

Simo 等[9]提出了另一种黏塑性表述——Duvant-Lions 模型。黏性行为通过非黏性与黏塑性解的差值来表述。这种方式的优点是数值计算实现上的简单，只是需要做应力更新，以获得非黏性表述与对应的黏塑性解。

黏塑性帽子模型是一种模拟高应变率加载岩土力学行为的有效模型。Tong[8]利用 LS-DYNA 软件采用黏塑性帽子模型计算了土中的一系列爆炸工况。与试验结果对比，土抛出、土坑、爆炸云的模拟和地雷爆炸试验很吻合。

两种黏塑性帽子模型分别是基于 Perzyna 理论与 Duvant-Lions 理论提出的。塑性屈服函数采用广义双不变量帽子模式，并给出了相应的数值算法。黏塑性帽子模型采用快速加载的单轴应变试验数据对比来检验。

在黏塑性模型中，总应变率 $\dot{\boldsymbol{\varepsilon}}$ 分解成弹性分量 $\dot{\boldsymbol{\varepsilon}}^{\mathrm{e}}$ 与黏塑性分量 $\dot{\boldsymbol{\varepsilon}}^{\mathrm{vp}}$，即

$$\dot{\boldsymbol{\varepsilon}}=\dot{\boldsymbol{\varepsilon}}^{\mathrm{e}}+\dot{\boldsymbol{\varepsilon}}^{\mathrm{vp}} \tag{9.5.1}$$

弹性分量表述为

$$\dot{\boldsymbol{\sigma}}=\boldsymbol{C}\dot{\boldsymbol{\varepsilon}}^{\mathrm{e}} \tag{9.5.2}$$

式中，$\dot{\boldsymbol{\sigma}}$ 为应力率；$\boldsymbol{C}$ 为弹性矩阵。

对于黏塑性分量，采用不同模型的计算结果是不同的。

9.5.1　Perzyna 型黏塑性帽子模型

假设黏塑性应变率具有时间延迟并满足相关联流动法则，即

$$\dot{\boldsymbol{\varepsilon}}^{\mathrm{vp}}=\eta_{\mathrm{L}}\langle\varphi(f)\rangle\frac{\partial f}{\partial\boldsymbol{\sigma}} \tag{9.5.3}$$

式中，η_{L} 为流动性的材料常数；$\langle\rangle$ 表示斜坡函数，表述为 $\langle x\rangle=\dfrac{x+|x|}{2}$；$f$ 为塑性屈服函数；$\varphi(f)$ 为无量纲的黏性流动函数，定义为

$$\varphi(f)=\left(\frac{f}{f_0}\right)^N \tag{9.5.4}$$

式中，N 为指数；f_0 为归一化常数，具有与 f 一样的单位。

塑性屈服函数 f 是一个无黏性的帽子型函数，是应力第一不变量 I_1 与偏应力第二不变量 J_2 的函数，如图 9.5.1 所示。静力屈服面分成三个区域：

(1) 当 $I_1\geqslant L$ 时，帽子模型边界函数为 $f=\sqrt{J_2}-F_{\mathrm{c}}(I_1,k)=0$。

(2) 当 $L>I_1>-T$ 时，破坏面边界函数为 $f=\sqrt{J_2}-F_{\mathrm{e}}(I_1)=0$。

(3) 当 $I_1\leqslant -T$ 时，拉伸破坏边界函数为 $f=I_1+T=0$。

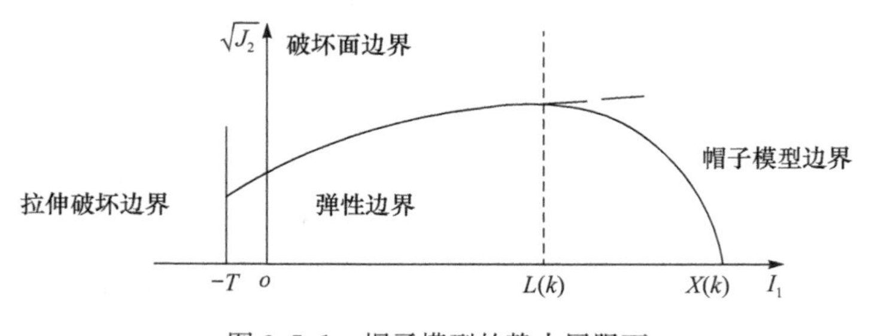

图 9.5.1　帽子模型的静力屈服面

1）帽子屈服面

帽子屈服面是一个在 I_1-J_2 平面表述的椭圆形硬化函数。一般表述为

$$f(I_1,\sqrt{J_2},k)=\sqrt{J_2}-F_c(I_1,k)$$
$$=\sqrt{J_2}-\frac{1}{R}\sqrt{[X(k)-L(k)]^2-[I_1-L(k)]^2}=0 \tag{9.5.5}$$

式中，$F_c(I_1,k)$为帽子轮廓的加载函数；R 为一个材料常数；k 为与实际黏塑性体应变 ε_v^{vp} 有关的硬化参数。

$$\varepsilon_v^{vp}(X(k))=W\{1-\exp\{-D[X(k)-X_0]\}\} \tag{9.5.6}$$

$$X(k)=k+RF_e(k) \tag{9.5.7}$$

式中，$F_e(k)$为加载函数。

$L(k)$是 I_1 在帽子起点的值，定义为

$$L(k)=\begin{cases}k, & k>0\\ 0, & k\leqslant 0\end{cases} \tag{9.5.8}$$

帽子屈服面也可以表述为

$$f(I_1,\sqrt{J_2},k)=\sqrt{\frac{(I_1-L)^2}{R^2}+J_2}-\frac{l-X}{R}=0 \tag{9.5.9}$$

2）破坏面部分

破坏面是非硬化的，是 D-P 准则的修正。

$$f(I_1,\sqrt{J_2})=\sqrt{J_2}-F_e(I_1)=\sqrt{J_2}-[\alpha-\gamma\exp(-\beta I_1)+\theta I_1]=0 \tag{9.5.10}$$

式中，α、β、γ 与 θ 为材料参数。

3）拉伸破坏部分

拉伸破坏面定义为

$$f(I_1)=I_1-(-T)=0 \tag{9.5.11}$$

式中，$-T$ 为拉伸破坏值。

9.5.2 计算方法

式(9.5.1)与式(9.5.2)中的应变率通过从 t 到 $t+\Delta t$ 的一个时间步长积分，得到应变增量与应力增量分别为

$$\Delta\boldsymbol{\varepsilon}=\Delta\boldsymbol{\varepsilon}^e+\Delta\boldsymbol{\varepsilon}^{vp} \tag{9.5.12}$$

$$\Delta\boldsymbol{\sigma}=\boldsymbol{C}\Delta\boldsymbol{\varepsilon}^e=\boldsymbol{C}(\Delta\boldsymbol{\varepsilon}-\Delta\boldsymbol{\varepsilon}^{vp}) \tag{9.5.13}$$

式中，$\Delta\boldsymbol{\varepsilon}$ 为总的应变增量；$\Delta\boldsymbol{\varepsilon}^e$ 为弹性应变增量；$\Delta\boldsymbol{\varepsilon}^{vp}$为黏塑性应变增量；$\Delta\boldsymbol{\sigma}$ 为总的应力增量。

基于欧拉算法，黏塑性应变增量 $\Delta\boldsymbol{\varepsilon}^{\mathrm{vp}}$ 可以近似为

$$\Delta\boldsymbol{\varepsilon}^{\mathrm{vp}}=[(1-\chi)\dot{\varepsilon}_t^{\mathrm{vp}}+\chi\dot{\varepsilon}_{t+\Delta t}^{\mathrm{vp}}]\Delta t \tag{9.5.14}$$

式中，χ 为可调的积分参数，$0\leqslant\chi\leqslant1$。

当 $\chi=0$ 时是显式积分，当 $\chi=1$ 时是完全隐式积分；当 $\chi\leqslant0.5$ 时，积分是条件稳定的；而当 $\chi>0.5$ 时，积分是无条件稳定的。这里为了简单，数值算法中采用完全隐式积分，即 $\chi=1$。

在完全隐式积分算法中，式(9.5.14)中的黏塑性流动只是 $t+\Delta t$ 时刻屈服面的梯度。因此，$\Delta\boldsymbol{\varepsilon}^{\mathrm{vp}}$ 可以写成

$$\Delta\boldsymbol{\varepsilon}^{\mathrm{vp}}=\dot{\boldsymbol{\varepsilon}}^{\mathrm{vp}}\Delta t=\eta_{\mathrm{L}}\langle\varphi(f)\rangle\Delta t\frac{\partial f}{\partial\boldsymbol{\sigma}} \tag{9.5.15}$$

引入塑性乘子 $\Delta\lambda$

$$\Delta\lambda=\eta_{\mathrm{L}}\langle\varphi(f)\rangle\Delta t \tag{9.5.16}$$

则式(9.5.15)可以改写为

$$\Delta\boldsymbol{\varepsilon}^{\mathrm{vp}}=\Delta\lambda\frac{\partial f}{\partial\boldsymbol{\sigma}} \tag{9.5.17}$$

局部迭代时，在残值 ρ（见式(9.5.18)）接近于零时，黏塑性问题是可解的。

$$\rho=\frac{\Delta\lambda}{\eta_{\mathrm{L}}\Delta t}-\varphi(f)\rightarrow0 \tag{9.5.18}$$

将式(9.5.17)代入式(9.5.13)，可得

$$\Delta\boldsymbol{\sigma}=\boldsymbol{C}\left(\Delta\boldsymbol{\varepsilon}-\Delta\lambda\frac{\partial f}{\partial\boldsymbol{\sigma}}\right) \tag{9.5.19}$$

采用局部 Newton-Raphson 迭代算法计算 $\Delta\lambda$。屈服函数采用一般形式，即 $f=f(\boldsymbol{\sigma},k)$。在第 i 步迭代时，对式(9.5.19)微分可得

$$\delta\boldsymbol{\sigma}=\boldsymbol{C}\left(\delta\boldsymbol{\varepsilon}-\delta\lambda\frac{\partial f}{\partial\boldsymbol{\sigma}}-\Delta\lambda^{(i)}\frac{\partial^2 f}{\partial\boldsymbol{\sigma}^2}-\Delta\lambda^{(i)}\frac{\partial^2 f}{\partial\boldsymbol{\sigma}\partial\lambda}\delta\lambda\right) \tag{9.5.20}$$

式中，$\delta\boldsymbol{\sigma}$、$\delta\boldsymbol{\varepsilon}$、$\delta\lambda$ 为局部迭代过程中 $\Delta\boldsymbol{\sigma}$、$\Delta\boldsymbol{\varepsilon}$、$\Delta\lambda$ 的迭代改进。

式(9.5.20)也可以表述成

$$\delta\boldsymbol{\sigma}=\boldsymbol{H}\left[\delta\boldsymbol{\varepsilon}-\left(\frac{\partial f}{\partial\boldsymbol{\sigma}}+\Delta\lambda^{(i)}\frac{\partial^2 f}{\partial\boldsymbol{\sigma}\partial\lambda}\right)\delta\lambda\right] \tag{9.5.21}$$

式中，$\boldsymbol{H}$ 为一个拟弹性刚度矩阵。

$$\boldsymbol{H}=\left(\boldsymbol{C}^{-1}+\Delta\lambda^{(i)}\frac{\partial^2 f}{\partial\boldsymbol{\sigma}^2}\right)^{-1} \tag{9.5.22}$$

对式(9.5.18)进行微分，第 i 步的 Newton-Raphson 迭代可以表述为

$$\rho^{(i)}=\left(\frac{1}{\eta_{\mathrm{L}}\Delta t}-\frac{\partial\varphi}{\partial\lambda}\right)\delta\lambda-\left(\frac{\partial\varphi}{\partial\lambda}\right)^{\mathrm{T}}\delta\boldsymbol{\sigma} \tag{9.5.23}$$

将式(9.5.20)代入式(9.5.23)，可得

$$\delta\lambda=\frac{1}{\xi}\left[\left(\frac{\partial\varphi}{\partial\boldsymbol{\sigma}}\right)^{\mathrm{T}}H\delta\boldsymbol{\varepsilon}+\rho^{(i)}\right] \tag{9.5.24}$$

式中，

$$\xi=\left(\frac{\partial\varphi}{\partial\boldsymbol{\sigma}}\right)^{\mathrm{T}}\boldsymbol{H}\left[\frac{\partial f}{\partial\boldsymbol{\sigma}}+\Delta\lambda^{(i)}\ \frac{\partial^{2}f}{\partial\boldsymbol{\sigma}\partial\lambda}\right]+\frac{1}{\eta_{\mathrm{L}}\Delta t}-\frac{\partial\varphi}{\partial\lambda} \tag{9.5.25}$$

局部迭代后，迭代应变增量 $\delta\boldsymbol{\varepsilon}$ 就变成全域迭代的应变增量 $\Delta\boldsymbol{\varepsilon}$。

9.5.3　Duvant-Lions 型黏塑性帽子模型

Duvant-Lions 型黏塑性帽子模型的黏塑性应变率与硬化参数分别定义为

$$\dot{\boldsymbol{\varepsilon}}^{\mathrm{vp}}=\frac{1}{\tau}\boldsymbol{C}^{-1}(\boldsymbol{\sigma}-\bar{\boldsymbol{\sigma}}) \tag{9.5.26}$$

$$\dot{k}=\frac{1}{\tau}(k-\bar{k}) \tag{9.5.27}$$

式中，τ 为材料的弛豫时间常数；数对($\bar{\boldsymbol{\sigma}}$，$\bar{k}$)为非黏性材料的应力与硬化参数，可看成是应力在屈服面上的投影；k 与 $\dot{k}$ 为硬化参数，随时间而不同。

从式(9.5.26)可以看出，黏塑性应变率只是简单地通过实际应力与非黏性模型应力之差求得，与 Perzyna 型(式(9.5.3))定义完全不同。

1. 静力屈服函数

Duvant-Lions 型黏塑性帽子模型的塑性屈服面 f 与 Perzyna 型黏塑性帽子模型一样。

2. 求解算法

式(9.5.26)与式(9.5.27)中的应变率通过从 t 到 $t+\Delta t$ 的一个时间步长积分，得到应变与应力增量同式(9.5.12)和式(9.5.13)，黏塑性应变增量 $\Delta\boldsymbol{\varepsilon}^{\mathrm{vp}}$ 同式(9.5.14)。

t 时刻式(9.5.26)的一个时间步长积分为

$$\Delta\boldsymbol{\varepsilon}^{\mathrm{vp}}=\frac{\Delta t}{\tau}\boldsymbol{C}^{-1}(\boldsymbol{\sigma}_{n+1}-\bar{\boldsymbol{\sigma}}_{n+1}) \tag{9.5.28}$$

将式(9.5.28)代入式(9.5.13)，可得

$$\Delta\boldsymbol{\sigma}=\boldsymbol{\sigma}_{n+1}-\bar{\boldsymbol{\sigma}}_{n+1}=\boldsymbol{C}\Delta\boldsymbol{\varepsilon}-\frac{\Delta t}{\tau}(\boldsymbol{\sigma}_{n+1}-\bar{\boldsymbol{\sigma}}_{n+1}) \tag{9.5.29}$$

由式(9.5.29)求解 $\boldsymbol{\sigma}_{n+1}$，可得

$$\boldsymbol{\sigma}_{n+1}=\frac{(\boldsymbol{\sigma}_n+\boldsymbol{C}\Delta\boldsymbol{\varepsilon})+\frac{\Delta t}{\tau}\bar{\boldsymbol{\sigma}}_{n+1}}{1+\frac{\Delta t}{\tau}} \tag{9.5.30}$$

式中，$\Delta\boldsymbol{\sigma}_n+\boldsymbol{C}\Delta\boldsymbol{\varepsilon}$ 可以看成弹性应力。

同理，硬化参数可以表述为

$$k_{n+1}=\frac{k_n+\frac{\Delta t}{\tau}\bar{k}_{n+1}}{1+\frac{\Delta t}{\tau}} \tag{9.5.31}$$

显然，Duvant-Lions 模型很容易实现，因为黏塑性解只是非黏性解的一种简单修正。Duvant-Lions 模型明显比 Perzyna 模型要容易进行数值实现，因为后者的黏塑性解需要多次矩阵操作。

9.5.4 算例

Katona[6]提供了不同加卸载应变率单轴应变试验结果，用于验证这些黏塑性模型的有效性。

黏塑性模型的验证试验进行的是一个假想的应变加载路径：土单轴压缩应变按 $\dot{\varepsilon}_1=0.03\%\mathrm{s}^{-1}$ 的恒定应变率加载 1s，保持恒定应变 4s($\dot{\varepsilon}_1=0$)；按 $\dot{\varepsilon}_1=-0.015\%\mathrm{s}^{-1}$ 的恒定应变率卸载 0.5s；然后一直保持恒定应变，如图 9.5.2 所示。

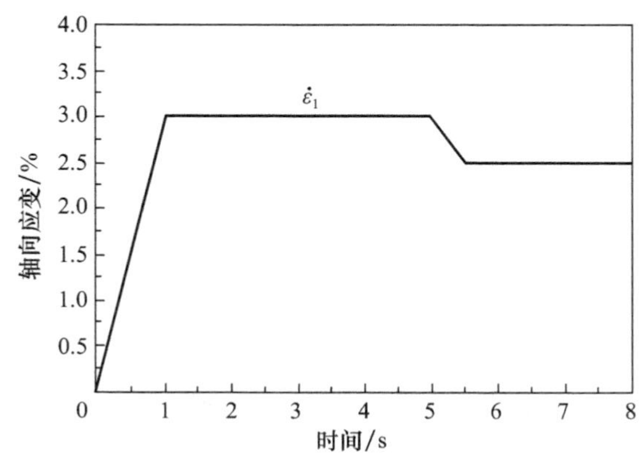

图 9.5.2 单轴压缩试验的轴向应变路径

McCormick Ranch 砂的帽子模型参数：$K=66.7\text{ksi}$[1)]，$G=40\text{ksi}$，$\alpha=0.25\text{ksi}$，$\beta=0.67\text{ksi}^{-1}$，$\gamma=0.18\text{ksi}$，$\theta=0$，$W=0.066$，$D=0.67\text{ksi}^{-1}$，$R=2.5$，$X_0=0.189\text{ksi}$，$T=0$.

对于 Perzyna 模型，两个参数 N、f_0 基于试验结果取值为 1.0 与 0.25ksi。流动性参数 η_L 采用同样方法取值，分别为 0.0035、0.015、0.032。根据式(9.5.3)，当η_L 下降时，黏塑性应变下降，轴向应力越接近于弹性，意味着轴向应力将增加。当 $\eta_L\to 0$ 时，轴向应力接近于纯弹性；当 $\eta_L\to\infty$时，轴向应力接近于纯塑性。

对于 Duvant-Lions 模型，弛豫时间的三个取值($\tau=1.0$、0.25、0.125)被用于显示其对应力响应的影响。如图 9.5.3 所示，应力响应随弛豫时间 τ 的增加而增加。根据式(9.5.26)与式(9.5.28)，当 τ 增加时，黏塑性应变减小，轴向应变越接近弹性，意味着应力响应加快。当 $\tau\to\infty$时，应力响应是纯弹性的；当 $\tau\to 0$ 时，应力响应是纯塑性的。

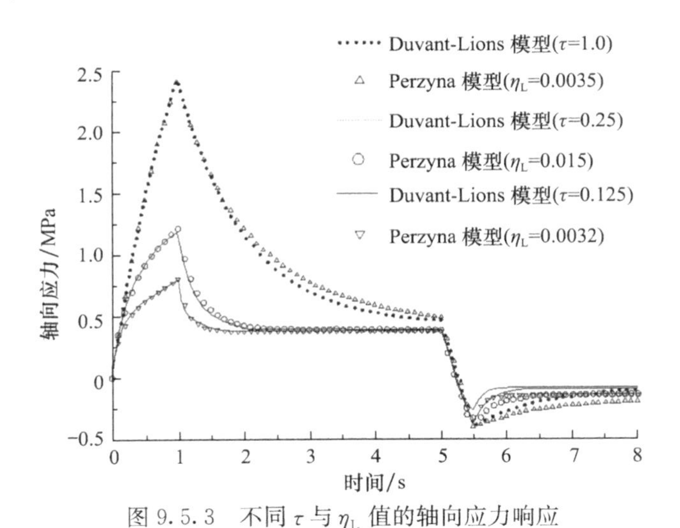

图 9.5.3　不同 τ 与 η_L 值的轴向应力响应

从图 9.5.3 中两种模型预测的应力响应对比可以看出，每组匹配的弛豫时间与流动参数得到的应力是一样的。例如，$\tau=1.0$ 时的 Duvant-Lions 模型预测的轴向应力响应与 $\eta_L=0.0035$ 时的 Perzyna 模型预测非常接近。同样，$\tau=0.25$、0.125 时的 Duvant-Lions 模型预测结果与 $\eta_L=0.015$、0.032 时的 Perzyna 模型预测结果很相似。三个弛豫时间比值是 8∶2∶1，而三个

1) 1ksi=6.895MPa，下同。

流动参数比值是 1∶2∶9。因此,τ 与 η_L 之间可能存在一定的关系,使这个算例的两类黏塑性模型等价。

思 考 题

(1) 岩土的动力基本力学特性有哪些?

(2) 简述岩土黏弹性本构模型的优缺点。

(3) 简述岩土黏弹塑性本构模型的构建方法。

参 考 文 献

[1] Bragov A M,Lomunov A K,Sergeichev I V,et al. A method for determining the main mechanical properties of soft soils at high strain rates A(10^3—$10^5 s^{-1}$) and load amplitudes up to several gigapascals. Technical Physics Letters,2005,31(6):530-531.

[2] Proud W G,Chapman D J,Williamson D M,et al. The dynamic compaction of sand and related porous systems. Shock Compression of Condensed Matter,2007,52(8):1403-1408.

[3] An J X. Soil behavior under blast loading. Lincoln:The University of Nebraska-Lincoln,2010.

[4] Matasovic N,Vucetic M. Cyclic characterization of liquefiable sands. Journal of Geotechnical Engineering,1993,(11):1085-1121.

[5] 陈国兴. 岩土地震工程学. 北京:科学出版社,2007:150-166.

[6] Katona M G. Evaluation of viscoplastic cap model. Journal of Geotechnical Engineering,1984,110(8):1106-1125.

[7] Perzyna P. Fundamental problems in viscoplasticity. Advances in Applied Mechanics,1966,9(2):243-377.

[8] Tong X L. Finite element simulation of soil behaviors under high strain rate loading. Lincoln:The University of Nebraska-Lincoln,2005.

[9] Simo J C,Ju J W,Pister K S,et al. Assessment of cap model:Consistent return algorithms and rate-dependent extension. Journal of Engineering Mechanics,1988,114(2):191-218.

第 10 章　岩土工程极限分析

10.1　概　　述

塑性理论最有力的方面之一在于极限分析，它能够容易地预测极限荷载的近似值，应用非常广泛。

极限分析[1,2]是以刚塑性模型为基础。刚塑性体的一部分或全部在荷载作用下从静力平衡转向运动的临界状态称为极限状态，相应的荷载称为极限荷载。极限分析是求解这类边值问题的分析方法，其实质就是求解静力方程、运动方程及相应边界条件的应力场和速度场。

10.2　极限分析基本方程

下面以二维问题为例，给出岩土极限分析所依赖的所有方程。

1）平衡方程

$$\begin{cases}\dfrac{\partial\sigma_x}{\partial x}+\dfrac{\partial\tau_{xy}}{\partial y}=0\\[2mm]\dfrac{\partial\tau_{xy}}{\partial x}+\dfrac{\partial\sigma_y}{\partial y}-\gamma=0\end{cases}\tag{10.2.1}$$

2）屈服条件（Mohr-Coulomb 屈服条件）

$$f=\sigma_1-\sigma_2\tan^2\left(45^\circ+\frac{\varphi}{2}\right)-2c\tan\left(45^\circ+\frac{\varphi}{2}\right)=0\tag{10.2.2}$$

式中，

$$\begin{cases}\sigma_1=\dfrac{\sigma_x+\sigma_y}{2}+\sqrt{\left(\dfrac{\sigma_x-\sigma_y}{2}\right)^2+\sigma_{xy}^2}\\[2mm]\sigma_2=\dfrac{\sigma_x+\sigma_y}{2}-\sqrt{\left(\dfrac{\sigma_x-\sigma_y}{2}\right)^2+\sigma_{xy}^2}\end{cases}$$

3）几何方程

$$
\begin{cases}
\dot{\varepsilon}_x = \dfrac{\partial v_x}{\partial x} \\
\dot{\varepsilon}_z = \dfrac{\partial v_z}{\partial z} \\
\dot{\varepsilon}_{xz} = \dfrac{\partial v_x}{\partial z} + \dfrac{\partial v_z}{\partial x}
\end{cases}
\tag{10.2.3}
$$

4）流动法则

$$
\begin{cases}
\dot{\varepsilon}_x = \mathrm{d}\lambda \dfrac{\partial f}{\partial \sigma_x} \\
\dot{\varepsilon}_z = \mathrm{d}\lambda \dfrac{\partial f}{\partial \sigma_z} \\
\dot{\varepsilon}_{xz} = \mathrm{d}\lambda \dfrac{\partial f}{\partial \sigma_{xz}}
\end{cases}
\tag{10.2.4}
$$

式中，f 为屈服函数，刚塑性中没有弹性应变。

下面将给出岩土工程极限分析的几种常用解法。

10.3 极限分析的特征线解法

严格的极限分析是要求解 10.2 节的四类方程，一般采用放松约束来降低求解难度。

10.3.1 应力滑移线

极限分析的应力滑移线解法只考虑平衡方程与屈服条件。

对于服从 Mohr-Coulomb 屈服条件或破坏条件的岩土材料，由图 10.3.1 中破坏线与极限应力圆的关系，有

$$
\begin{cases}
\sigma_x = p - R\cos(2\theta) \\
\sigma_y = p + R\cos(2\theta) \\
\tau_{xy} = R\sin(2\theta)
\end{cases}
\tag{10.3.1}
$$

式中，p、R 分别为平均应力和应力圆半径，它们分别为

$$
p = \frac{1}{2}(\sigma_x + \sigma_y) = \frac{1}{2}(\sigma_1 + \sigma_3)
\tag{10.3.2}
$$

$$R=(p+\sigma_c)\sin\varphi \tag{10.3.3}$$

式中，$\sigma_c=c\cot\varphi$。

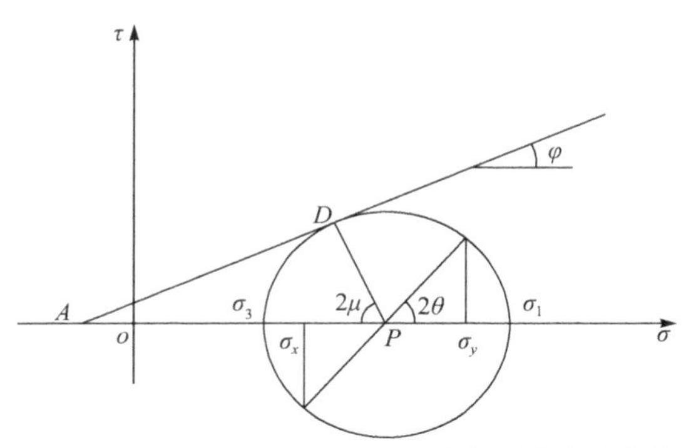

图 10.3.1　Mohr-Coulomb 屈服面与极限应力圆的关系

将式(10.3.1)代入平衡方程(10.2.1)，并经过几何运算就可以得到以 p、θ 为未知量的极限平衡微分方程：

$$\begin{cases}\dfrac{\partial p}{\partial y}[1+\sin\varphi\cos(2\theta)]+\dfrac{\partial p}{\partial x}\sin\varphi\sin(2\theta)+2R\left[-\dfrac{\partial\theta}{\partial y}+\dfrac{\partial\theta}{\partial x}\cos(2\theta)\right]=0\\ \dfrac{\partial p}{\partial y}\sin\varphi\sin(2\theta)+\dfrac{\partial p}{\partial x}[1-\sin\varphi\cos(2\theta)]+2R\left[\dfrac{\partial\theta}{\partial y}\cos(2\theta)+\dfrac{\partial\theta}{\partial x}\sin(2\theta)\right]=\gamma\end{cases} \tag{10.3.4}$$

若能从式(10.3.4)中求出 p、θ，则可由式(10.3.1)求出 σ_x、σ_y、τ_{xy}。进而根据问题的边界条件就可求出极限荷载 p_u。因此，求极限荷载问题就归结为数学上求解极限平衡微分方程组的问题。

在数学上，式(10.3.4)称为一阶线性偏微分方程。直接求解该方程有困难，需要利用特征线法求解。这是因为式(10.3.4)不是沿 xoy 平面域中任何的线段都可以求解，而是只有在沿着称为特征线的特殊曲线上才可能有解，所以称为特征线法。如果求出了与式(10.3.4)相伴随的特征线族，则沿特征线积分就可以求得式(10.3.4)的解。可以证明，式(10.3.4)为双曲线型的一阶线性偏微分方程组。与其相伴随的是两族特征线族(见图 10.3.2)，其方程为

$$\begin{cases}\dfrac{dx}{dy}=\tan(\theta-\mu)，沿\ \alpha\ 线\\ \dfrac{dx}{dy}=\tan(\theta+\mu)，沿\ \beta\ 线\end{cases} \tag{10.3.5}$$

式中，$\mu=\dfrac{\pi}{4}-\dfrac{\varphi}{2}$。

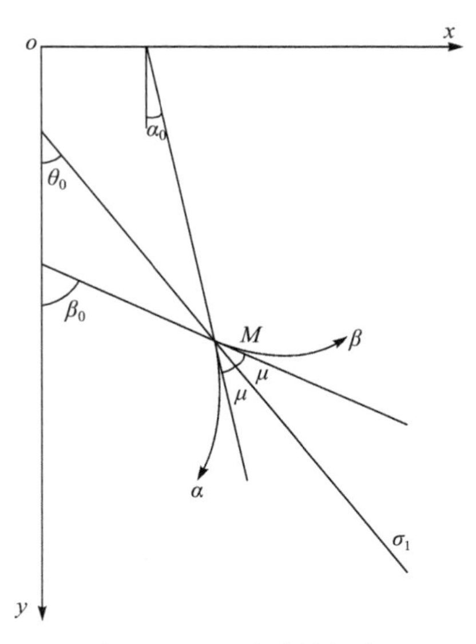

图 10.3.2　应力特征线

数学上的特征线就是塑性力学中的滑移线，特征线解即滑移线解。利用滑移线来求解方程组(10.3.4)。取沿滑移线 α 和 β 的曲线坐标如图 10.3.3 所示，沿滑移线 α 和 β 的方向导数为

$$\begin{cases}\dfrac{\partial}{\partial S_\alpha}=\cos(\theta-\mu)\dfrac{\partial}{\partial x}+\sin(\theta-\mu)\dfrac{\partial}{\partial y}\\ \dfrac{\partial}{\partial S_\beta}=\cos(\theta+\mu)\dfrac{\partial}{\partial x}+\sin(\theta+\mu)\dfrac{\partial}{\partial y}\end{cases}\tag{10.3.6a}$$

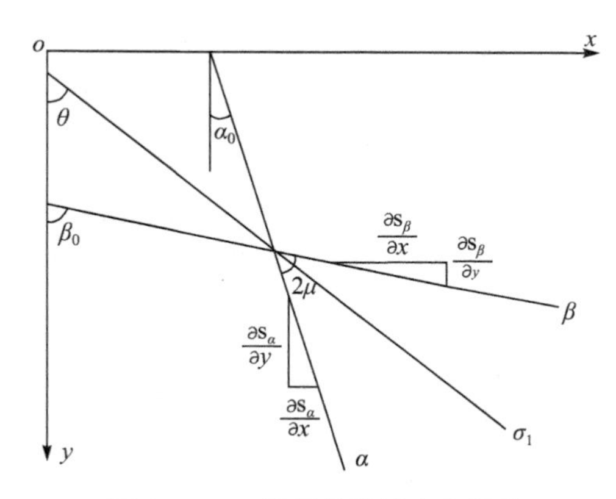

图 10.3.3　沿滑移线的方向导数

由此可得

$$\begin{cases}\sin(2\mu)\dfrac{\partial}{\partial x}=\sin(\theta+\mu)\dfrac{\partial}{\partial S_\alpha}-\sin(\theta-\mu)\dfrac{\partial}{\partial S_\beta}\\\sin(2\mu)\dfrac{\partial}{\partial y}=-\cos(\theta+\mu)\dfrac{\partial}{\partial S_\alpha}-\cos(\theta-\mu)\dfrac{\partial}{\partial S_\beta}\end{cases}\tag{10.3.6b}$$

式(10.3.6)对任意 p、θ 都成立。因此，将式(10.3.6a)代入式(10.3.4)，并利用式(10.3.6b)，经过简化整理可得

(1) 沿滑移线 α 有

$$\frac{\partial p}{\partial S_\alpha}\sin(2\mu)-2R\frac{\partial\theta}{\partial S_\alpha}=\gamma\sin(\theta-\mu)\tag{10.3.7a}$$

(2) 沿滑移线 β 有

$$\frac{\partial p}{\partial S_\beta}\sin(2\mu)+2R\frac{\partial\theta}{\partial S_\beta}=-\gamma\sin(\theta+\mu)\tag{10.3.7b}$$

这就是沿滑移线 α 和 β 的极限平衡微分方程，它反映了 p、θ 沿滑移线 α 和 β 的变化规律。

式(10.3.7)仍为非线性偏微分方程组，直接积分求解很困难，因此需要利用数值方法求解。

由于式(10.3.7)是 p、θ 分别沿滑移线 α 和 β 积分，因此有

$$\begin{cases}\dfrac{\partial}{\partial S_\alpha}=\dfrac{\mathrm{d}}{\mathrm{d}S_\alpha}\\\dfrac{\partial}{\partial S_\beta}=\dfrac{\mathrm{d}}{\mathrm{d}S_\beta}\end{cases}$$

及

$$\begin{cases}\mathrm{d}S_\alpha=\mathrm{d}y\sec(\theta-\mu)\\\mathrm{d}S_\beta=\mathrm{d}y\sec(\theta+\mu)\\\sin(2\mu)=\cos\varphi\end{cases}$$

将这些关系式代入式(10.3.7)后，可得

(1) 沿滑移线 α 有

$$\mathrm{d}p-2(p+\sigma_c)\tan\varphi\mathrm{d}\theta=\frac{\gamma\sin(\theta+\mu)\mathrm{d}y}{\cos\varphi\cos(\theta-\mu)}\tag{10.3.8a}$$

(2) 沿滑移线 β 有

$$\mathrm{d}p+2(p+\sigma_c)\tan\varphi\mathrm{d}\theta=-\frac{\gamma\sin(\theta-\mu)\mathrm{d}y}{\cos\varphi\cos(\theta+\mu)}\tag{10.3.8b}$$

这就是有质量的岩土材料沿滑移线 α 和 β 的平均应力 p 和 σ_c 的差分方程。利用差分法或者滑移线特性，就可以求解有质量的岩土各种边值问题

滑移线场分布和极限荷载。

10.3.2 半平面无限体极限荷载的 Prandtl 应力特征线解

Prandtl 和 Lade[3] 采用应力特征线方法,求解刚性冲模压入无质量半无限刚塑性介质的极限压力。

图 10.3.4 所示的塑性极限平衡区分为五个部分。一个是位于基础以下的中心楔体,又称主动朗肯(Rankine)区,该中心区的大主应力作用方向为竖向,小主应力作用方向为水平向,根据极限平衡理论可得小主应力作用方向与破坏面成$\left(\frac{\pi}{4}+\frac{\varphi}{2}\right)$角,此即中心区两侧面与水平面的夹角。与中心区相邻的是两个辐射向剪切区,又称普朗德尔区,由一组对数螺旋线和一组辐射向直线组成,该区形似以对数螺旋线为弧形边界的扇形,其中心角为直角。与两个普朗德尔区另一侧相邻的是两个被动朗肯区,该区大主应力作用方向为水平向,小主应力作用方向为竖向,破裂面与水平面的夹角为$\left(\frac{\pi}{4}-\frac{\varphi}{2}\right)$。

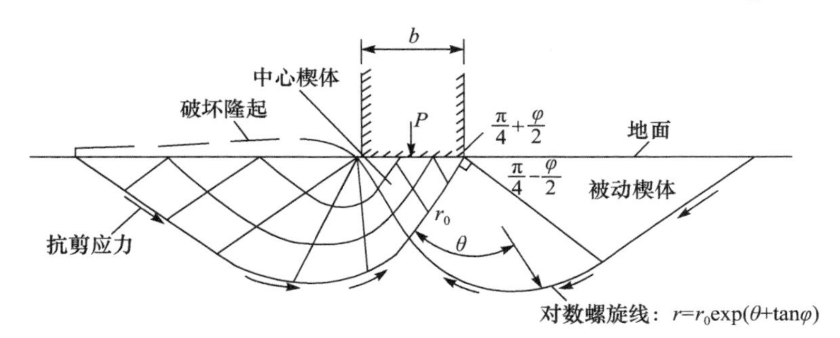

图 10.3.4 Prandtl 地基整体剪切破坏模式

如图 10.3.5 所示,基础(宽度为 1)以下的塑性区根据应力边界条件和运动趋势可分为主动区Ⅰ、过渡区Ⅱ和被动区Ⅲ,各区域的具体边界线由应力边界条件来确定。由于半平面无限体的对称性,可取其右边一半进行分析。首先从被动区Ⅲ的边界条件分析。

(1) 在以 ADC 为边界的被动区Ⅲ,边界条件为 $\sigma_n=q$、$\tau_n=0$、$\theta=\pi$。由于在极限荷载 p_u的作用下,AD 面以下的土体处于被动状态,有向上移动的趋势。由于 $\theta=\frac{\pi}{2}$为常量,滑移线方程为

$$y=\cot\left[\frac{\pi}{2}+\left(\frac{\pi}{4}-\frac{\varphi}{2}\right)\right]x+C$$

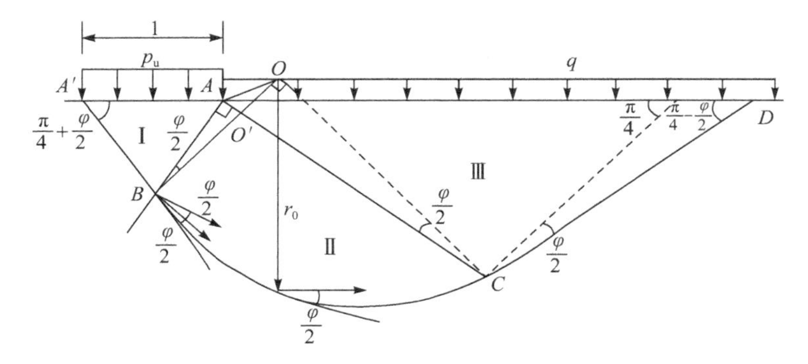

图 10.3.5　半平面无限体 Prandtl 应力特征线解

可得

$$p=q-(p+\sigma_c)\sin\varphi\cos\left[2\left(\pi-\frac{\pi}{2}\right)\right]$$

故

$$p=\frac{q+\sigma_c\sin\varphi}{1-\sin\varphi} \tag{10.3.9}$$

根据被动区Ⅲ的 p、θ,可得滑移线 β 的积分常数为

$$C_\beta=(q+\sigma_c)\frac{\exp(\pi\tan\varphi)}{1-\sin\varphi} \tag{10.3.10}$$

(2) 在以 $A'AB$ 为边界的主动区Ⅰ,边界条件为 $\sigma_n=p_u$、$\tau_n=0$、$\theta=\pi$。由于在极限荷载 p_u 的作用下,主动区Ⅰ有向下移动的趋势。故 $p_u=\sigma_1$,从而 $\theta=0$。可知滑移线方程为

$$y=\cot\left(\frac{\pi}{4}-\frac{\varphi}{2}\right)x+C$$

同理可得

$$p=\frac{p_u-\sigma_c\sin\varphi}{1+\sin\varphi} \tag{10.3.11}$$

整理可得滑移线 β 的积分常数为

$$C_\beta=\frac{p_u+\sigma_c}{1+\sin\varphi} \tag{10.3.12}$$

(3) 在由 ACB 组成的过渡区Ⅱ,由于 θ 从 0 变到 $\frac{\pi}{2}$,可知该区必为对数螺旋线应力特征线场,$\angle BAC=\frac{\pi}{2}$。根据 B 点的应力条件可假设对数螺旋线的极坐标方程为

$$r=r_0\exp\left[\left(\theta-\frac{\pi}{4}\right)\tan\frac{\varphi}{2}\right]$$

式中，θ 为对数螺旋线的展开角。

（4）确定极限荷载 p_u。按照滑移线的性质，对沿同一族滑移线的积分常数 C_α、C_β 均相同。由式(10.3.10)与式(10.3.12)可得

$$C_\beta=(q+\sigma_c)\frac{\exp(\pi\tan\varphi)}{1-\sin\varphi}=C_\beta=\frac{p_u+\sigma_c}{1+\sin\varphi}$$

由此可以解出极限荷载 p_u 为

$$p_u=(q+\sigma_c)\tan^2\left(\frac{\pi}{4}+\frac{\varphi}{2}\right)\exp\left(\pi\tan\frac{\varphi}{2}\right)-\sigma_c=qN_q+cN_c \quad (10.3.13)$$

式中，N_q、N_c 为与岩土材料内摩擦角 φ 有关的极限荷载系数或承载力系数，分别反映平面上压力强度 q 及黏聚力 c 对极限荷载和承载力的影响。

$$N_q=\tan^2\left(\frac{\pi}{4}+\frac{\varphi}{2}\right)\exp\left(\pi\tan\frac{\varphi}{2}\right)$$

$$N_c=(N_q-1)\cot\varphi$$

10.3.3 平面应变问题的速度滑移线场

速度滑移线的求解是依据几何方程与流动法则，而忽略平衡条件。

极限荷载中的滑移线场解答有近百年的历史，应力滑移线场的解答比较完善，而速度滑移线场的求解仍存在较多问题。例如，速度场的求解一般采用相关联流动法则，由此得出应力特征线场与速度滑移线场一致。而实际上，岩土并不服从 Drucker 公设与相关联流动法则，应力特征线场与速度特征线场不可能重合。

对于金属材料，速度滑移线与应力特征线一致，它们与 x 轴或 y 轴的夹角均为$\frac{\pi}{4}$，因而滑移线与特征线的夹角为零。对于岩土材料，速度滑移线与 Mohr-Coulomb 特征线成$\frac{\varphi}{2}$的夹角。可见，场内任何点上，滑移线与特征线之间处处都成$\frac{\varphi}{2}$角，而不是重合[4]。

10.4 极限分析原理及近似解法

忽略材料强化和变形引起的几何尺寸的改变，当外力达到某一定值并

保持不变的情况下，理想塑性材料会发生塑性流动，此时物体处于极限状态，所受荷载为极限荷载。物体处于极限状态是介于静力平衡与塑性流动之间的临界状态，因此极限状态的特征是：应力场为静力许可场，应变率场（速度场）是运动许可场。

极限分析定理是理想塑性（刚塑性体）处于极限状态下的普遍定理。运用这一定理就可以对问题直接求解而不必通过微分方程积分，避免了求解上的难度。极限分析定理放松了极限荷载的某些约束条件，寻求极限荷载上限解和下限解，依据上下限解确定精确解的范围。极限分析法中最常用的是静力法和动力法。静力法即要求构造一个静力许可场，动力法要求构造一个运动许可场。

10.4.1　极限分析原理

1. 可静解

满足平衡方程组（10.2.1）、屈服条件（10.2.2）和一部分边界上荷载边界条件的应力场称为可静应力场，与此应力场对应的荷载称为可静荷载或可静解。

2. 可动解

满足几何方程（10.2.3）、运动方程（10.2.4）和速度边界条件的速度场称为可动速度场，与该速度场相适应而满足能量耗散率和应力边界条件及滑动面上应力等于抗剪强度条件的应力场称为可动应力场，与该应力场相应的荷载称为可动荷载或可动解。

在可静荷载作用下，土体一定处于平衡状态。在可动荷载作用下，土体一定处于变形流动状态。由此，可静荷载不会大于真正的极限荷载，可动荷载不会小于真正的极限荷载，即真实的极限荷载是可静荷载的极大值和可动荷载的极小值，这就是上下限原理的物理意义。

10.4.2　极限分析原理实例

1. 可静解实例

构造满足静力平衡的极限状态应力场，求得极限荷载，如朗肯土压力理论，如图10.4.1所示。

假设：挡土墙墙背竖直、光滑；填土面水平。

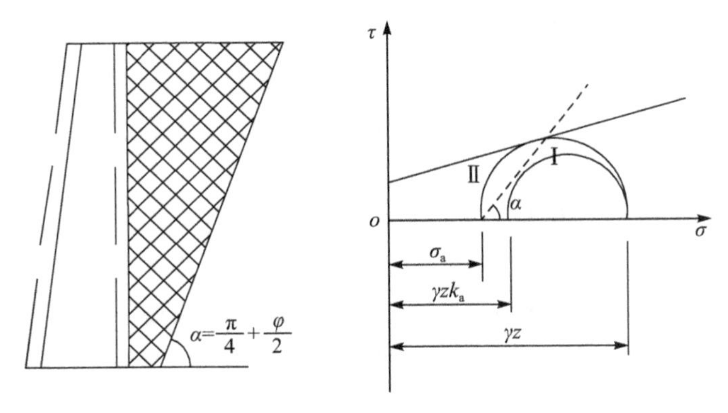

图 10.4.1　朗肯土压力计算原理图

墙背离开土体运动，墙后土体达到极限平衡，最大主应力为自重应力，最小主应力为水平向的土压力。土压力可以根据莫尔-库仑准则求解，即

$$\sigma_a=\sigma_3=\sigma_1\tan^2\left(\frac{\pi}{4}-\frac{\varphi}{2}\right)-2c\tan\left(\frac{\pi}{4}-\frac{\varphi}{2}\right)=\sigma_1 k_a-2c\sqrt{k_a} \qquad (10.4.1)$$

式中，σ_a 为主动土压力强度；$\sigma_1=\gamma z$。

$$k_a=\tan^2\left(\frac{\pi}{4}-\frac{\varphi}{2}\right)$$

$$E_a=\int_{z_0}^{h}\sigma_a\mathrm{d}z=\frac{1}{2}(h-z_0)(\gamma h k_a-2c\sqrt{k_a}) \qquad (10.4.2)$$

式中，E_a 为主动土压力；k_a 为主动土压力系数。

朗肯土压力理论是求得可静解，是极小值，所以朗肯土压力理论计算结果偏小。

2. 可动解实例

构造运动许可的应力场，求得极限荷载，如库仑土压力理论，如图 10.4.2 所示。

假设：$c=0$，滑动破裂面为通过墙踵的平面。

土体沿滑面有运动趋势时产生土压力。主动土压力时楔体 ABM 处于力学极限平衡，即该楔体所受的三个力（土的重力 G、破裂面上的反力 R、墙背反力 E）满足图 10.4.3 所示的闭合三角形条件。

依据正弦定理，可得

$$\frac{E}{\sin(\theta-\varphi)}=\frac{G}{\sin\omega}$$

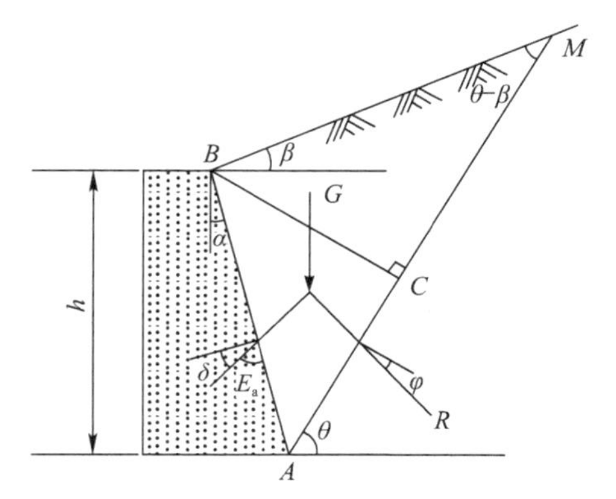

图 10.4.2　库仑土压力计算原理图

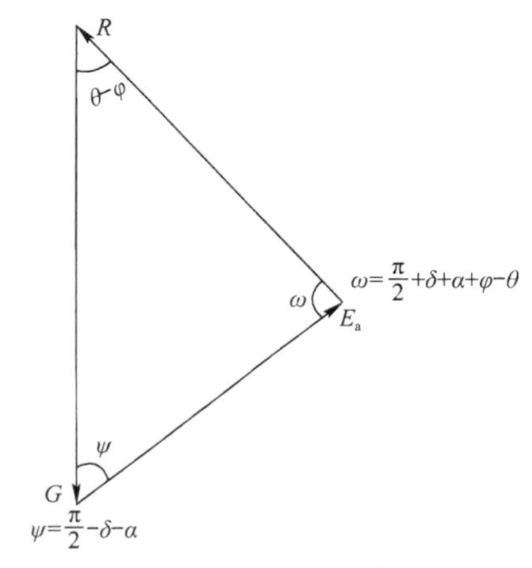

图 10.4.3　主动土压力时楔体的力学平衡

因此，可得土压力为

$$E=\frac{G\sin(\theta-\varphi)}{\sin\omega} \tag{10.4.3}$$

通过对 θ 求导，求得 E 的极大值即为主动土压力，即

$$\frac{\mathrm{d}E}{\mathrm{d}\theta}=0$$

从而得出破坏角 θ_{cr} 为

$$\theta_{cr}=\arctan\frac{\sin\beta s_q+\cos(\alpha+\varphi+\delta)}{\cos\beta s_q-\sin(\alpha+\varphi+\delta)} \tag{10.4.4}$$

式中，

$$s_q=\sqrt{\frac{\cos(\varphi+\delta)\sin(\varphi+\delta)}{\cos(\alpha-\beta)\sin(\varphi-\beta)}}$$

将式(10.4.4)代入式(10.4.3),可得

$$E_{\mathrm{a}}=\frac{1}{2}\gamma h^{2}k_{\mathrm{a}} \tag{10.4.5}$$

式中,

$$k_{\mathrm{a}}=\frac{\cos^{2}(\varphi-\alpha)}{\cos^{2}\alpha\cos(\alpha+\delta)\left[1+\sqrt{\dfrac{\sin(\varphi+\delta)\sin(\varphi-\beta)}{\cos(\alpha+\delta)\cos(\alpha-\beta)}}\right]^{2}}$$

库仑土压力理论是基于运动许可的应力场构造的,是可动解,结果是极大值,故偏大。

无论是静力许可应力场(可静解)的构造,还是运动许可应力场(可动解)的构造都是比较困难的,这些方法只能解决边界条件简单、均一介质问题,应用于较复杂的实际工程有很大误差。

10.5 数值极限分析

极限分析问题的理论解法都是借助理论假设,将问题空间分成几个分开的区域,从而构造所需的应力场等。实际的物理场都是由无限个点的应力、应变等组成,通过几个区域构造只可能是很简单的情况。人们一直在探索采用有限量来模拟无限量的方法。其中一种比较成熟的方法就是离散元法,将计算域离散为若干单元;用有限节点变量计算单元内部变量,从而把无限个自由度问题转化为有限个自由度问题;采用数值算法直接求得全场物理量近似值。不需要借助多余的假设,只要单元数合适,就能得到需要的精度。目前最常用的就是有限单元法。

Zienkiewicz[5]提出在有限元中,采用增加外荷载或降低岩土强度的方法来计算岩土工程的安全系数,实质上它就是有限元极限分析法。当采用降低强度的方法时,就是有限元强度折减法。郑颖人等[6]和高干等[7]在完善极限有限元计算理论和提高计算精度方面做了大量工作。该方法的计算精度得到较大提高,并将此法应用于岩质边坡和边(滑)坡支挡结构的计算,以及扩展到地基基础承载力与隧道安全系数的计算中,扩大了有限元强度折减法的应用范围。

10.5.1　有限元极限分析基本原理

有限元极限分析法是指在弹塑性有限元分析中，通过岩土材料强度降低或者荷载增大，使岩土材料达到极限破坏状态，从而获得模型的破坏模式和相应的安全系数。实际上就是应用数值方法来求解岩土材料的极限问题，如极限荷载或安全系数等。这种方法能考虑岩土材料的变形甚至破坏，能考虑结构与岩土材料的相互作用，从而求解结构内力，十分贴近工程设计。

10.5.2　安全系数定义

以边坡稳定分析为例。在边坡稳定分析中，常常采用安全系数来表征边坡抗滑稳定程度，其值为滑面的抗滑力(矩)与滑动力(矩)之比。

如图 10.5.1(a)所示，滑体的重力为 W，沿着滑面的下滑力为 T，抗滑力为 R。那么，滑面的安全系数 FS 可表示为

$$\mathrm{FS}=\frac{\text{抗滑力}}{\text{滑动力}}=\frac{\int_0^L (c+\sigma\tan\varphi)\mathrm{d}l}{\int_0^L \tau\mathrm{d}l} \tag{10.5.1}$$

式中，c 为滑面的黏聚力；φ 为滑面的内摩擦角；L 为滑面的长度。

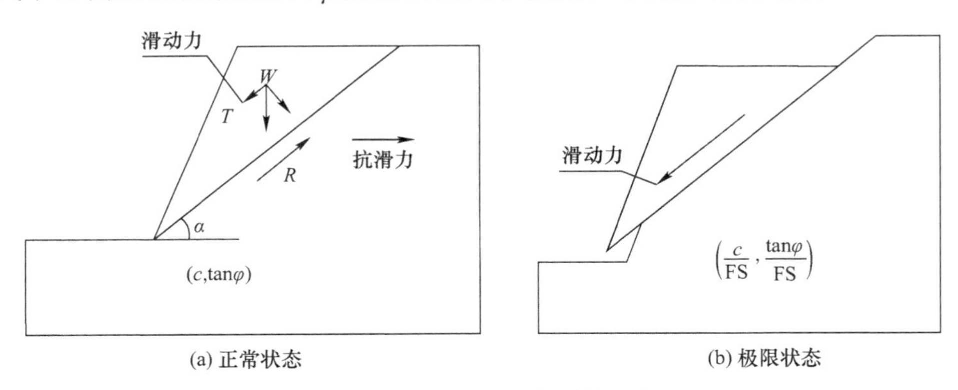

图 10.5.1　边坡安全系数计算示意图

对式(10.5.1)两边同时除以 FS，可得

$$1=\frac{\int_0^L \left(\frac{c}{\mathrm{FS}}+\sigma\frac{\tan\varphi}{\mathrm{FS}}\right)\mathrm{d}l}{\int_0^L \tau\mathrm{d}l}=\frac{\int_0^L (c'+\sigma\tan\varphi')\mathrm{d}l}{\int_0^L \tau\mathrm{d}l} \tag{10.5.2}$$

式中，

$$c'=\frac{c}{\mathrm{FS}},\quad \tan\varphi'=\frac{\tan\varphi}{\mathrm{FS}} \tag{10.5.3}$$

由此，安全系数可表示为

$$\mathrm{FS}=\frac{c}{c'}=\frac{\tan\varphi}{\tan\varphi'} \tag{10.5.4}$$

由式(10.5.4)可以看出，边坡安全系数等于滑面的实际抗剪强度和极限状态时的强度之比，可称为强度折减安全系数。这种强度折减安全系数的定义与边坡稳定分析极限平衡安全系数的定义是一致的，都属于强度储备安全系数。它们表示整个滑面达到了极限状态，因而是滑面的平均安全系数，而不是某个应力点的安全系数。一般情况下无须求出滑面，但也可以从剪应变云图中明显看到滑面，或者采用力学判断方法求出准确的滑面。

10.5.3　极限状态判据

应用有限元极限分析法进行边坡稳定性分析的一个关键问题是如何根据有限元计算结果来判别坡体是否达到极限破坏状态。一般采用如下三个判据：

(1) 以塑性应变从边坡坡脚到坡顶是否贯通作为判据，即以塑性区从内部贯通至地面或临空面作为破坏的判据。但塑性区贯通只意味着达到屈服状态，而不一定是土体整体破坏状态，可见塑性区贯通只是破坏的必要条件，而不是充分条件。

(2) 在有限元计算过程中，边坡失稳与有限元数值计算不收敛同时发生，目前国际通用软件中，一般都以有限元数值计算不收敛作为边坡失稳的判断依据。

(3) 土体破坏标志着土体滑移面上应变和位移发生突变，同时安全系数(强度折减系数)与位移的关系曲线也会发生突变，因此也可作为破坏的判据。但要注意，在地震作用下，边坡位移也随时间发生急剧变化。

在边坡坡顶、坡中、坡脚上各选一个特征点，如图 10.5.2 所示。计算发现边坡坡体特征点水平位移随着强度折减系数的增大而增大，边坡达到极限状态时特征点水平位移产生突变，如图 10.5.3 所示。此时有限元程序已无法从有限元方程组中找到一个既能满足静力平衡又能满足应力-应变关系和强度准则的解，此时无论是从力的收敛标准还是从位移的收敛标准来判断，有限元计算都不收敛。

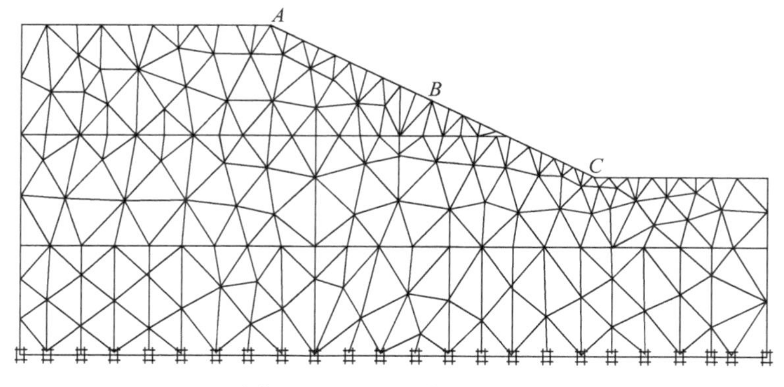

图 10.5.2　边坡特征点位置

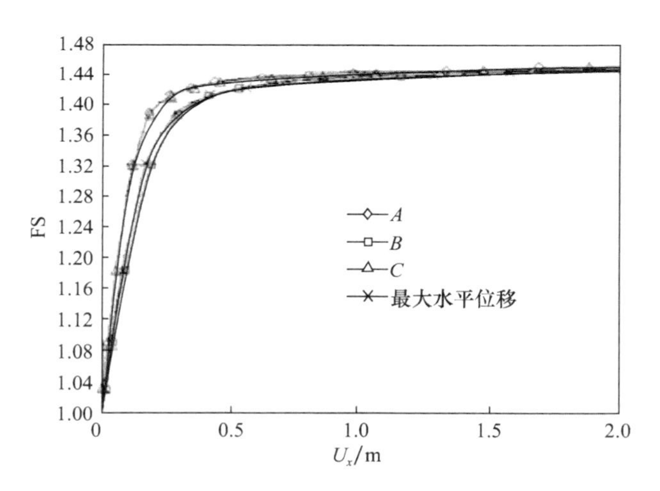

图 10.5.3　特征点位移随折减系数的变化

10.5.4　边坡安全系数计算实例

本节以一个均质土坡稳定性分析为例,介绍采用有限元强度折减法分析土坡稳定的主要结果。

自由网格划分(见图 10.5.4)既可以使用混合的单元形状,也可以全部使用三角形单元,而映射网格划分仅使用四边形单元和六面体单元。网格划分过程中,还可以对重要部位进行局部加密,不重要的地方可以稀疏一些。需要注意的是,从密集到稀疏最好要有一个平缓的过渡,单元大小不要突然急剧变化,如图 10.5.5 所示。

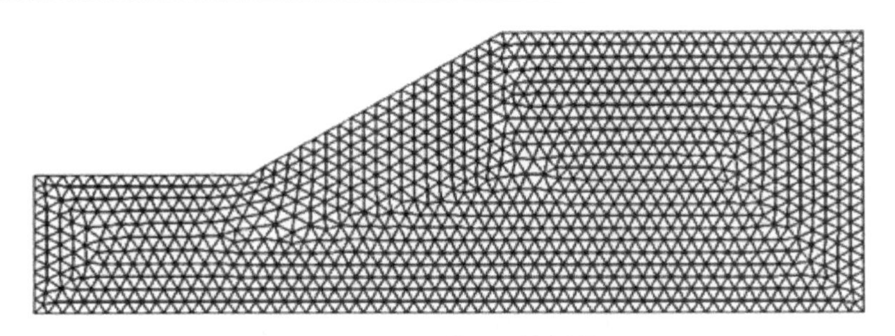

图 10.5.4　单元网格划分

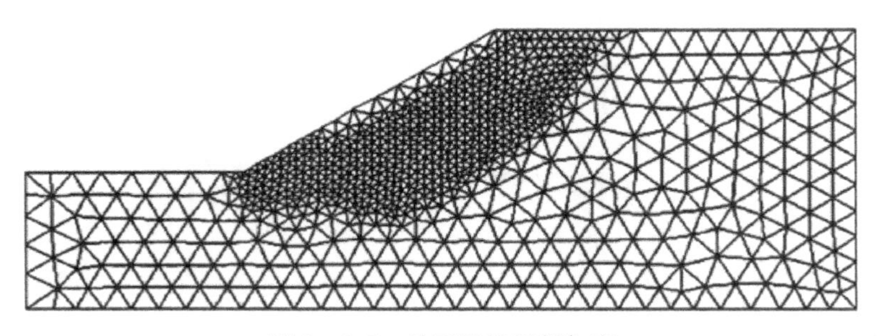

图 10.5.5　单元网格局部加密

本例安全系数计算时,极限状态以计算是否收敛作为判据。当强度折减系数取 1.56 时,有限元计算收敛;当强度折减系数取 1.57 时,有限元计算不收敛;说明强度储备安全系数在 1.56～1.57,由此确定边坡的安全系数为 1.56。对于本例,采用加拿大边坡稳定分析软件 GEO-Slope 进行稳定分析得到的安全系数为 1.55(Spencer 法)。可见,有限元强度折减法得到的安全系数和传统极限平衡法得到的安全系数非常接近。

图 10.5.6 中黑色部分均为塑性区。另外,也可以通过绘制塑性应变分布来表示,但是要合理给定每种灰度表示的量值,否则塑性应变较小的区域和没有塑性应变的区域(即弹性区域)不易区分,如图 10.5.7 和图 10.5.8 所示。可见,虽然该边坡绝大部分单元进入了塑性状态,但是滑面以外区域单元的塑性应变值都很小,在 0.00001～0.008,而滑面上单元节点塑性应变值相对较大,在 0.008～0.078。图 10.5.8 为采用灰度云图表示的等效塑性应变分布,0～0.000264 这个区间采用了一种灰度表示,很容易被误认为这部分就是弹性区,而其他灰度较明显的部分被误认为就是塑性区,其实这部分只是塑性应变发展相对较充分的区域。

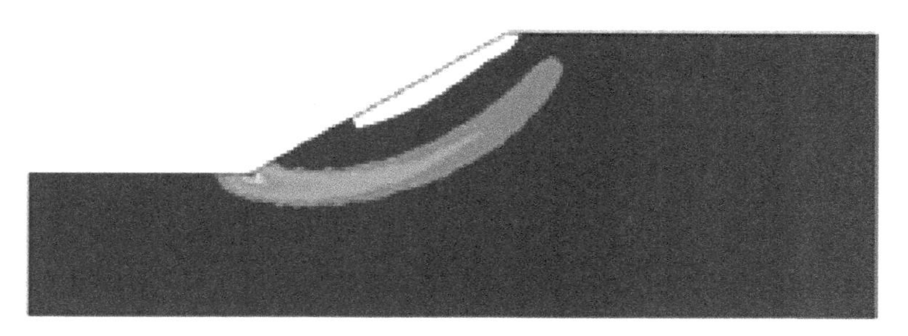

图 10.5.6　塑性区分布范围

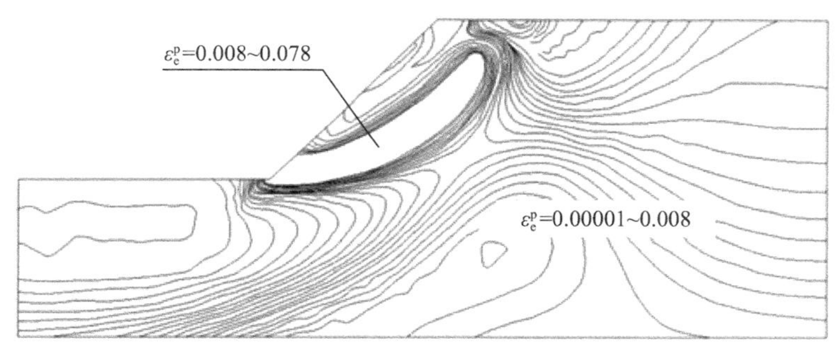

图 10.5.7　等效塑性应变等值线

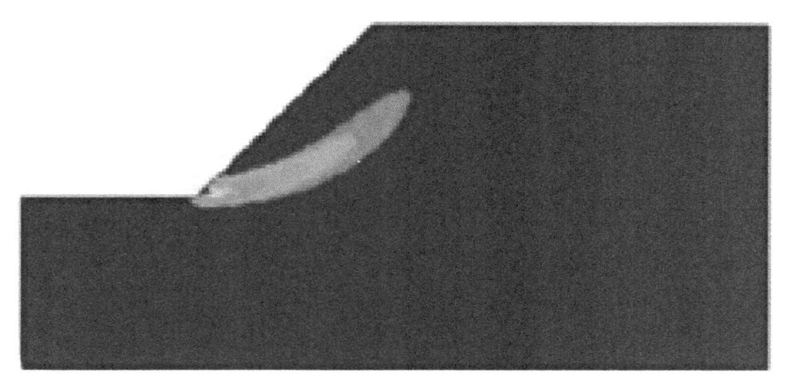

图 10.5.8　等效塑性应变云图

根据边坡破坏的特征，边坡破坏时滑面上节点位移和塑性应变将产生突变。滑面在水平位移和塑性应变突变的地方，因此可在 ANSYS 程序的后处理中通过绘制边坡水平位移或者等效塑性应变等值云图来确定滑面。ANSYS 和 GEOSlope 确定的滑面位置和形状如图 10.5.9～图 10.5.11 所示，其中边坡变形显示比例设为 0。可见两种方法确定的滑面是一致的。

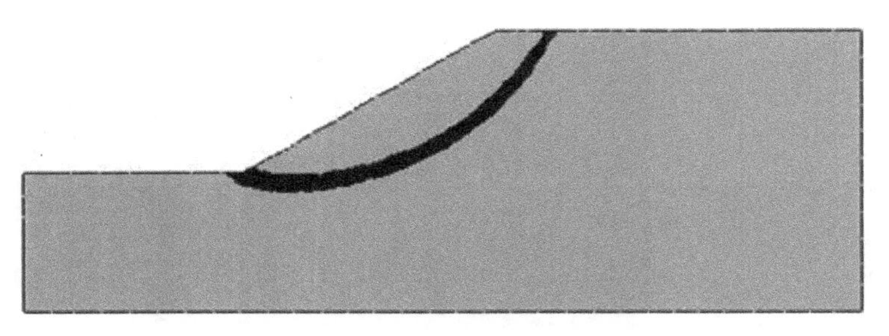

图 10.5.9　用等效塑性应变等值云图得到的滑面位置和形状

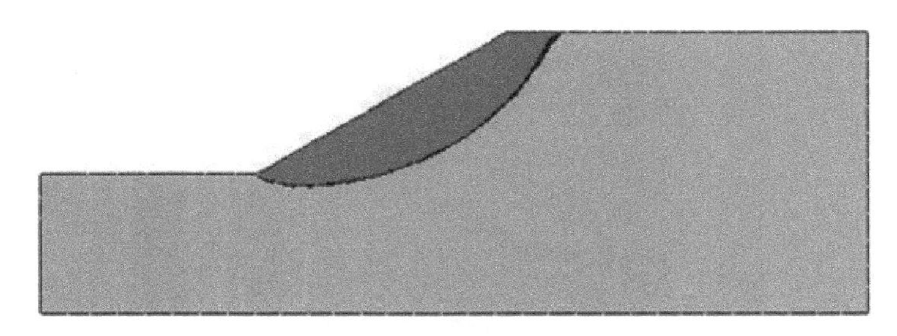

图 10.5.10　用水平位移等值云图得到的滑面位置和形状

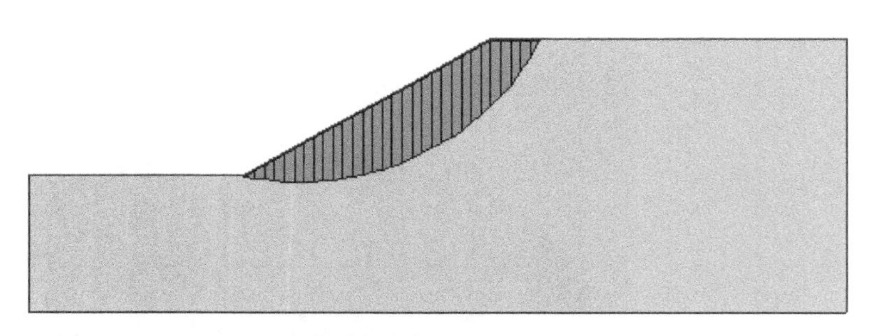

图 10.5.11　用边坡稳定分析软件 GEOSlope 得到的滑面位置和形状

由图 10.5.9～图 10.5.11 可见，三种方法得到的滑动面位置和形状十分接近，表明有限元强度折减法在寻找潜在滑动面位置方面的优越性和可行性。

思　考　题

(1) 采用滑移线方法确定地下圆形洞室的塑性区范围。

(2) 采用极限定理确定简单边坡的极限高度。

(3) 采用有限元强度折减法计算边坡挡土墙土压力并与经典土压力理论比较。

参考文献

[1] 沈珠江. 理论土力学. 北京:中国水利水电出版社,2000.
[2] 郑颖人,沈珠江,龚晓南. 岩土塑性力学原理——广义塑性力学. 北京:中国建筑工业出版社,2002.
[3] Prandtl D, Lade P V. Plastic flow and stability of granular materials. Numerical Models in Geomechanics. 1989,(3):9-16.
[4] 郑颖人,孔亮. 岩土塑性力学. 北京:中国建筑工业出版社,2010.
[5] Zienkiewicz O C. The Finite Element Method. 3rd ed. New York: McGraw-Hill,1977.
[6] 郑颖人,赵尚毅,孔位学. 极限分析有限元法讲座Ⅰ——岩土工程极限分析有限元法. 岩土力学,2005,26(1):163-168.
[7] 高干,刘元雪,周结中,等. 地下空间改扩建型式研究. 现代隧道技术,2010,47(6):1-9.